L'ALGÈBRE

à l'école primaire supérieure et au cours complémentaire

Par G. BOUCHENY et A. GUERINET

PROGRAMMES DE 1920

Paris — Librairie Larousse

L'ALGÈBRE

à l'École primaire supérieure
et au Cours complémentaire

NOUVELLE ÉDITION

10e MILLE

COURS DE GÉOMÉTRIE
ALGÈBRE ET COMPTABILITÉ

à l'usage des Écoles primaires supérieures et des Cours complémentaires

PAR

G. BOUCHENY
Professeur au Collège Sainte-Barbe

A. GUÉRINET
Instituteur à Paris.

Cours entièrement conforme aux programmes officiels du 18 août 1920.

La Géométrie à l'École primaire supérieure et au Cours complémentaire. In-8°, 1 190 exercices et problèmes, 542 figures. Livre de l'élève. Cartonné. . . . . 7 fr. 50
Livre du maître . . . . (*Sous presse.*)

L'Algèbre à l'École primaire supérieure et au Cours complémentaire. In-8°, nombreux exercices et problèmes. Livre de l'élève. Cartonné. . . . . 5 francs
Livre du maître. . . . . (*Sous presse.*)

La Comptabilité au Cours complémentaire. In-8°, 300 exercices et problèmes. Livre de l'élève. Cartonné . . . . 3 fr. 80
Livre du maître. Cartonné . . . . 4 fr. 70

L'ALGÈBRE

à l'École primaire supérieure et au Cours complémentaire

PAR

Gaston BOUCHENY
Professeur de mathématiques
au collège Sainte-Barbe.

André GUÉRINET
Instituteur à Paris.

632 exercices et problèmes

PARIS. — LIBRAIRIE LAROUSSE
RUE MONTPARNASSE, 13-17. — SUCC[le] : RUE DES ÉCOLES, 58 (SORBONNE)

Préface

*Après le décret et les arrêtés ministériels du 18 août 1920 nous avons dû rédiger un nouveau cours d'algèbre pour remplacer l'***Algèbre au cours complémentaire.**

Ce nouvel ouvrage répond entièrement aux programmes des écoles primaires supérieures (enseignement général) et des cours complémentaires.

Il a été conçu, comme le précédent, dans un esprit pratique. Nous avons été sobres dans les développements théoriques pour nous attacher surtout aux applications. Chaque chapitre est accompagné de nombreux exercices méthodiquement classés, et l'ouvrage se termine par un grand nombre de problèmes de revision.

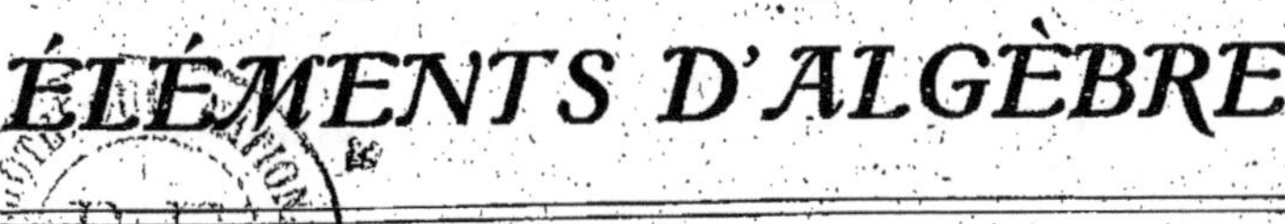

ÉLÉMENTS D'ALGÈBRE

CHAPITRE PREMIER

LES FORMULES ALGÉBRIQUES

1. *But de l'algèbre.* — L'algèbre est une science qui a pour but de généraliser les résultats acquis en arithmétique.

Lorsqu'on traite un problème d'arithmétique et que l'on a effectué sur les grandeurs données dans l'énoncé les opérations auxquelles on se trouve conduit par le raisonnement, il ne subsiste aucune trace de ces opérations et, si l'on veut traiter le même problème avec des données numériques différentes, il est nécessaire de refaire le raisonnement, de retrouver pour ainsi dire la solution.

En algèbre, on représente par des *lettres* les grandeurs qui figurent dans le problème; le raisonnement conduit à des opérations à effectuer sur ces grandeurs; on les indique d'une façon concise à l'aide de signes appropriés.

Nous reconnaissons immédiatement un premier avantage à opérer ainsi : c'est que, pour tout problème semblable, il nous restera sous les yeux l'indication de toutes les opérations à effectuer pour calculer la grandeur inconnue. D'ailleurs les grandeurs représentées par les lettres n'étant pas déterminées à l'avance, on peut attribuer à ces lettres telles valeurs numériques que l'on veut; cette indétermination abrège et facilite les raisonnements et rend rigoureuse la généralité des conclusions que l'on en tire.

Toutefois, on peut opérer également de cette façon en arithmétique, et ce n'est pas l'emploi des lettres qui caractérise l'algèbre; l'algèbre est caractérisée par l'introduction, dans un but de généralisation, du *nombre négatif;* nous allons y revenir plus loin.

2. *Emploi des lettres.* — Pour représenter les grandeurs données dans un problème, on emploie en général les premières lettres de l'alphabet, a, b, c, etc.; pour représenter les grandeurs inconnues, on emploie les dernières, x, y, z, t, u, v, etc.

3. *Signes algébriques.* — Les signes employés en algèbre pour permettre d'indiquer, d'une façon concise, les opérations à effectuer sont les mêmes qu'en arithmétique. Rappelons-les :

$a + b$ (se lit *a plus b*) indique l'addition des nombres a et b.

$a - b$ (se lit *a moins b*) indique la soustraction des nombres a et b (b retranché de a).

$a \times b$ (se lit *a multiplié par b*) indique la multiplication de a par b. Chaque fois que la chose est possible, on supprime en algèbre le signe $\times$ et on le remplace par un point ou même on ne le remplace pas; ainsi ab indique le produit de a par b.

$a : b$ ou $\frac{a}{b}$ (se lit *a divisé par b*) indique la division de a par b.

a^p (se lit *a puissance p*) indique le produit de p facteurs égaux à a; c'est la $p^{\text{ième}}$ puissance de a, p est l'*exposant* de la puissance.

$\sqrt[m]{a}$ (se lit *racine* m^{ième} *de a*) indique la racine m^{ième} de a; si un tel nombre existe, en l'élevant à la puissance m, on obtient a; le signe $\sqrt{\ }$ s'appelle *radical*, m est l'*indice* du radical.

En particulier, $\sqrt[3]{a}$ se lit *racine cubique de a* et $\sqrt{a}$ se lit *racine carrée de a* ou, même, *racine de a*.

$a = b$ (se lit *a égale b*) indique l'égalité des deux nombres a et b.

$a > b$ (se lit *a plus grand que b*) indique que le nombre a est supérieur à b.

$a < b$ (se lit *a plus petit que b*) indique que le nombre a est inférieur à b.

$a \neq b$ (se lit *a différent de b*) indique que les nombres a et b sont différents.

$a \geqslant b$ (se lit *a supérieur ou égal à b*) indique que a est plus grand que b ou égal à b.

$a \leqslant b$ (se lit *a inférieur ou égal à b*) indique que a est plus petit que b ou égal à b.

— On emploie aussi comme signes : les *parenthèses* ( ), les *crochets* [ ], les *accolades* { }. Lorsqu'on place entre parenthèses, entre crochets, entre accolades, des grandeurs sur lesquelles se trouvent indiquées des opérations à effectuer, on indique ainsi que l'on suppose ces opérations effectuées : Ainsi $7 + 5 - 2$ représente une suite d'opérations à effectuer; si nous écrivons $(7 + 5 - 2)$, nous supposons les opérations effectuées et cette expression représente le nombre 10.

4. Formules. — D'après ce que nous avons dit, si dans un problème d'algèbre on emploie des lettres pour représenter les mesures des grandeurs considérées, on est conduit par le raisonnement à l'indication de l'ensemble des opérations qu'il faudrait effectuer pour obtenir la grandeur inconnue. L'indication de l'ensemble de ces opérations constitue une *formule*.

Nous allons en donner des exemples et indiquer toutes les conséquences qui résultent de l'établissement d'une formule.

5. *Formule du mouvement uniforme.* — On dit qu'*un mouvement est uniforme lorsque le mobile parcourt des espaces égaux en des temps égaux.*

L'espace que parcourt le mobile dans l'unité de temps est appelé *vitesse du mouvement uniforme.*

Proposons-nous de *trouver l'espace parcouru pendant le temps t par un mobile animé d'un mouvement uniforme de vitesse v.*

La réponse est immédiate; puisque le mobile parcourt l'espace v pendant chaque unité de temps, pendant le temps t il parcourt $v \times t$ (si v est la vitesse à la seconde, par exemple, le temps t sera, bien entendu, exprimé en secondes).

Si nous désignons par e l'espace cherché, nous avons :

$$e = vt.$$

C'est la *formule du mouvement uniforme.*

Si e désigne l'espace parcouru pendant le temps t par un mobile animé d'un mouvement uniforme de vitesse v, entre ces trois nombres existe toujours la relation $e = vt$. Cette formule nous permettra, non seulement de calculer e quand on connaîtra v et t, mais, d'une façon générale, elle nous permettra de calculer l'une des trois grandeurs, connaissant les deux autres.

La formule du mouvement uniforme permettra donc de résoudre trois problèmes différents suivant que l'une des trois quantités e, v, t est inconnue, les deux autres étant connues.

En particulier, si la durée du mouvement est inconnue, l'espace parcouru et la vitesse étant donnés, on a : $t = \frac{e}{v}$.

— Dans l'application d'une formule, il importe de bien faire attention aux unités employées pour la mesure des grandeurs.

Ainsi, par exemple, dans la formule $e = vt$, si t est exprimé en secondes, v doit être la mesure de la vitesse par seconde, et si v est exprimé en mètres, le produit vt ou e donne le chemin parcouru exprimé en mètres.

Si t est inconnu, $t = \frac{e}{v}$; les longueurs e et v doivent être exprimées avec la même unité et, si v est la vitesse par seconde, t se trouve exprimé en secondes; si v est la vitesse par heure, t est exprimé en heures.

Enfin, si v est inconnu, $v = \frac{e}{t}$; si e est exprimé en mètres, t en heures, v sera exprimé en mètres : ce sera la vitesse par heure.

6. Remarque. En somme, une formule est une relation qui lie plusieurs grandeurs dépendant les unes des autres et de telle façon que si n grandeurs entrent dans la formule, lorsqu'on en connaîtra $n - 1$, la n^{me} pourra être calculée.

7. *Formule des intérêts simples.* — Le problème des intérêts simples consiste à rechercher la relation qui existe entre :

Le capital A placé,

Le taux i (i représente l'intérêt de 100 fr. en un an),

Le temps t pendant lequel le capital reste placé (ce temps t sera exprimé, nous le supposons, en nombre entier d'années ou en fraction d'année),

L'intérêt I rapporté par le capital.

Raisonnons par la méthode arithmétique dite de *réduction à l'unité.*

100 fr. en 1 an rapportent i,

1 fr. en 1 an rapporte $\frac{i}{100}$,

A fr. en 1 an rapportent $\frac{Ai}{100}$,

A fr. en t années rapportent $\frac{Ait}{100}$.

On a donc la relation : $I = \frac{Ait}{100}$.

C'est la formule des intérêts simples.

8. Remarque. Cette relation entre quatre grandeurs permet de calculer l'une des grandeurs lorsque l'on connaît les trois autres.

Comme l'une quelconque des grandeurs peut être prise pour inconnue, la formule établie permettra de résoudre quatre problèmes différents :

1° *I est l'inconnue.* Problème. — *Calculer l'intérêt rapporté par une somme de 4 800 fr. placée à 4 % pendant 18 mois.*

Appliquons la formule des intérêts simples :

$$I = \frac{Ait}{100},$$

en remarquant que : $A = 4800$, $i = 4$, $t = \frac{18}{12} = \frac{3}{2}$,

$$I = \frac{4800 \times 4 \times 3}{100 \times 2} = 288 \text{ fr.}$$

2° **A est l'inconnue.** PROBLÈME. — *Quel capital faut-il placer au taux de 3 °/₀ pendant 28 mois pour obtenir 742 francs d'intérêt?*

De la formule des intérêts simples, $I = \frac{Ait}{100}$, on déduit

$$100 \times I = Ait$$

et, par suite :

$$A = \frac{100\, I}{it};$$

en remarquant que : $I = 742$, $i = 3$, $t = \frac{28}{12} = \frac{7}{3}$,

on a :

$$A = \frac{100 \times 742 \times 3}{3 \times 7} = 10600 \text{ fr.}$$

3° ***i* est l'inconnue.** PROBLÈME. — *A quel taux a été placée une somme de 1 440 fr. qui a produit 14 fr. 30 d'intérêt au bout de 3 mois et 20 jours?*

La formule des intérêts simples, $I = \frac{Ait}{100}$, donne :

$$100 \times I = Ait,$$

d'où :

$$i = \frac{100\, I}{At};$$

en remarquant que : $A = 1\,440$, $I = 14{,}3$, $t = \frac{110}{360} = \frac{11}{36}$,

on a :

$$i = \frac{100 \times 14{,}3 \times 36}{1\,440 \times 11} = 3 \text{ fr. } 25.$$

4° ***t* est l'inconnue.** PROBLÈME. — *Pendant combien de temps faut-il placer un capital de 4 800 fr. à 3 fr. 60 °/₀ pour obtenir 153 fr. 60 d'intérêts?*

La formule des intérêts simples, $I = \frac{Ait}{100}$, nous donne :

$$100 \times I = Ait,$$

d'où :

$$t = \frac{100\, I}{Ai}.$$

On en déduit : $t = \frac{100 \times 153{,}6}{4800 \times 3{,}6} = \frac{8}{9} = \frac{320}{360}$;

$$t = 320 \text{ jours ou } 10 \text{ mois et } 20 \text{ jours.}$$

Exercices.

1. Un train express part à 7 h. 42 m. avec une vitesse de 55 km. à l'heure. A quelle distance sera-t-il de son point de départ à 9 h. 45 m.?

2. Un cycliste a parcouru 70 km. en 3 h. 40 m. Quelle est sa vitesse moyenne à l'heure?

3. Quel est le capital qui, placé à 6 pour 100 pendant 3 mois et 20 jours, a rapporté 440 fr.?

4. Quel est le capital qui, placé à intérêts simples pendant 7 mois, au taux de 4 pour 100, est devenu 2 809 fr. 25, capital et intérêts réunis? (On appliquera la formule, on en déduira le rapport $\frac{I}{a}$; comme on connaît $I + a$, on calculera I et a en utilisant une propriété des proportions.)

5. Pendant combien de temps a été placé un capital de 4 800 fr. qui est devenu 4 920 fr. au taux de 5 pour 100?

6. Quel est le taux auquel un capital de 4 800 fr. a été placé, sachant qu'il a rapporté 378 fr. en 18 mois?

7. Un capital de 40 000 fr. a rapporté autant de fois 200 fr. qu'il est resté placé de mois. A quel taux a-t-il été placé?

8. Pendant combien de temps a été placé à 5 pour 100 un capital qui a produit un intérêt égal au quart de ce capital?

CHAPITRE II

RÉSOLUTION ALGÉBRIQUE DES PROBLÈMES MISE EN ÉQUATION

9. PROBLÈME. *Trouver un nombre tel qu'en le multipliant par 3 et en diminuant le résultat obtenu de 8 unités on obtienne 10.*

Nous désignerons par x le nombre cherché; en le multipliant par 3, on obtient $3x$ et, d'après l'énoncé, on doit avoir :

$$3x - 8 = 10.$$

Reste à chercher le nombre qui, mis à la place de x, rend $3x - 8$ égal à 10.

D'après la définition de la soustraction en arithmétique, on doit avoir :

$$3x = 10 + 8,$$

c'est-à-dire $3x = 18$ et, par suite, $x = \frac{18}{3} = 6$.

Vérification : $6 \times 3 - 8$ est égal à 10.

10. PROBLÈME. *Partager le nombre 108 en deux parties dont l'une soit supérieure à l'autre de 18 unités.*

Désignons par x la plus petite partie; la plus grande sera $x + 18$ et, d'après l'énoncé, la somme des deux parties est 108; par conséquent, on doit avoir :

$$x + x + 18 = 108;$$

ce que l'on peut écrire :

$$2x + 18 = 108.$$

On en déduit : $2x = 108 - 18$

ou $2x = 90.$

On a donc : $x = \frac{90}{2} = 45.$

L'une des parties est 45, l'autre $45 + 18 = 63$.

Vérification : $45 + 63 = 108.$

11. REMARQUE. Ces problèmes peuvent être généralisés; ainsi, généralisons le problème précédent et proposons-nous de *partager un nombre A en deux parties dont l'une soit supérieure à l'autre de a unités,*

Si x représente la plus petite partie, $x + a$ sera la plus grande, et, d'après l'énoncé,

$$x + x + a = A$$

ou

$$2x + a = A;$$

on en déduit :

$$2x = A - a$$

et, par suite,

$$x = \frac{A - a}{2}.$$

La plus petite des deux parties est la demi-différence entre le nombre à partager et l'excès de la plus grande partie sur la plus petite.

12. Problème. *Trois personnes ont ensemble 104 ans. L'une d'elles a 4 ans de plus que la plus jeune et la troisième autant que les deux autres. Quels sont les âges de ces trois personnes ?*

Désignons par x l'âge de la plus jeune.
L'âge de la seconde est $x + 4$.
L'âge de la plus vieille est $x + x + 4$ ou $2x + 4$.
Écrivons que la somme de leurs âges est 104 ans ;

$$x + x + 4 + 2x + 4 = 104,$$

ce que l'on peut écrire :

$$4x + 8 = 104,$$

d'où :

$$4x = 104 - 8 = 96.$$

On en déduit :

$$x = \frac{96}{4} = 24 \text{ ans.}$$

La plus jeune des personnes a 24 ans,
La seconde a $24 + 4 = 28$ ans,
La plus vieille, $24 + 28 = 52$ ans.
Vérification : $24 + 28 + 52 = 104$.

13. Problème. *Trouver un nombre tel que si on en prend les $\frac{3}{4}$ et qu'on diminue de 2 unités le résultat obtenu, on obtienne le même résultat qu'en prenant les $\frac{3}{5}$ du nombre et en augmentant le résultat de 4 unités.*

Soit x le nombre cherché ; on doit avoir :

$$\frac{3x}{4} - 2 = \frac{3x}{5} + 4.$$

Les deux membres de cette égalité seront encore égaux si on multiplie chacun d'eux par un nombre quelconque ; le plus petit commun multiple entre 4 et 5 étant $4 \times 5 = 20$, multiplions les deux membres de l'égalité par 20 (nous opérons ainsi pour faire disparaître tous les dénominateurs). Nous obtenons :

$$\frac{3x}{4} \times 20 - 2 \times 20 = \frac{3x}{5} \times 20 + 4 \times 20$$

ou, en simplifiant :

$$15x - 40 = 12x + 80.$$

En retranchant $12x$ des deux membres de cette égalité, puis en ajoutant 40 aux deux membres de la nouvelle égalité, on obtient :

$$15x - 12x = 80 + 40$$

ou $$3x = 120 \quad , \quad \text{d'où } x = \frac{120}{3} = 40.$$

Vérification :

$$40 \times \frac{3}{4} - 2 = 28,$$

$$40 \times \frac{3}{5} + 4 = 28.$$

14. Remarque I. Dans les problèmes qui précèdent, après avoir désigné par une lettre la valeur de l'inconnue, nous avons exprimé l'égalité qui, d'après les conditions de l'énoncé, établit la relation qui lie l'inconnue aux quantités connues. Cette égalité est en somme la traduction algébrique des conditions de l'énoncé : c'est une *équation.*

Établir l'égalité qui lie, dans un problème, les quantités connues à la quantité inconnue, s'appelle *mettre le problème en équation.*

Pour résoudre un problème d'algèbre, il faut donc d'abord le mettre en équation, puis, par une suite de transformations plus ou moins compliquées, arriver à exprimer la quantité inconnue à l'aide des quantités données : cela s'appelle *résoudre l'équation.* La valeur trouvée pour l'inconnue s'appelle *racine de l'équation.*

Les équations se résolvent méthodiquement ; avant d'indiquer ces méthodes générales de résolution, il nous faudra donner certaines considérations générales sur les opérations algébriques que nous pouvons rencontrer.

15. Remarque II. Les différents exercices que nous avons traités dans ce chapitre sont à proprement parler des problèmes d'arithmétique ; les opérations qu'il nous a fallu faire pour résoudre les équations ressortent toutes de considérations arithmétiques ; nous allons indiquer, dans le chapitre suivant, ce qui différencie l'algèbre de l'arithmétique, en généralisant la notion de mesure des grandeurs.

Problèmes.

9. Trouver un nombre dont le quadruple diminué de 21 soit égal au double augmenté de 15.

10. Trouver un nombre dont le triple augmenté de 10 surpasse 120 d'autant que 58 surpasse le nombre cherché.

11. Trouver un nombre dont le $\frac{1}{7}$ augmenté de 4 est égal à la somme du quart du nombre et de l'unité.

12. Partager 93 fr. entre trois personnes de façon que la part de la seconde surpasse celle de la première de 6 fr. et que celle de la troisième surpasse celle de la seconde de 9 fr.

13. Un père a 32 ans, son fils a 8 ans, dans combien d'années l'âge du père sera-t-il triple de l'âge du fils ?

14. Sachant que, dans quatre ans, j'aurai trois fois l'âge que j'avais il y a 28 ans, quel est mon âge ?

15. Partager 38 en deux parties telles que la deuxième soit égale au $\frac{1}{4}$ de la première augmenté de 6. (On désignera par x la première partie, l'autre sera $38 - x$.)

16. Partager 341 en deux parties dont la différence soit 23. (On désignera par x la première partie, l'autre sera : $341 - x$.)

17. Une gratification de 330 fr. doit être répartie entre les employés d'une maison dans laquelle il y a 12 ouvriers et 3 apprentis. Que revient-il à chacun, sachant que chaque ouvrier doit toucher 15 fr. de plus qu'un apprenti ?

CHAPITRE III

NOMBRES POSITIFS ET NOMBRES NÉGATIFS OPÉRATIONS SUR LES NOMBRES ALGÉBRIQUES

16. Lorsqu'une grandeur est susceptible d'être comptée dans deux sens différents, le nombre arithmétique qui exprime sa mesure est insuffisant pour la déterminer; il est nécessaire d'indiquer dans quel sens la grandeur doit être envisagée. Donnons des exemples :

Considérons une droite xy (*fig.* 1), un point O de cette droite, et proposons-nous de prendre à partir de O, sur la droite, un segment de 8^{mm}. Le nombre 8^{mm} qui exprime la mesure du segment est insuffisant pour déterminer la position de celui-ci, car nous ne savons pas si ce segment doit être pris sur Oy ou sur Ox; il conviendrait donc de spécifier et de dire sur quelle demi-droite le segment doit être pris.

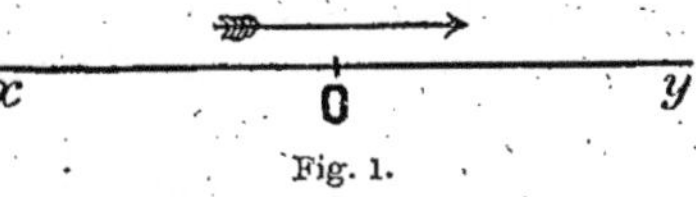

Fig. 1.

Algébriquement, on convient de choisir un sens sur xy, le sens indiqué par la flèche, par exemple : on l'appelle *sens positif*, le sens contraire étant appelé *sens négatif*. Nous conviendrons en outre d'affecter du signe + (plus) les mesures des segments parcourus à partir de O dans le sens positif et du signe — (moins) les mesures des segments parcourus à partir de O dans le sens négatif.

Dans ces conditions, nous dirons que la mesure de OA (*fig.* 2) est + 3cm., que la mesure de OB est — 2cm. Inversement, si nous

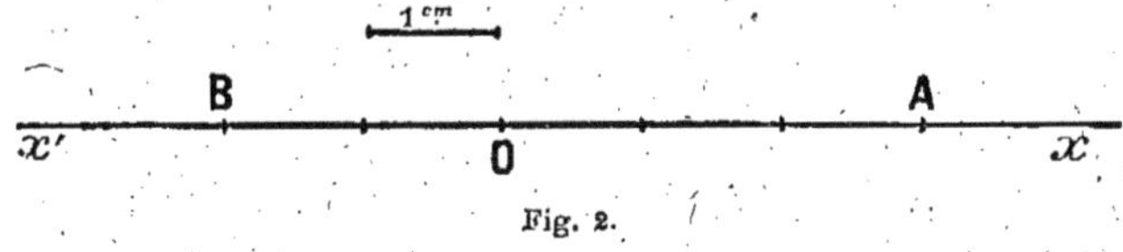

Fig. 2.

portons, à partir du point O, des segments de + 4cm., — 25^{mm}, etc., ceux-ci seront parfaitement déterminés.

— Lorsqu'une personne fait un réglement de comptes, elle arrive à déterminer ce qu'elle possède ou ce qu'elle doit; elle dira, par exemple, dans le langage courant, je possède 50 fr. ou, encore, je dois 80 fr.

Là, encore, la somme en question est insuffisante en elle-même à caractériser la situation pécuniaire de la personne.

En algèbre, dans les deux exemples choisis, nous dirons que la personne possède; dans le premier, elle possède + 50 fr.; dans le second, elle possède — 80 fr.

— Dans l'échelle centigrade des températures, si nous parlons d'une température de 7°, il nous faut encore, pour bien la déterminer, spécifier si cette température est comptée au-dessus ou au-dessous de zéro. Dans le premier cas, on dit que la température est + 7°, dans le second, — 7°.

Les exemples qui précèdent suffiront pour faire comprendre que le nombre qui mesure une grandeur est souvent insuffisant pour bien déterminer cette grandeur et ils justifient l'emploi d'un signe + ou — qui, placé devant la mesure de la grandeur, indiquera dans quel sens elle doit être envisagée.

17. Définitions. ***Nombre positif; nombre négatif; valeur absolue d'un nombre; nombres opposés.*** — On appelle *nombre positif* tout nombre arithmétique précédé du signe +.

— On appelle *nombre négatif* tout nombre arithmétique précédé du signe —.

Ainsi $+ 42, + \frac{3}{5}$ sont des nombres positifs,

$- 34, - \frac{8}{9}$ sont des nombres négatifs.

Un nombre algébrique est donc un nombre arithmétique affecté d'un signe qui fait corps avec lui; seul le nombre 0 n'est affecté d'aucun signe.

— On appelle *valeur absolue d'un nombre algébrique*, la valeur du nombre arithmétique qu'on obtient en faisant abstraction du signe du nombre algébrique.

Ainsi les nombres algébriques $+ \frac{7}{8}$, — 52 ont respectivement pour valeur absolue les nombres arithmétiques $\frac{7}{8}$ et 52. Les deux nombres algébriques + 7 et — 7, dont la valeur absolue est le nombre arithmétique 7, sont égaux en valeur absolue et de signes contraires. On dit que ce sont deux *nombres opposés*, rappelant par là que si ces nombres sont les mesures de deux segments portés par un même axe, ces segments sont de sens opposés.

Opérations sur les nombres algébriques.

18. Les opérations sur les nombres algébriques s'effectuent indépendamment de l'idée des grandeurs dont ces nombres expriment la mesure; on opère, comme l'on dit, sur des nombres abstraits. Les combinaisons susceptibles d'être effectuées avec des grandeurs sont remplacées par des opérations effectuées sur les nombres algébriques qui expriment les mesures de ces grandeurs.

Addition des nombres algébriques.

19. La considération des grandeurs susceptibles d'être envisagées dans deux sens différents, comme les segments portés sur une droite, à partir d'un point pris pour origine, ou encore le capital possédé ou dû par une personne, conduit immédiatement aux définitions suivantes :

1° *La somme de deux nombres de même signe est un troisième nombre de même signe que les deux autres et dont la valeur absolue est la somme des valeurs absolues des deux nombres considérés ;*

2° *La somme de deux nombres de signes différents est un troisième nombre dont le signe est le même que le signe de celui des deux nombres qui est le plus grand en valeur absolue et dont la valeur absolue est la différence des valeurs absolues des deux nombres considérés.*

Exemples

$$(+7)+(+5)=+12,$$
$$(-8)+(-2)=-10,$$
$$(+7)+(-5)=+2,$$
$$(-7)+(+5)=-2.$$

En particulier :

$$(+15)+(-15)=0,$$
$$(0)+(-2)=-2.$$

3° *La somme de plusieurs nombres algébriques est le résultat que l'on obtient en ajoutant le premier nombre au second, puis la somme obtenue au troisième et ainsi de suite jusqu'à ce que tous les nombres aient été successivement ajoutés.*

Exemple : Soit à effectuer la somme

$$(-5)+(+7)+(-4)+(-8).$$

Les deux premiers nombres ont pour somme $+2$; ajoutons -4 à cette somme, nous obtenons -2; ajoutons -8 à la dernière somme, nous obtenons -10 : c'est la somme cherchée.

20. Remarque I. Nous admettrons, sans démonstration, que *dans une somme de nombres algébriques on peut, sans changer le résultat, intervertir l'ordre des nombres algébriques que l'on ajoute successivement.*

On en déduit que, dans une somme de nombres algébriques, on peut remplacer plusieurs d'entre eux par leur somme effectuée, et, en particulier, remplacer tous les nombres positifs par leur somme effectuée et tous les nombres négatifs par leur somme également effectuée; il restera à faire la somme de deux nombres de signes différents.

21. Exemple. Proposons-nous d'additionner les nombres suivants :

$$+5, \quad -8, \quad -10, \quad -12, \quad +24.$$

L'addition s'indiquera de la façon suivante :

$$(+5)+(-8)+(-10)+(-12)+(+24).$$

Pour effectuer l'addition, ou bien on procédera de proche en proche et l'on aura :

$$(+5)+(-8)=(-3), \quad (-3)+(-10)=(-13),$$
$$(-13)+(-12)=(-25), \quad (-25)+(+24)=(-1).$$

On trouve pour résultat -1;
ou bien on remplacera tous les nombres positifs par leur somme effectuée et de même pour tous les nombres négatifs :

$$(+5)+(+24)=(+29), \quad (-8)+(-10)+(-12)=(-30),$$

et il restera à effectuer l'addition de deux nombres

$$(+29)+(-30)=-1.$$

22. Remarque II. Nous avons dit que dans une somme de nombres algébriques on peut remplacer plusieurs d'entre eux par leur somme effectuée.

Inversement, dans une somme de nombres algébriques, on peut remplacer l'un d'eux par plusieurs autres nombres dont la somme soit égale au nombre considéré.

Il résulte de là que *la somme de plusieurs sommes de nombres algébriques est égale à la somme de tous les nombres algébriques contenus dans les sommes considérées.*

Soit à ajouter les sommes suivantes :

$$(+7)+(-2)+(-4), \quad (-3)+(-5)+(+12).$$

On indiquera l'opération de la façon suivante :

$$[(+7)+(-2)+(-4)] \quad + \quad [(-3)+(-5)+(+12)].$$

Les crochets indiquent que chaque somme est supposée effectuée. En somme, nous avons deux nombres à ajouter, mais, d'après le principe indiqué plus haut, ces deux nombres peuvent être remplacés par les sommes correspondantes; ce qui donne :

$$(+7)+(-2)+(-4)+(-3)+(-5)+(+12)$$

et justifie la conséquence énoncée.

Soustraction des nombres algébriques.

23. Définition. *Soustraire un nombre algébrique d'un autre nombre algébrique, c'est chercher un troisième nombre algébrique qui, ajouté au nombre que l'on a soustrait, donne une somme égale à l'autre.*

24. Théorème. ***Pour soustraire un nombre algébrique d'un autre nombre algébrique, il suffit de l'ajouter à cet autre après avoir changé son signe.***

Proposons-nous de soustraire le nombre (-5) du nombre $(+4)$. Je dis que le résultat de l'opération est :

$$(+4)+(+5).$$

En effet, si nous ajoutons à ce résultat le nombre (-5) que l'on a soustrait, la somme

$$(+4)+(+5)+(-5)$$

est bien égale à $(+4)$, puisque la somme $(+5)+(-5)$ est égale à 0.

25. Remarque I. Si l'on retranche un nombre b d'un nombre a, l'opération s'indique de la façon suivante :

$$a-b,$$

et nous venons de voir qu'elle nous conduit à un troisième nombre algébrique.

Or, si $a=0$, le résultat de l'opération est, d'après la définition de la soustraction, un nombre égal à b en valeur absolue, mais de signe contraire, c'est-à-dire le nombre opposé à b.

Ainsi :
$$-(+3)=-3$$
$$-(-5)=+5.$$

26. Remarque II. Il résulte de ce qui précède (nos 19 et 24), que si l'on considère une somme de nombres algébriques :

$$S=(+4)+(-5)+(-2)+(+7),$$

on l'écrit, pour simplifier (suppression des signes d'addition) :

$$S=+4-5-2+7.$$

On peut d'ailleurs supprimer le signe du premier nombre si ce signe est +.

De même, si nous considérons la suite des opérations indiquées par

$$S = (+2) - (-7) - (+5) + (-8),$$

nous pouvons écrire :

$$S = 2 + 7 - 5 - 8.$$

27. *Somme algébrique.* — Une expression de la forme

$$4 - 5 + 3 - 8 + 7$$

est appelée *somme algébrique ;* elle indique qu'il faut effectuer l'opération $4 - 5$, puis, au résultat, ajouter $+3$; au nouveau résultat, ajouter -8, etc.

Les nombres algébriques $(+4)$, (-5), $(+3)$, (-8), $(+7)$ sont dits les *termes* de la somme et, par suite, une somme algébrique est la somme de tous les termes qui la composent.

Chaque terme composant la somme est donc un nombre algébrique, c'est-à-dire un nombre arithmétique affecté du signe + ou du signe —.

Nous avons dit que dans une somme de nombres algébriques on peut intervertir l'ordre des termes; il en est évidemment de même dans une somme algébrique, de sorte que si nous voulons calculer la somme, au lieu d'effectuer les opérations de proche en proche dans l'ordre indiqué, nous pourrons ajouter ensemble tous les termes positifs, puis tous les termes négatifs, et nous serons ramenés à faire la somme de deux nombres algébriques ;

$$S = (+P) + (-N),$$

$+P$ désignant la somme des termes positifs, $-N$ désignant la somme des termes négatifs.

Il résulte immédiatement de là que *si l'on change les signes de tous les termes d'une somme algébrique, on obtiendra une nouvelle somme qui sera égale en valeur absolue à la première, mais de signe contraire.*

En effet, la somme considérée pouvant s'écrire

$$S = (+P) + (-N),$$

la deuxième s'écrira évidemment :

$$S' = (-P) + (+N).$$

28. *Soustraction de deux sommes algébriques.* — Théorème. *Pour soustraire une somme algébrique d'une autre somme algébri-*

que, il suffit de l'ajouter à cette autre après avoir changé les signes de tous les termes.

Soient les deux sommes :

$$S = 3 + 4 - 5 - 7 + 8,$$
$$S' = 6 - 9 + 3.$$

En changeant les signes des termes de S', nous obtenons une somme S'' égale en valeur absolue à S', mais de signe contraire.

Le résultat de l'opération est S + S'', car, si nous ajoutons S' à ce résultat, la somme S+S''+S' est égale à S, puisque S''+S'=0.

On a donc pour le résultat de l'opération :

$$S - S' = 3 + 4 - 5 - 7 + 8 - 6 + 9 - 3.$$

29. Exercice. *Étant données les sommes algébriques*

$$S = 4 - 5 - 2,$$
$$S' = 7 + 8 - 3,$$
$$S'' = -7 + 9,$$

former l'expression $S - S' - S''$.

On a immédiatement :

$$S - S' - S'' = 4 - 5 - 2 - 7 - 8 + 3 + 7 - 9.$$

30. Grandeur relative des nombres positifs et des nombres négatifs. — D'une façon générale, *nous dirons qu'un nombre a est plus grand qu'un nombre b, si la différence a — b est positive.*

Il résulte de cette définition que :

1° *Tout nombre positif est plus grand que zéro.*

Ainsi 4 est plus grand que 0, car 4 — 0 = 4, nombre positif;

2° *Tout nombre négatif est plus petit que zéro.*

Ainsi — 5 est plus petit que 0, car 0 — (— 5) = + 5, nombre positif.

3° *De deux nombres positifs, le plus grand est celui qui a la plus grande valeur absolue.*

Ainsi + 15 est plus grand que + 7, car 15 — 7 = + 8, nombre positif;

4° *De deux nombres négatifs, le plus grand est celui qui a la plus petite valeur absolue.*

Ainsi — 8 est plus grand que — 12, car

$$-8 - (-12) = -8 + 12 = +4, \text{ nombre positif.}$$

31. Remarque. Il résulte de ce qui précède que les nombres algébriques forment une suite croissante, depuis le nombre négatif infiniment grand en valeur absolue, que nous représenterons par — ∞ (moins l'infini), jusqu'au nombre positif, infiniment grand, que nous représenterons par + ∞ (plus l'infini).

Multiplication des nombres algébriques.

32. La considération des grandeurs susceptibles d'être envisagées dans deux sens différents conduit à la définition suivante appelée **règle des signes** :

Le produit de deux nombres algébriques est un nombre algébrique dont la valeur absolue est le produit des valeurs absolues des nombres considérés et qui a le signe + si les deux nombres sont de même signe, le signe — si les deux nombres sont de signes contraires.

Si l'un des facteurs est nul, le produit est nul.

Exemple :

$$(+3) \times (+4) = (+12)$$
$$(-3) \times (-4) = (+12)$$
$$(+3) \times (-4) = (-12)$$
$$(-3) \times (+4) = (-12)$$

33. *Produit de plusieurs facteurs.* — Le produit de plusieurs facteurs est le produit que l'on obtient en multipliant les deux premiers facteurs, puis le produit obtenu par le troisième, et ainsi de suite jusqu'au dernier facteur.

Dans un produit de plusieurs facteurs algébriques, on peut intervertir l'ordre des facteurs, car, d'après un théorème d'arithmétique connu, la valeur absolue du produit ne change pas; d'autre part, le signe ne change pas non plus, car on voit de suite qu'il est positif, si le nombre des facteurs négatifs est pair, négatif dans le cas contraire.

34. Remarque. On démontre sur les produits de facteurs un certain nombre de théorèmes que nous nous contenterons d'énoncer (la méthode employée est la même qu'en arithmétique) :

1° *Dans un produit de plusieurs facteurs, on peut remplacer deux ou plusieurs d'entre eux par leur produit effectué.*

Exemple :

$$(+2)(-3)(-8)(+7) = (+2)(+24)(+7).$$

2° *Pour multiplier un produit de facteurs par un nombre algébrique, il suffit de multiplier l'un des facteurs par ce nombre.*

Exemple. Le produit de

$$(+4)(-7)(-8) \text{ par } (-9)$$

peut s'écrire : $(+4)(+63)(-8)$.

3° *Le produit de deux produits de facteurs est un produit formé par tous les facteurs des deux produits considérés.*

Exemple. Le produit de

$$(-3)(+4)(+5) \text{ par } (-8)(+9)$$

peut s'écrire : $(-3)(+4)(+5)(-8)(+9)$.

4° *Pour multiplier une somme algébrique par un nombre, on peut multiplier tous les termes de la somme par le nombre et faire la somme de tous les produits partiels obtenus.*

Exemple :

$$(+4-5+7-8)\cdot(-5)=-20+25-35+40.$$

Comme dans un produit de facteurs on peut intervertir l'ordre des facteurs, la règle précédente s'applique aussi au produit d'un nombre par une somme algébrique.

5° *Pour multiplier une somme algébrique par une autre somme algébrique, on peut multiplier successivement tous les termes du multiplicande par chacun des termes du multiplicateur et faire la somme de tous les produits obtenus.*

Exemple I :

$$(-5+4-3-7)(5-7)=-25+20-15-35+35-28+21+49.$$

Exemple II :

$$(+3-2-5)(-4+8+9)=-12+8+20+24-16-40+27-18-45.$$

35. Puissance d'un nombre. — *On appelle puissance d'un nombre le produit de plusieurs facteurs égaux à ce nombre.*

La notation est la même qu'en arithmétique.

Remarquons immédiatement que :

1° *Toute puissance d'un nombre positif est positive :*

$$(+7)^3=+343;$$

2° *Toute puissance paire d'un nombre négatif est positive.*

On a en effet, dans ce cas, un nombre pair de facteurs négatifs :

$$(-2)^2=+4\ ;\ (-2)^4=+16\ ;\ (-2)^6=+64;$$

3° *Toute puissance impaire d'un nombre négatif est négative.*

On a en effet, dans ce cas, un nombre impair de facteurs négatifs :

$$(-2)^3=-8;\quad(-2)^5=-32.$$

36. Racine d'un nombre. — *La racine $n^{\text{ième}}$ d'un nombre algébrique est un second nombre algébrique qui, élevé à la puissance n, reproduit le premier.*

La notation est la même qu'en arithmétique.

Si a est un nombre algébrique admettant b pour racine cubique, on a :

$$b=\sqrt[3]{a}.$$

On en déduit, d'après la définition : $b^3=a$.

Remarquons immédiatement que :

1° *Tout nombre positif a deux racines d'ordre pair.*

Ainsi la racine carrée de $(+16)$ est $(+4)$ ou (-4), car le carré de l'un ou de l'autre de ces deux nombres est $(+16)$.

Nous écrirons $\sqrt{(+16)} = \pm 4$.

De même $\sqrt[4]{(+81)} = \pm 3$.

2° *Tout nombre négatif n'a pas de racine d'ordre pair.*

Ainsi, la racine carrée de (-4) n'existe pas, car tout nombre positif ou négatif élevé au carré donne un résultat positif;

3° *Un nombre quelconque positif ou négatif a toujours une racine d'ordre impair.*

Le signe de la racine est le signe du nombre et sa valeur absolue est la racine arithmétique du nombre.

Ainsi $\sqrt[3]{(+27)} = +3$, $\sqrt[3]{(-27)} = -3$.

Division des nombres algébriques.

37. *La division d'un nombre algébrique appelé dividende par un nombre algébrique appelé diviseur a pour but de trouver un troisième nombre algébrique appelé quotient dont le produit par le diviseur soit égal au dividende.*

Si le diviseur est $\neq 0$, le quotient existe et il est unique.

Ainsi :

$$\frac{(+15)}{(-3)} = (-5), \quad \frac{(+5)}{(-7)} = \left(-\frac{5}{7}\right),$$

$$\frac{(-7)}{(-9)} = \left(+\frac{7}{9}\right), \quad \frac{(+12)}{(+4)} = (+3).$$

On voit immédiatement que le signe du quotient s'obtient par la règle des signes (n° 32).

Si le diviseur est nul, la division n'a aucun sens, le quotient n'existe pas.

38. Remarque. Nous énoncerons, sans démonstration, les principes suivants analogues à ceux démontrés en arithmétique et qui d'ailleurs se déduisent immédiatement des principes relatifs à la multiplication :

1° *Pour diviser un produit de facteurs algébriques par un nombre algébrique, il suffit de diviser par ce nombre l'un des facteurs du produit.*

Exemple : $\frac{(+4)(-15)}{(-3)} = (+4)(+5)$.

2° *Pour diviser une somme algébrique par un nombre, il suffit de diviser chacun des termes de la somme par le nombre et de faire la somme des quotients obtenus.*

EXEMPLE : $\frac{+25-30-15}{-5} = -5+6+3.$

3° *Le quotient de deux puissances d'un même nombre, dans le cas où l'exposant du dividende est supérieur à l'exposant du diviseur, est une puissance de ce nombre ayant pour exposant la différence des exposants du dividende et du diviseur.*

EXEMPLE : $\frac{(+5)^4}{(+5)^2} = +5^2$; $\frac{(-7)^5}{(-7)^2} = (-7)^3$.

Fractions numériques algébriques.

39. La notation $\frac{A}{B}$, exprimant la division du nombre algébrique A par le nombre algébrique B, est appelée *fraction algébrique.*

Ainsi $\frac{-3}{+7}$ est une fraction algébrique; elle a pour valeur algébrique $-\frac{3}{7}$.

— Si l'on change le signe d'un terme de la fraction, la fraction change évidemment de signe.

— Si l'on change le signe des deux termes, la fraction ne change pas.

Ainsi, $\frac{-3}{+5} = \frac{+3}{-5} = -\frac{3}{5}$.

Une fraction algébrique peut donc être considérée comme une fraction arithmétique affectée du signe + ou du signe —.

De plus, si une fraction algébrique est négative, nous pouvons la considérer, par exemple, comme le quotient d'un nombre négatif par un nombre positif.

Ainsi $-\frac{3}{7} = \frac{-3}{+7}$.

40. Les principes démontrés en arithmétique sur les fractions sont encore applicables aux fractions algébriques; nous nous contenterons de les énoncer :

1° *Si l'on multiplie ou si l'on divise les deux termes d'une fraction algébrique par un même nombre algébrique, on ne change pas la valeur de la fraction.*

On déduit de là, comme en arithmétique, la réduction d'une

fraction à sa plus simple expression et la réduction de plusieurs fractions au même dénominateur.

2° *Pour additionner plusieurs fractions algébriques, on commence par les réduire à leur plus petit dénominateur commun, puis on forme une fraction ayant pour dénominateur ce dénominateur commun et pour numérateur la somme des numérateurs.*

Exemple :
$$\frac{3}{4}-\frac{5}{8}+\frac{3}{16}-\frac{7}{24}.$$

Le p. p. m. c. des dénominateurs est 48. Divisons 48 par les dénominateurs de chaque fraction et multiplions les deux termes de chaque fraction par le quotient correspondant, nous obtenons :
$$\frac{36}{48}-\frac{30}{48}+\frac{9}{48}-\frac{14}{48};$$
ce qui nous donne :
$$\frac{36-30+9-14}{48}=\frac{1}{48}.$$

3° *Pour multiplier plusieurs fractions algébriques, on forme une fraction dont les termes soient respectivement les produits des termes correspondants des fractions considérées.*

Exemple :
$$\left(+\frac{3}{5}\right)\left(-\frac{7}{8}\right)\left(-\frac{3}{4}\right)=\frac{(+3)(-7)(-3)}{(+5)(+8)(+4)}=+\frac{3\times7\times3}{5\times8\times4}.$$

4° *Pour élever une fraction algébrique à la puissance m, il suffit d'élever chacun de ses termes à la puissance m.*

Exemple :
$$\left(-\frac{2}{3}\right)^4=\frac{(-2)^4}{3^4}=\frac{16}{81};$$
$$\left(-\frac{2}{5}\right)^3=\frac{(-2)^3}{5^3}=-\frac{8}{125}.$$

5° *Pour extraire la racine $m^{ième}$ d'une fraction, on extrait la racine $m^{ième}$ de chacun de ses termes.*

Exemple :
$$\sqrt{\frac{4}{25}}=\frac{\sqrt{4}}{\sqrt{25}}=\frac{\pm2}{\pm5}=\pm\frac{2}{5};$$
$$\sqrt[3]{-\frac{27}{1000}}=\frac{\sqrt[3]{(-27)}}{\sqrt[3]{1000}}=-\frac{3}{10}.$$

6° *Pour diviser deux fractions algébriques, on multiplie la fraction dividende par la fraction diviseur renversée.*

Exemple :
$$\left(+\frac{3}{5}\right):\left(-\frac{9}{10}\right)=\left(+\frac{3}{5}\right)\left(-\frac{10}{9}\right)=-\frac{30}{45}=-\frac{2}{3}.$$

APPLICATION. *Effectuer le calcul suivant :*

$$\frac{2-\frac{3}{5}+\frac{1}{15}}{1-\frac{7}{8}-\frac{1}{12}}.$$

Calculons séparément le numérateur et le dénominateur.

Pour le numérateur, le plus petit dénominateur commun est 15 ; pour le dénominateur, c'est 24, et l'on a :

$$2-\frac{3}{5}+\frac{1}{15}=\frac{30-9+1}{15}=\frac{22}{15};$$
$$1-\frac{7}{8}-\frac{5}{12}=\frac{24-21-10}{24}=-\frac{7}{24}.$$

Il reste à effectuer une division de deux fractions.

$$\frac{22}{15}:\left(-\frac{7}{24}\right)=-\frac{22}{15}\times\frac{24}{7}=-\frac{528}{105}.$$

Exercices.

18. Additionner les nombres algébriques suivants :

1° $(+2), (-3), (+4), (-5), (+6)$;

2° $(-10), (+4), (-6), (-7), (+2)$;

3° $(-12), (-8), (+22), (-7), (+8), (-3)$.

4° $\left(+\frac{3}{5}\right), (-2), \left(-\frac{7}{10}\right), (+4)$;

5° $\left(-\frac{5}{12}\right), \left(+\frac{1}{18}\right), \left(-\frac{5}{6}\right), \left(+\frac{5}{24}\right)$;

6° $(+1), \left(-\frac{3}{8}\right), (-2), \left(+\frac{7}{32}\right), \left(-\frac{1}{48}\right)$.

19. Effectuer les différences suivantes :

$$(+8)-(-9);\quad (+4)-\left(-\frac{3}{5}\right);\quad (-5)-(-3);$$
$$\left(-\frac{2}{3}\right)-\left(+\frac{3}{5}\right);\quad \left(+\frac{7}{8}\right)-\left(-\frac{3}{4}\right).$$

20. Étant données les sommes algébriques :

$$P=-3+4-2+5,$$
$$P'=-7+8-9+1,$$
$$P''=3+6-8+7,$$

former $P+P'+P''$, puis calculer le résultat obtenu.

21. Étant données les sommes algébriques :

$$P = 3-5+2-8,$$
$$P' = -5-7,$$
$$P'' = -3+4,$$

former $P - P' + P''$, puis $-P + P' - P''$ et calculer les résultats obtenus dans les deux cas.

22. Ranger par ordre de grandeur croissante les nombres algébriques suivants :

$$(+1),\quad \left(-\frac{3}{8}\right),\quad \left(-\frac{4}{3}\right),\quad \left(\frac{7}{16}\right),\quad \left(\frac{9}{18}\right),\quad \left(-\frac{7}{12}\right).$$

23. Quel est le nombre algébrique qui, ajouté à $-\frac{5}{8}$, donne comme résultat $\frac{1}{4}$?

24. Sur un axe $x'x$, on prend un point O et l'on convient de prendre comme sens des directions positives le sens de x' vers x, puis on porte les segments $OA = 4^m$ et le segment $OB = -6^m$.

Calculer le segment BA et le segment OM, M étant le milieu du segment BA.

25. Si l'on désigne par S l'aire d'un carré, par S_1, S_2, S_3, S_4 les aires des triangles obtenus en joignant un point O intérieur au carré aux 4 sommets, on a :

$$S = S_1 + S_2 + S_3 + S_4.$$

Quelle convention doit-on faire pour que cette relation subsiste si le point est pris à l'extérieur?

26. Effectuer les produits suivants :

$$(-7)\times(+9);\qquad \left(-\frac{3}{4}\right)\times(+8);$$
$$\left(-\frac{5}{16}\right)\times\left(-\frac{4}{5}\right);\qquad \left(+\frac{2}{3}\right)\times\left(-\frac{5}{8}\right).$$

27. Effectuer le produit suivant :

$$\left(-\frac{3}{4}\right)\left(-\frac{8}{9}\right)\left(+\frac{2}{5}\right)\left(-\frac{15}{24}\right).$$

28. Dans un produit de 8 nombres algébriques, 3 de ces nombres sont positifs, les 5 autres sont négatifs. Quel sera le signe du produit? Pourquoi?

29. Effectuer les produits suivants :

$$+3-8-9+7 \text{ par } +5;$$
$$-8-2+10+4 \text{ par } -5.$$

30. Expliquer la différence qu'il y a entre les notations suivantes :

$$(-5)^3 \text{ et } -5^3.$$

Expliquer pourquoi ces nombres sont égaux.

— Même question pour

$$\sqrt[3]{-(125)} \quad \text{et} \quad -\sqrt[3]{125}.$$

31. Calculer l'expression :

$$\frac{(+5)^3\ (-2)^8\ (-3)^3}{(+3)^2\ (-5)^4\ (-2)^5}.$$

32. Diviser $-8+16-12+48$ par (-4).

33. Effectuer les opérations suivantes :

$$\sqrt{(-7)\ (+2)+18}-\sqrt[3]{1+(-7)\ (+4)}.$$

34. Effectuer les opérations suivantes :

$$\sqrt[3]{(-8)\ (+9)+8}-(2-4+5).$$

35. Effectuer les opérations suivantes :

$$\sqrt{(-7)\ (-8)+(-5)^2}-\left(2-\frac{3}{4}+\frac{1}{12}\right).$$

36. Effectuer les opérations suivantes :

1° $$\left(-\frac{15}{28}\right):\left(+\frac{25}{32}\right);$$

2° $$\left(\frac{3}{5}-\frac{2}{3}\right):\left(\frac{4}{7}-1\right);$$

3° $$\frac{-2}{-1+\frac{3}{5}}-\frac{+7-12}{\frac{1}{3}-\frac{2}{9}}.$$

37. Effectuer les opérations suivantes :

$$\frac{\frac{3}{5}+\frac{1}{10}-2}{\frac{1}{2}-\frac{2}{25}+1}-\frac{\frac{1}{8}-\frac{5}{24}}{\frac{3}{16}-\frac{5}{6}+2}.$$

38. Pour quelles valeurs numériques de x la fraction $\frac{x-8}{4}$ est-elle positive ?

39. Pour quelles valeurs numériques de x la fraction $\frac{(x-3)\ (x-5)}{8}$ est-elle négative ?

40. Même question pour la fraction $\frac{x-6}{x-10}$.

CHAPITRE IV

EXPRESSIONS ALGÉBRIQUES

41. ***Expression algébrique.*** — Nous avons vu que pour simplifier et généraliser les raisonnements, l'algèbre emploie des lettres et des signes. Or *tout ensemble de nombres et de lettres reliés par des signes indiquant des opérations à effectuer forme une* **expression** ou **quantité algébrique.**

Ainsi vt, $\frac{ait}{100}$, $3ax^2 - b^2$, $\frac{4x^2 - a^2}{7ax}$

sont des expressions algébriques.

42. Valeur numérique d'une expression algébrique. Expressions équivalentes. — *La valeur numérique d'une expression algébrique* est le nombre que l'on obtient en remplaçant dans l'expression algébrique les lettres par des valeurs numériques et en effectuant les opérations indiquées.

Ainsi considérons l'expression algébrique

$$4a^3 b^2 - 5a^2 b^3.$$

Calculons sa valeur numérique pour $a = 2$, $b = -1$.

On a : $4 (2)^3 (-1)^2 - 5 (2)^2 (-1)^3$

ou $32 + 20 = 52.$

— Si deux expressions algébriques prennent la même valeur numérique quand on donne aux mêmes lettres les mêmes valeurs, elles sont dites *équivalentes.*

Ainsi les expressions $3\,a\,x - 4$ et $4\,a^2 x^3 + 6$ sont équivalentes pour $a = 2$ et $x = -1$, leur valeur numérique commune étant -10.

43. ***Monôme ou terme.*** — Considérons l'expression algébrique $\frac{ait}{100}$; *elle ne renferme ni le signe de l'addition, ni celui de la soustraction.* Pour cette raison, on l'appelle *monôme* ou *terme.*

Ainsi les expressions

$$3a^2 b;\quad \frac{4a^3 b^2}{3a\,b};\quad \frac{a\sqrt{3}}{2}$$

sont des monômes.

44. ***Monôme rationnel et irrationnel.*** — Les monômes

$$3a^2 b,\quad \frac{2a^3 x}{b^2},\quad \frac{a\sqrt{3}}{x}$$

sont appelés rationnels *parce qu'ils ne renferment pas de radical portant sur une lettre.*

Au contraire,

$$\sqrt{a},\quad 3a\sqrt{x},\quad \frac{b\sqrt{2}}{\sqrt{x}},$$

sont *irrationnels.*

45. Monômes entiers et non entiers.

Les monômes

$$3a^2x,\quad 4a^3b^2x,\quad \frac{a\sqrt{3}}{2}$$

sont appelés entiers *parce qu'ils sont rationnels et n'ont pas de lettre en dénominateur.*

Au contraire, les monômes

$$2a^3\sqrt{x},\quad a\sqrt{b},\quad \frac{4a^3b^2}{3x},\quad \frac{3ab^2x}{c},$$

ne sont pas entiers, les deux premiers parce qu'ils ne sont pas rationnels, les deux autres parce qu'ils ont une lettre en dénominateur.

46. Degré d'un monôme entier. — On appelle *degré d'un monôme entier*, la somme des exposants des différentes lettres qui entrent dans le monôme. Ainsi :

$4a^3b^2x^4$ est un monôme du 9e degré;
$3a^2x$ est un monôme du 3e degré.

Il y a lieu souvent de considérer le degré d'un monôme par rapport à une lettre déterminée : c'est l'exposant de la lettre considérée.

Ainsi, $4a^3bx^2$ est du 3e degré par rapport à a, du 1er degré par rapport à b, du 2e par rapport à x.

47. Coefficient d'un monôme. — Dans un monôme, tout facteur numérique s'appelle *coefficient;* on le place avant les facteurs littéraux.

Quand un monôme n'a que des facteurs littéraux, on dit que son coefficient est égal à 1.

a^3b^2cx est un monôme dont le coefficient est égal à l'unité.

48. Polynôme, binôme, trinôme. — Quand plusieurs monômes sont réunis par le signe d'addition ou par celui de soustraction, ils constituent un *polynôme*. Si le polynôme n'a que deux termes, on l'appelle *binôme.*

$a - b$, $4x^2 - 3a^2$ sont des binômes.

Quand il n'a que trois termes, on l'appelle *trinôme.*

$ax^2 + bx + c$ est un trinôme.

49. *Polynôme rationnel, irrationnel, entier, non entier.* — Un polynôme est rationnel quand tous les monômes ou termes qu'il renferme sont rationnels.

S'il n'en est pas ainsi, il est irrationnel.

De même un polynôme est entier quand tous les termes qu'il renferme sont entiers. Dans le cas contraire, il n'est pas entier.

$$4x^3 - 3x^2 - 5x + 4, \qquad a^3b^2 - 4a^2b^3 - b^5$$

sont des polynômes entiers.

$$3\frac{a}{x} + bx^2, \qquad a\sqrt{x} + b$$

sont des polynômes non entiers, le premier parce que l'un de ses termes renferme une lettre en dénominateur, le second parce que l'un de ses termes est irrationnel.

50. *Degré d'un polynôme entier.* — C'est le degré de son terme du plus haut degré.

$4a^3 - 2a^2b^2 + a^2b$ est un polynôme entier du 4e degré.

Il y a lieu aussi de considérer le degré d'un polynôme par rapport à une lettre ; c'est le degré, par rapport à la lettre considérée, du monôme de plus haut degré. Ainsi :

$$3x^4 - ax^3 + 5a^4$$

est un polynôme du 4e degré en x.

51. *Polynôme homogène.* — On dit qu'un polynôme est *homogène* quand tous ses termes ont le même degré.

$$4a^4 - 3a^3x + 5a^2x^2 + x^4$$

est un polynôme homogène du 4e degré.

52. *Termes semblables.* — On appelle *termes semblables* ceux qui ont même partie littérale et qui ne diffèrent que par le coefficient.

$4a^2bx$ et $-3a^2bx$ sont des termes semblables;

$2a^3b$ et $\dfrac{3a^3b}{5}$ sont également semblables.

53. *Réduction des termes semblables.* — Si un polynôme renferme plusieurs termes semblables, on peut les réunir en un seul, semblable aux premiers et de façon que quelles que soient les valeurs numériques attribuées aux lettres, la valeur numérique du polynôme ne soit pas changée.

Ainsi : $5a^3x - 2a^3x + 4a^3x$

pourra être remplacé par $(5 - 2 + 4)a^3x$ ou $7a^3x$, car quelles que soient les valeurs attribuées aux lettres, si a^3x prend une valeur numérique m, le produit $(5-2+4)\,m$ est égal à $5m-2m+4m$, ce qui représente bien la valeur numérique de

$$5a^3x-2a^3x+4a^3x.$$

Ainsi, *on peut remplacer dans un polynôme plusieurs termes semblables par un seul, semblable aux premiers, et dont le coefficient est la somme algébrique des coefficients des termes considérés.*

54. *Polynôme ordonné.* — Soit le polynôme

$$3x^3-2x^2+5x-1.$$

On dit qu'il est ordonné par rapport aux puissances décroissantes de x parce qu'il est écrit dans un ordre tel que les degrés des puissances de x décroissent du premier terme au dernier.

$$5-2a^2b^2+4a^3b$$

est ordonné par rapport aux puissances croissantes de a.

Quand un polynôme renferme plusieurs lettres, celle par rapport à laquelle on ordonne est appelée *lettre ordonnatrice.* Dans le polynôme précédent, a est la lettre ordonnatrice.

$$4x^4-3ax^3+4a^2x^2-a^4$$

est un polynôme homogène du 4e degré en a et en x ordonné par rapport aux puissances décroissantes de x et croissantes de a.

Exercices.

41. Parmi les monômes suivants, dire quels sont ceux qui sont entiers et ceux qui ne le sont pas et pourquoi :

$$\frac{4a^2}{x},\quad ax\sqrt{4},\quad \frac{5a^3bx}{\sqrt{2}},\quad \frac{4\sqrt{a}}{3}.$$

42. Dire quel est le degré des monômes suivants : 1° par rapport à l'ensemble des lettres ; 2° par rapport à x.

$$4a^3bx,\quad 5ax^3,\quad a^3b^2x^4\sqrt{2}.$$

43. Parmi les polynômes suivants, indiquer ceux qui sont entiers et ceux qui ne le sont pas et dire pourquoi :

$$3ax-a^2-x^2,\qquad \frac{a}{x}-b^2+cx,$$
$$4\sqrt{a}+bx-c^2,\qquad x^2\sqrt{3}+5x-4.$$

44. Étant donnés les polynômes :

$$3x-4x^2+5-3x^2+x^3-7x+5x^3,$$
$$4a^4-3a^3x-a^4-a^2x^2-5a^4+x^4+3a^3x,$$
$$x^3-3xy^2-x^2y+xy^2-4y^3-3x^2y,$$

on demande de réduire les termes semblables et de les ordonner par rapport aux puissances décroissantes de x.

45. Étant donné un polynôme du 4ᵉ degré en x, après réduction des termes semblables, combien a-t-il de termes au plus?

46. Écrire un polynôme homogène du 4ᵉ degré en a et en b.

47. Quel est le degré par rapport à x et par rapport à a :

1° Du monôme $\frac{4}{3}a^3b^2cx^4$;

2° Du polynôme $5x^4 - 4ax^3 - a^2x^2$.

48. Caractériser les polynômes suivants :
1° $1 - 2x + 3x^2 - 5x^3 + x^4$;
2° $x^4 - 4ax^3 - 3a^2x^2 + 3a^4$.

49. Trouver les valeurs numériques :
1° De $-7a^3b^4cx$ pour $a = +2$, $b = -1$, $c = 4$, $x = -5$;
2° De $ax^2 + bx + c$ pour $a = 3$, $b = -5$, $c = -8$, $x = -1$;
3° De $x^4 - 3ax^3 + 7a^2x^2 - 4a^3x - a^4$, pour $a = -\frac{1}{2}$, $x = -2$.

CHAPITRE V

OPÉRATIONS ALGÉBRIQUES

55. *Objet du calcul algébrique.* — Le calcul algébrique n'a pas toujours pour objet de calculer les valeurs numériques des expressions. Il a presque toujours pour but de remplacer une ou plusieurs expressions algébriques données par une *expression équivalente*, de façon à permettre la simplification.

Addition.

56. Définition. *L'addition algébrique a pour but de remplacer plusieurs expressions par une seule et de telle façon que si l'on attribue aux lettres des valeurs numériques déterminées, la valeur numérique de l'expression unique soit égale à la somme des valeurs numériques des expressions données.*

57. *Addition des monômes.* — Soit à additionner les monômes

$$+3a^2, -2ab, +4b^2.$$

Je dis que la somme est :

$$S = 3a^2 - 2ab + 4b^2.$$

En effet, si l'on donne à a et à b des valeurs numériques, la valeur numérique de S est évidemment la somme des valeurs numériques des monômes considérés.

58. *Addition des polynômes.* — Soit à additionner les polynômes

$$P = a^2x + 3ax^2 - x^3,$$
$$P' = a^3 - 3a^2x + 5x^3,$$
$$P'' = 2a^3 - 4x^3.$$

Je dis que la somme est :

$$S = a^2x + 3ax^2 - x^3 + a^3 - 3a^2x + 5x^3 + 2a^3 - 4x^3.$$

En effet, si l'on attribue à a et à x des valeurs numériques quelconques, la valeur numérique de S peut être considérée (nº 12) comme la somme des valeurs numériques de

$$a^2x + 3ax^2 - x^3,$$
$$a^3 - 3a^2x + 5x^3,$$
$$2a^3 - 4x^3,$$

c'est-à-dire des valeurs numériques des polynômes considérés.

On est conduit à la règle suivante :

59. Règle. *Pour faire la somme de plusieurs polynômes, on écrit l'un d'eux, puis successivement, à sa suite, chacun des autres en conservant les signes de tous les termes.*

Exemples : 1° $(3x + 2) + (4y - 5) = 3x + 2 + 4y - 5$.

2° $(4a^3 + 3ab^2 - b^3) + (5a^2b - 2ab^2 + b^3)$
$= 4a^3 + 3ab^2 - b^3 + 5a^2b - 2ab^2 + b^3$.

60. Remarque. Lorsque les polynômes à additionner renferment des termes semblables, dans la somme trouvée, on les réduit et on ordonne le polynôme obtenu.

Exemple : $(4a^2 + 3ab - b^2) + (2a^2 - 5ab + 3b^2)$
$= 4a^2 + 3ab - b^2 + 2a^2 - 5ab + 3b^2$
$= 6a^2 - 2ab + 2b^2$.

61. Disposition pratique. Pour faciliter l'opération, quand les polynômes renferment des termes semblables, on écrit les polynômes les uns au-dessous des autres de manière que les termes semblables se trouvent dans une même colonne verticale.

Exemple. Soit à additionner :

$(3a^2 + 2ab - 5b^2) + (4a^2 - 3ab + 2b^2) + (a^2 + 4ab - b^2)$.

Posons l'opération ainsi :

$$\begin{array}{rrr} 3a^2 & +2ab & -5b^2 \\ +4a^2 & -3ab & +2b^2 \\ +a^2 & +4ab & -b^2 \\ \hline 8a^2 & +3ab & -4b^2. \end{array}$$

Exercices.

50. Additionner les expressions algébriques suivantes, faire la réduction des termes semblables, s'il y a lieu, et vérifier les résultats en attribuant à chaque lettre une valeur numérique quelconque.

1° $(a^2 + 3ab + 4b^2) + (6a^2 - 7ab + b^2) + (2a^2 - ab + 2b^2)$;

2° $(3a^3 - 4a^2b + 5ab^2 - b^3) + (a^3 + a^2b - 3ab^2 - 2b^3)$
$+ (5a^3 - 3a^2b - ab^2 - 3b^3)$;

3° $(3a + 4b - c) + (3c - 2b - 5a) + (3a - c - b)$.

51. Même question pour les polynômes suivants :

1° $\left(\frac{a}{2} + 2b + 5c\right) + \left(3a - \frac{5b}{3} + \frac{c}{5}\right) + \left(\frac{7a}{2} - \frac{b}{3} - \frac{4c}{5}\right)$;

2° $(3mn - 2n^2 + m^2) + (m^2 - n^2 - 3mn) + (2m^2 - n^2)$;

3° $\left(\frac{2ab^2}{3} + \frac{3a^2b}{5} - \frac{b^3}{4}\right) + \left(\frac{a^2b}{2} + \frac{2b^3}{5} - ab^2\right) + \left(\frac{3b^3}{2} - \frac{3ab^2}{4} + \frac{a^2b}{3}\right)$;

4° $(a^2x + 5ax^2 - 15) + (7ax^2 - 7 + 3a^2x) + (21 - 2ax^2 + 6a^2x)$;

5° $\left(\frac{x^3}{3} + \frac{3x^2}{2} - 3x\right) + \left(\frac{2x^3}{3} - \frac{5x^2}{3} + 2x\right) + \left(x + \frac{x^2}{6} - x^3\right)$.

52. Calculer la somme des polynômes ci-dessous :

$$P = 5a^3 + 4a^2b - 7ab^2 + 2b^3;$$
$$P' = a^3 - a^2b - 3ab^2 - 3b^3;$$
$$P'' = 2a^3 - a^2b + 15ab^2 - 2b^3.$$

53. Même question pour les polynômes :

$$A = 4y^3 - 5xy^2 + \frac{2}{3}x^2y - \frac{3}{4}x^3,$$
$$B = \frac{3}{5}y^3 + \frac{3}{4}xy^2 + \frac{x^2y}{2} + \frac{x^3}{5},$$
$$C = -6y^3 - \frac{xy^2}{2} - 3x^2y + 7x^3.$$

Soustraction.

62. Définition. *La soustraction algébrique a pour but, étant données deux expressions algébriques A et B, B devant être soustraite de A, d'en trouver une troisième appelée* **différence** *qui, ajoutée à B, donne une somme égale à A.*

C'est l'opération inverse de l'addition.

1° *Soustraction de deux monômes.* — Soit à soustraire le monôme $-5a^2$ du monôme $+3ax$.

Je dis que : $(+3ax) - (-5a^2) = 3ax + 5a^2$;
cela résulte immédiatement de la définition de la soustraction, car si, au résultat, on ajoute $-5a^2$, on retrouve bien $+3ax$. D'où la règle :

Pour retrancher un monôme d'un autre, il suffit de l'écrire à la suite de cet autre, après avoir changé son signe.

2° *Soustraction de deux polynômes.* — Soit à retrancher le polynôme $3x^3 - 2x^2 + 4x - 5$ du polynôme $x^4 - 4x^3 + 3x - 1$. Je dis que l'on a :

$$(x^4 - 4x^3 + 3x - 1) - (3x^3 - 2x^2 + 4x - 5)$$
$$= x^4 - 4x^3 + 3x - 1 - 3x^3 + 2x^2 - 4x + 5.$$

Cela résulte immédiatement de la définition de la soustraction, car si au résultat on ajoute $3x^3 - 2x^2 + 4x - 5$, on obtiendra, après réduction des termes semblables, $x^4 - 4x^3 + 3x - 1$.

D'où la règle suivante :

Pour retrancher un polynôme d'un autre, on l'ajoute, après avoir changé les signes de tous ses termes, à cet autre.

63. Remarque. Dans la soustraction des polynômes, quand on a appliqué la règle, on effectue, s'il y a lieu, la réduction des termes semblables et on ordonne.

Exemple. Soit à retrancher, du polynôme $P = 5a^2 - 3ab + 2b^2$ le polynôme $P' = a^2 - ab + 3b^2$.

Nous avons :

$$\begin{aligned} P - P' &= (5a^2 - 3ab + 2b^2) - (a^2 - ab + 3b^2) \\ &= 5a^2 - 3ab + 2b^2 - a^2 + ab - 3b^2 \\ &= 4a^2 - 2ab - b^2. \end{aligned}$$

64. Disposition pratique. Pour faciliter la réduction des termes semblables, on peut écrire les polynômes les uns au-dessous des autres, de manière que les termes semblables se trouvent dans une même colonne verticale. L'opération ci-dessus devient :

$$\begin{array}{rrrrr} P = & 5a^2 & - 3ab & + 2b^2 \\ - P' = & - a^2 & + ab & - 3b^2 \\ \hline P - P' = & 4a^2 & - 2ab & - b^2. \end{array}$$

65. *Preuve de la soustraction. — Pour faire la preuve de la soustraction, on ajoute le polynôme à retrancher au résultat obtenu; si l'opération est exacte, on doit retrouver le premier polynôme.*

66. Exercice I. *Du polynôme $3x^4 - 2x^3 + 5x - 5$, retrancher le polynôme $x^4 - x^3 + x^2 + 5x + 1$.*

On a :

$$(3x^4 - 2x^3 + 5x - 5) - (x^4 - x^3 + x^2 + 5x + 1)$$
$$= 3x^4 - 2x^3 + 5x - 5 - x^4 + x^3 - x^2 - 5x - 1 = 2x^4 - x^3 - x^2 - 6.$$

Faisons la preuve :

$$\begin{aligned} &2x^4 - x^3 - x^2 - 6 + x^4 - x^3 + x^2 + 5x + 1 \\ &= 3x^4 - 2x^3 + 5x - 5. \end{aligned}$$

67. Exercice II. *Étant donnés les polynômes*

$$\begin{aligned} P &= 3a^2 - 5ab - b^2, \\ P' &= a^2 - ab + 4b^2, \\ P'' &= - 5a^2 - 2ab + b^2, \end{aligned}$$

former le polynôme $P - P' + P''$.

En appliquant les règles connues, on a :

$$\begin{aligned} P - P' + P'' &= 3a^2 - 5ab - b^2 - a^2 + ab - 4b^2 - 5a^2 - 2ab + b^2 \\ &= - 3a^2 - 6ab - 4b^2. \end{aligned}$$

Exercices.

54. Effectuer les soustractions suivantes, réduire les termes semblables, s'il y a lieu, et vérifier les résultats en attribuant à chaque lettre une valeur numérique quelconque.

1° $(4a^2 - 3ab + 5b^2) - (a^2 + 5ab - b^2)$;

2° $(3a^3 + 2a^2b - 5ab^2 - 6b^3) - (2a^3 + a^2b - 4ab^2 - 5b^3)$;

3° $(5a - 4b - 2c) - (4a - 3b - c)$;
4° $(5p + q - 11) - (3p - q - 13)$.

55. Effectuer les soustractions suivantes et réduire les termes semblables :

1° $\left(\frac{3x^2}{4} + \frac{x}{5} - 10\right) - \left(\frac{x^2}{2} + \frac{x}{10} - 20\right)$;

2° $\left(\frac{a^2}{3} + \frac{b^2}{4} - \frac{c^2}{5}\right) - \left(\frac{b^2}{5} + \frac{c^2}{3} - \frac{a^2}{4}\right)$;

3° $(3a^2 - 2ab + b^2) - (a^2 - b^2 + 2ab) - (b^2 + 3a^2 - 4ab)$;
4° $(4m^2 - 3mn + 2n^2) - (5mn + 6m^2 - 2n^2) - (6n^2 + 4m^2 - 4mn)$.

56. Étant donnés les polynômes :

$$P = 5a^3 + 4a^2b - 7ab^2 + 2b^3;$$
$$P' = a^3 - a^2b - 3ab^2 - 3b^3;$$
$$P'' = 2a^3 - a^2b + 15ab^2 - 2b^3,$$

calculer :

$P + P' - P''$; $P - P' + P''$; $P - P' - P''$;
$P' - P - P''$; $P' - P + P''$; $P'' - P' - P$.

57. Effectuer les opérations indiquées ci-dessous :

1° $(2a - 3b + c) - (5a + 4b - 3c) + (a + 5b - 2c) - (a - b - c)$;
2° $3x + y - (5a + 2b - 100) + 3y - (2a - b + 100)$;
3° $10n - [5m + 3p - (4n + 5)]$;
4° $3a^3 + b^2 - [5a - (2a^3 + 3b^2 + 10a)] - [4a^3 - (10b^2 + 5a)]$;
5° $4x - \{3x - [2x - (x - 1)]\}$;
6° $2a^2 + b - \{a^2 - b[3a^2 + b - (a^2 + b)]\}$.

58. Deux enfants jouent aux billes, le premier en possède a, le second b. Après la première partie, le premier a doublé son avoir. A la deuxième partie, le deuxième gagne autant de billes qu'il en avait de plus que le premier avant de jouer. Enfin, à la troisième partie, le premier perd la moitié des billes qu'il possédait à la fin de la deuxième. Combien chaque enfant possède-t-il de billes à la fin de cette troisième partie ? Faire une vérification des résultats obtenus.

59. Trois personnes se mettent à jouer ; elles possèdent : la première a francs, la seconde b francs, la troisième c francs ; elles conviennent que le perdant payera aux gagnants autant que chacun d'eux possédait au commencement de la partie considérée. La première perd la première partie, la seconde la deuxième et l'autre la troisième. Quel est alors l'avoir de chaque personne ? Vérifiez.

Multiplication.

68. Définition. *La multiplication algébrique a pour but, étant données deux expressions algébriques, d'en chercher une troisième appelée produit, telle que si l'on attribue aux lettres des valeurs numériques quelconques, la valeur numérique du produit soit tou-*

jours égale au produit des valeurs numériques des deux premières.

Les deux expressions algébriques sont appelées les *facteurs du produit.*

69. *Multiplication de deux monômes.* — Soit à multiplier les deux monômes :

$$4a^3b^2x \text{ et } -7ab^3c^2x^2.$$

Le second facteur peut évidemment s'écrire $(-7)\,ab^3c^2x^2$. Chacun des monômes est un produit de facteurs. La valeur numérique du résultat doit être égale au produit des valeurs numériques des deux monômes. Il résulte du n° 34 que nous obtiendrons le produit cherché en multipliant tous les facteurs composant les deux monômes.

$$4a^3b^2x\,(-7)\,ab^3c^2x^2.$$

Mais dans un produit de facteurs (n° 33), on peut intervertir l'ordre des facteurs et (n° 34) remplacer plusieurs d'entre eux par leur produit effectué. Nous écrirons le résultat :

$$-28a^4b^5c^2x^3.$$

En somme :

Le produit de deux monômes entiers est un monôme entier dont le coefficient est le produit des coefficients des monômes et dont la partie littérale comprend toutes les lettres contenues dans les monômes, chacune d'elles étant affectée d'un exposant égal à la somme des exposants qu'elle a dans les deux facteurs.

70. Exemples :

$$\frac{3}{4}a^2bx \times \left(-\frac{5}{9}a^3bc^2xy^2\right) = -\frac{5}{12}a^5b^2c^2x^2y^2;$$

$$\left(-\frac{5}{8}a^3bc^2\right) \times \left(-\frac{4}{15}a^2c^3x^4\right) = \frac{1}{6}a^5bc^5x^4.$$

71. Remarque I. Le degré du produit de deux monômes est évidemment égal à la somme des degrés de chacun des facteurs.

Ainsi :

$$(7a^3bx^2)(-8ab^4cx) = -56a^4b^5cx^3.$$

Les deux facteurs sont respectivement du 6° et du 7° degré, le produit est du 13° degré.

72. Remarque II. Pour faire le produit de plusieurs monômes, on multipliera le premier par le second, puis le produit obtenu par le troisième et ainsi de suite. Il en résulte que *le produit de plusieurs monômes est un monôme dont le coefficient est le produit des coefficients des monômes considérés et la partie littérale, le produit de toutes les lettres contenues dans les monômes, chacune*

d'elles étant affectée de la somme des exposants qu'elle a dans tous les facteurs.

Ainsi :

$$3ab^2x \times 5a^3cx^2y \times \left(-\frac{1}{5}b^2c^3y^2\right) = -3a^4b^4c^4x^3y^3.$$

73. *Multiplication d'un polynôme par un monôme.* — Soit à multiplier

$$8a^2x - 4ax^4 - 3x^3 \text{ par } -5a^2x.$$

La valeur numérique du polynôme est la somme des valeurs numériques de tous ses termes, ces termes étant

$$+8a^2x, \; -4ax^2, \; -3x^3;$$

la valeur numérique du produit doit être égale au produit des valeurs numériques des deux facteurs; elle sera donc égale au produit de la somme des valeurs numériques des différents termes du polynôme par la valeur numérique du monôme (V. n° 34, 4°). D'où la règle suivante :

Pour multiplier un polynôme par un monôme, on multiplie chacun des termes du polynôme par le monôme et on fait la somme des produits obtenus. Ainsi :

$$(8a^2x - 4ax^2 - 3x^3)(-5a^2x) = -40a^4x^2 + 20a^3x^3 + 15a^2x^4.$$

De même :

$$(x^3 - 3x^2 + 5x + 4)(4ax^2) = 4ax^5 - 12ax^4 + 20ax^3 + 16ax^2.$$

74. Remarque. D'après la définition de la multiplication algébrique, l'ordre des facteurs n'influe pas sur le produit; par conséquent, la multiplication d'un monôme par un polynôme se ramène au cas précédent; on intervertit l'ordre des facteurs.

75. *Multiplication de deux polynômes.* — Soient les deux polynômes :

$$P = x^2 - 4ax + 3a^2,$$
$$P' = 3x - 2a;$$
$$P \times P' = (x^2 - 4ax + 3a^2)(3x - 2a).$$

La valeur numérique du produit doit être égale au produit des valeurs numériques des facteurs.

Or, la valeur numérique de P' est la somme des valeurs numériques de chacun de ses termes, et la valeur numérique du produit s'obtient en multipliant la somme des valeurs numériques des termes du multiplicateur par la valeur numérique de P (V. n° 34). Il résulte de là qu'on formera le produit en multipliant le multiplicande P par chacun des termes du multiplicateur P'.

$$PP' = (x^2 - 4ax + 3a^2)\,3x - (x^2 - 4ax + 3a^2)\,2a.$$

Nous sommes ramenés maintenant au cas précédent n° 73 et nous avons en définitive pour le produit cherché :

$$3x^3 - 12ax^2 + 9a^2x - 2ax^2 + 8a^2x - 6a^3,$$

ou :

$$3x^3 - 14ax^2 + 17a^2x - 6a^3.$$

D'où la règle suivante :

76. Règle. *Pour faire le produit de deux polynômes, on multiplie tous les termes du premier par chaque terme du second, et on fait la somme des produits partiels obtenus.*

77. Application :

$$(3a^2 - 4ab + 2b^2)(5ab^2 - 3a^2b)$$
$$= 15a^3b^2 - 20a^2b^3 + 10ab^4 - 9a^4b + 12a^3b^2 - 6a^2b^3$$
$$= 27a^3b^2 - 9a^4b - 26a^2b^3 + 10ab^4.$$

78. ***Multiplier deux polynômes ordonnés.*** — Pour faciliter l'opération, on ordonne les polynômes par rapport aux puissances croissantes ou décroissantes d'une même lettre, on les écrit l'un au-dessous de l'autre, et l'on multiplie successivement tous les termes du polynôme multiplicande par chacun des termes du polynôme multiplicateur, on dispose les produits partiels en plaçant les termes semblables les uns au-dessous des autres, puis on en fait la somme.

Les produits partiels se trouvent ainsi ordonnés, ainsi que le produit définitif.

Exemple. Soit à multiplier $(4a^3 + 5a^2b - 2ab^2 - 5b^3)$ par $(a^2 + 2ab - 3b^2)$

$$\begin{array}{rrrrrr}
4a^3 + & 5a^2b - & 2ab^2 - & 5b^3 & & \\
a^2 + & 2ab - & 3b^2 & & & \\
\hline
4a^5 + & 5a^4b - & 2a^3b^2 - & 5a^2b^3 & & \\
+ & 8a^4b + & 10a^3b^2 - & 4a^2b^3 - & 10ab^4 & \\
 & - & 12a^3b^2 - & 15a^2b^3 + & 6ab^4 + & 15b^5 \\
\hline
4a^5 + & 13a^4b - & 4a^3b^2 - & 24a^2b^3 - & 4ab^4 + & 15b^5.
\end{array}$$

79. Si l'un des produits partiels ne contient pas toutes les puissances de la lettre ordonnatrice, il y a lieu de laisser la place des termes qui manquent, car les autres produits partiels peuvent fournir des termes semblables.

Exemple :

$$\begin{array}{rrrrrrrr}
 & & 3x^4 & - 5x^2 & + 3x & - 4 & & \\
 & & 2x^3 & - 3x^2 & - 7 & & & \\
\hline
6x^7 - & & - 10x^5 + & 6x^4 - & 8x^3 & & & \\
 & - 9x^6 & & + 15x^4 - & 9x^3 + & 12x^2 & & \\
 & & & - 21x^4 & & + 35x^2 - & 21x + & 28 \\
\hline
6x^7 - & 9x^6 - & 10x^5 & & - 17x^3 + & 47x^2 - & 21x + & 28.
\end{array}$$

80. Remarque. *Le degré du produit de deux polynômes quelconques est égal à la somme des degrés des deux facteurs.*

Cela résulte de la règle établie pour la multiplication des polynômes.

Si deux polynômes sont homogènes, leur produit est évidemment homogène.

Exercices.

60. Effectuer les produits indiqués ci-dessous :

1° $5a^2b \times 3a^3b^2$;

2° $\frac{1}{3}a^3b^2x(-7ab^3cy^2)$;

3° $\frac{2}{3}a^3x \times \frac{3}{5}ax^2$;

4° $\left(-\frac{3}{4}axy\right)\left(-\frac{2}{5}a^3by^2\right)$.

61. Effectuer les produits suivants :

1° $(3a^2 - 4ab + 5b^2)\,2ab$;

2° $(2a^3 - 4a^2b - 5ab^2 + 7b^3)\,3a^2b$;

3° $(5ax^2 + 3ax - 7a)(-2a^2x)$;

4° $8a^3b^2(3a - 4ab + 5a^2b^2 - b^3)$;

5° $-2m(3m^2 + 4mn - 5n^2)$.

62. Effectuer les produits suivants :

1° $\left(\frac{2a^2}{3} - \frac{3ab}{4} + \frac{5b^2}{3}\right)\left(-\frac{4a^2b}{5}\right)$;

2° $-\frac{7mn}{11}\left(5m^2 - \frac{4mn}{7} + \frac{3n^2}{5}\right)$.

63. Effectuer les produits suivants :

1° $2a^2b \times 3a^3b^2 \times 4a^4b^3$;

2° $\frac{3}{5}x^2 \times \frac{2}{3}xy \times \frac{4}{5}y^2$;

3° $(-3a^2c)(-2ac^2)(-5c^3)$.

64. Effectuer les produits suivants :

1° $(3m + n)(4n + 5m)$;

2° $(4a - c)(5a + 2c)$;

3° $(3a^2 + 4ab - 5b^2)(2ab^2 - 5b^3)$;

4° $(4x^2 - 3xy + 5y^2)(x - y)$;

5° $(7x^3 - 2ax^2 + 4a^2x - 15a^3)(4x^2 - 3ax + 2a^2)$;

6° $(x^4 + a^3x + a^2x^2 + ax^3 + a^4)(x - a)$;

7° $(5a^4 - 11a^3b + 2a^2b^2 - 3ab^3 + 15b^4)(3a^3 - 2a^2b - 5ab^2 + b^3)$;

8° $\left(\frac{2}{3}m^3 - 4m^2n + \frac{5}{7}mn^2 - 2n^3\right)\left(\frac{2}{3}mn - 4m^2 + 5n^2\right)$.

65. Effectuer les produits suivants :

1° $(n - a)(n - b)(n - c)(n - d)$;

2° $(2x + 1)(2x - 3)(x + 1)(x - 2)$;

3° $(3a^2 + 4ab + 5b^2)(2a^3 - 4a^2b - 11ab^2)(a - b)$;
4° $x^m \times x^n \times x^{m+2n} \times x^{m-n}$.
5° $[2a(5a^2 + ab - 2b^2)](a + b)$;
6° $[2x^3 + y(5x^2 - 3xy + y^2)][x(3x^2y - 5xy^2)]$.

66. Trouver les facteurs communs contenus dans les expressions suivantes et décomposer ces expressions en produits de facteurs :

1° $5ab + 3ab - 2a^2b$;
2° $3a^2b - 6a^3b^2 + 15a^4b^3$;
3° $\frac{2x^2y}{5} + \frac{6xy^2}{5} - \frac{10xy}{5}$;
4° $4a^3b^2c - 5a^4b^3c^2 + 7a^5b^4c^3$;
5° $30ax^2y + 15ax^3y^2 - 24ax^4y^3$.

67. Calculer la valeur numérique de chacune des expressions suivantes :

1° $3a^3 + \frac{2}{5}a^2 - 7a$, pour $a = 5$;
2° $4a^2 + 5ab + 2b^2$, pour $a = 4$ et $b = 3$;
3° $\frac{2a^3}{5} + 4a^2b + ab^2 + 7b^3$, pour $a = 10$ et $b = -1$;
4° $4a^3 - 5a^2b + \frac{2ab^2}{3} - 10b^3$, pour $a = \frac{-1}{2}$ et $b = 2$;
5° $5a^4 + \frac{2a^3b}{7} - 11^2ab^2 + a^3b^3 - 4b^4$, pour $a = \frac{3}{4}$ et $b = -7$;
6° $3m^3n + m^2n^2 - 7mn^3$, pour $m = \frac{+1}{3}$ et $n = \frac{+1}{4}$;
7° $3a^2b - 7ab^2c + 5b^3c^2 - 3c^3$, pour $a = 10, b = -11, c = 3$.

68. Calculer la valeur numérique de chacune des expressions suivantes :

1° $\frac{4a^2 + 7ab + 5b^2}{3a}$, pour $a = 4$, $b = -9$;
2° $\frac{3a^3 - 2a^2b - ab^2 + b^3}{2ab}$, pour $a = +5$, $b = -15$;
3° $\frac{2a^3 - 4a^2b + b^3}{3a} + \frac{3a^2 - b^2}{5b}$, pour $a = -10$, $b = -12$;
4° $\frac{4a^3 - 5a^2b + 7ab^2 - 11b^3}{10ab^2 + a^2b - 5b^3}$, pour $a = -9$, $b = 5$;
5° $\frac{3a^2b - 5b^2 + 4c^5 - 7a + 6b + 11c}{5a + 4b + 3c}$, pour $a = 2$, $b = 3$, $c = 1$.

69. Calculer la valeur numérique de chacune des expressions suivantes :

1° $(a + 3b^2)(2a^2 + 5b)$, pour $a = -7$, $b = 8$;
2° $\left(2a + 3b - c\right)\left(\frac{a}{3} - \frac{2b}{5} + 3c\right)$, pour $a = 6, b = 10, c = -1$;

3° $(m+n)^2+(m-n)^2-(2m+n)^2$, pour $m=-5$, $n=3$;

4° $(a^2+ab+b^2)(a^2+ab-b^2)(a^2-b^2)$, pour $a=-9$, $b=6$;

5° $\frac{a^2-b^2}{a+b}+\frac{a^3+3a^2b+3ab^2+b^3}{(a+b)^2}$, pour $a=-3$, $b=5$;

6° $\frac{a^2-c^2+b^2-2ab}{a+b-c}$, pour $a=\frac{1}{2}$, $b=\frac{1}{3}$, $c=\frac{1}{5}$;

7° $\frac{3m^2}{5}+\frac{5m}{2}-\frac{n^3}{3}$, pour $m=\frac{-5}{8}$, $n=\frac{4}{9}$;

8° $\sqrt{(2a+\frac{2}{b}+c)(a-2b+c)(2a+3b-c)}$, pour $a=3$, $b=4$, $c=5$.

Produits remarquables.

81. *Carré de la somme de deux termes.* — Soit à effectuer le carré de la somme $a+b$.

Nous avons par définition :

$$(a+b)^2=(a+b)(a+b).$$

Effectuons la multiplication :

$$\begin{array}{l} a+b \\ \underline{a+b} \\ a^2+ab \\ \underline{\quad\;+ab+b^2} \\ a^2+2ab+b^2. \end{array}$$

Donc $(a+b)^2=a^2+2ab+b^2$.

Par suite :

Le carré de la somme de deux termes est égal au carré du premier, plus le double du produit du premier par le second, plus le carré du second.

82. Exemples :

$(2x+3y)^2=4x^2+12xy+9y^2$; $(3x^2+a^2)^2=9x^4+6a^2x^2+a^4$.

83. *Carré de la différence de deux termes.* — Soit à effectuer le carré de la différence $a-b$.

Nous avons :

$$(a-b)^2=(a-b)(a-b).$$

Effectuons l'opération :

$$\begin{array}{l} a-b \\ \underline{a-b} \\ a^2-ab \\ \underline{\quad\;-ab+b^2} \\ a^2-2ab+b^2. \end{array}$$

Donc $(a-b)^2=a^2-2ab+b^2$.

Par suite :

Le carré de la différence de deux termes est égal au carré du premier, moins le double du produit du premier par le second, plus le carré du second.

— Remarquons que l'identité

$$(a+b)^2 = a^2 + 2ab + b^2$$

est applicable, quels que soient a et b; nous pouvons donc changer b en $-b$, ce qui donne :

$$(a-b)^2 = a^2 + 2a(-b) + (-b^2)$$

ou :

$$(a-b)^2 = a^2 - 2ab + b^2.$$

Cette seconde identité se déduit donc de la première.

84. Exemples :

$$(2x-1)^2 = 4x^2 - 4x + 1.$$
$$(3x^2 - a^2)^2 = 9x^4 - 6a^2x^2 + a^4.$$

85. ***Produit de la somme de deux termes par leur différence.*** — Soit à effectuer le produit $(a+b)(a-b)$.

Nous avons :

$$\begin{array}{l} a + b \\ \underline{a - b} \\ a^2 - ab \\ \underline{\quad + ab - b^2} \\ a^2 \quad\quad - b^2 \end{array}$$

Donc $(a+b)(a-b) = a^2 - b^2$.

Par suite :

Le produit de la somme de deux termes par leur différence est égal à la différence des carrés de ces deux termes.

86. Exemples :

$$(3x+2)(3x-2) = 9x^2 - 4.$$
$$(4x^2 + 5a^2)(4x^2 - 5a^2) = 16x^4 - 25a^4.$$

87. ***Cube de la somme de deux termes.*** — Soit à effectuer le cube de la somme $a+b$.

Nous avons : $(a+b)^3 = (a+b)(a+b)(a+b)$

$$= (a+b)^2(a+b)$$
$$= (a^2+2ab+b^2)(a+b)$$
$$= a^3 + 2a^2b + ab^2 + a^2b + 2ab^2 + b^3;$$

d'où

$$(a+b)^3 = a^3 + 3a^2b + 3ab^2 + b^3.$$

Donc :

Le cube de la somme de deux termes est égal au cube du premier, plus le triple du produit du carré du premier par le second, plus le triple du produit du premier par le carré du second, plus le cube du second.

EXEMPLES :

$$(3x+a)^3 = 27x^3 + 27ax^2 + 9a^2x + a^3.$$
$$(2x^2+5y^2)^3 = 8x^6 + 60x^4y^2 + 150x^2y^4 + 125y^6.$$

88. ***Cube de la différence de deux termes.*** — Soit à effectuer le cube de la différence $a - b$.

Nous avons :

$$(a-b)^3 = (a-b)(a-b)(a-b) = (a-b)^2 (a-b)$$
$$= (a^2 - 2ab + b^2)(a-b)$$
$$= a^3 - 2a^2b + ab^2 - a^2b + 2ab^2 - b^3$$

d'où $\quad (a-b)^3 = a^3 - 3a^2b + 3ab^2 - b^3.$

Le cube de la différence de deux termes est égal au cube du premier, moins le triple du produit du carré du premier par le second, plus le triple du produit du premier par le carré du second, moins le cube du second.

— Cette identité peut se déduire de l'identité

$$(a+b)^3 = a^3 + 3a^2b + 3ab^2 + b^3 ;$$

il suffit, dans celle-ci qui est générale, de changer b en $-b$, ce qui donne :

$$(a-b)^3 = a^3 + 3a^2(-b) + 3a(-b)^2 + (-b)^3$$

ou : $\quad (a-b)^3 = a^3 - 3a^2b + 3ab^2 - b^3.$

EXEMPLES :

$$(2x^2-1)^3 = 8x^6 - 12x^4 + 6x^2 - 1.$$
$$(3x^2-2y)^3 = 27x^6 - 54x^4y + 36x^2y^2 - 8y^3.$$

Applications [1].

89. ***Carré de la somme de plusieurs termes.***

Soit à développer $(a+b+c)^2$.

Nous pourrions effectuer le produit $(a+b+c)(a+b+c)$; il est préférable de considérer $a+b+c$ comme une somme de deux termes, $a+b$ ne constituant qu'un seul terme, dans ces conditions, on a (nº 81) :

$$(a+b+c)^2 = (a+b)^2 + 2c(a+b) + c^2$$
$$= a^2 + 2ab + b^2 + 2ca + 2bc + c^2.$$

En définitive, $(a+b+c)^2 = a^2 + b^2 + c^2 + 2bc + 2ca + 2ab.$

(1) Les élèves de première année pourront laisser de côté les deux exercices qui suivent et les réserver pour le moment où, en deuxième année, ils feront la revision du cours de première année.

— On établit facilement que la forme du développement est la même pour le carré de la somme d'un nombre quelconque de termes.

Le carré de la somme de plusieurs termes est égal à la somme des carrés des différents termes pris deux à deux et de toutes les façons possibles.

— Cette formule subsiste, bien entendu, quels que soient les signes des termes qui constituent la somme.

Exemples :

$$(x-y+z)^2 = x^2+y^2+z^2-2yz+2zx-2xy.$$
$$(2a-3b-c)^2 = 4a^2+9b^2+c^2+6bc-4ac-12ab.$$
$$(x^2-2x-3)^2 = x^4+4x^2+9+12x-6x^2-4x^3$$
$$= x^4-4x^3-2x^2+12x+9.$$

90. II. *Calculer une hauteur d'un triangle en fonction des trois côtés.*

Soient a, b, c, les mesures des trois côtés d'un triangle ABC (*fig.* 3), h celle de la hauteur AH relative au côté a.

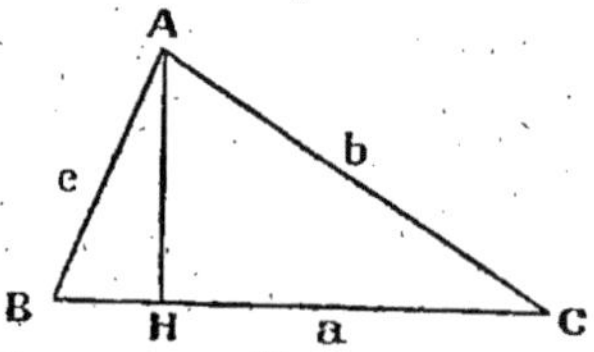

Le triangle AHC nous donne :

$$h^2 = b^2 - \overline{HC}^2 \text{ (th. de Pythagore).}$$

Calculons HC qui est, dans le triangle, la projection d'un côté sur un autre.

Fig. 3.

Supposons l'angle C aigu, un théorème connu de géométrie (V. notre *Cours de Géométrie*, n° 469) nous donne :

$$c^2 = a^2 + b^2 - 2a \times HC;$$

on en déduit : $2a \times HC = a^2 + b^2 - c^2$

et par suite : $$HC = \frac{a^2+b^2-c^2}{2a}$$

on a donc : $$h^2 = b^2 - \frac{(a^2+b^2-c^2)^2}{4a^2}.$$

Si l'angle C était obtus, on appliquerait, pour calculer HC le théorème correspondant et on obtiendrait la même valeur pour h^2.

— On peut transformer en produit la valeur trouvée pour h^2 de façon à la rendre calculable par logarithmes. On a :

$$h^2 = \frac{4a^2b^2-(a^2+b^2-c^2)^2}{4a^2};$$

Le numérateur de la fraction est une différence de deux carrés, nous pouvons le remplacer par un produit (n° 85). On a :

$$h^2 = \frac{(2ab+a^2+b^2-c^2)(2ab-a^2-b^2+c^2)}{4a^2},$$

ou encore :

$$h^2 = \frac{[(a+b)^2-c^2][c^2-(a-b)^2]}{4a^2}.$$

Décomposons encore les facteurs du numérateur (n° 85)

$$h^2 = \frac{(a+b+c)(a+b-c)(c+a-b)(c-a+b)}{4a^2}.$$

Remarquons d'abord que le second membre est positif, car le dénominateur de la fraction est positif et son numérateur est un produit de facteurs positifs, puisque dans un triangle un côté est plus petit que la somme des deux autres.

Pour simplifier, posons :

$$a+b+c=2p;$$

on en déduit $\quad a+b=2p-c,$

et $\quad a+b-c=2p-2c=2(p-c).$

De même, on a : $\quad c+a-b=2(p-b),$

$$c-a+b=2(p-a).$$

En remplaçant, il vient :

$$h^2 = \frac{2p.\,2(p-c).\,2(p-b).\,2(p-a)}{4a^2},$$

ou

$$h^2 = \frac{4(p-a)(p-b)(p-c)}{a^2}.$$

On en déduit :

$$h = \frac{2}{a}\sqrt{p(p-a)(p-b)(p-c)}.$$

Exercices.

70. Développer les expressions suivantes :

1° $(x+y)^2$; 2° $(2m+n)^2$; 3° $(a+1)^2$; 4° $(3p+2q)^2$.

71. Développer les expressions suivantes :

1° $\left(\frac{x}{2}+2\right)^2$;

2° $\left(\frac{a}{3}+\frac{b}{4}\right)^2$;

3° $\left(\frac{2x}{5}+\frac{4y}{3}\right)^2$;

4° $(3x^2+2y^3)^2$;

5° $(3a^2b+4c)^2$;

6° $\left(25a^2+\frac{b^3}{3}\right)^2$.

72. Développer les expressions suivantes :

1° $(m-n)^2$;
2° $(x-1)^2$;
3° $(2a-b)^2$;
4° $\left(3p-\frac{q}{3}\right)^2$;
5° $(5a^2b-2c^3)^2$.

73. Développer les expressions suivantes :

1° $\left(\frac{3mn}{5}-1\right)^2$;
2° $\left(4a^2b-\frac{1}{2}\right)^2$;
3° $\left(\frac{5}{7}x^3-\frac{1}{3}\right)^2$;
4° $\left(\frac{2}{3}a^2b^3-c^2\right)^2$;
5° $\left(3m^2n-\frac{2}{5}p^3\right)^2$.

74. Effectuer les produits suivants :

1° $(m+n)(m-n)$;
2° $(x+1)(x-1)$;
3° $(2a+b)(2a-b)$;
4° $\left(\frac{a}{3}+3b\right)\left(\frac{a}{3}-3b\right)$;
5° $(5a^2+2b^3)(5a^2-2b^3)$;
6° $(3b^3+1)(3b^3-1)$;
7° $\left(\frac{c^2}{5}+5\right)\left(\frac{c^2}{5}-5\right)$;
8° $(7a^2b-5c)(7a^2b+5c)$;
9° $\left(\frac{3x^2}{4}+\frac{2y}{3}\right)\left(\frac{3x^2}{4}-\frac{2y}{3}\right)$;
10° $\left(\frac{a^2}{x}+\frac{b^2}{y}\right)\left(\frac{a^2}{x}-\frac{b^2}{y}\right)$.

75. Effectuer les produits suivants :

1° $(a^2+1)(a+1)(a-1)$;
2° $(m^4+1)(m^2+1)(m+1)(m-1)$;
3° $(a^4+b^4)(a^2+b^2)(a+b)(a-b)$;
4° $\left(\frac{x^4}{16}+16y^4\right)\left(\frac{x^2}{4}+4y^2\right)\left(\frac{x}{2}+2y\right)\left(\frac{x}{2}-2y\right)$.

76. Développer les expressions suivantes :

1° $(x+y)^3$;
2° $(a+1)^3$;
3° $(2m+n)^3$;
4° $(3ab+5c)^3$;
5° $\left(5a+\frac{1}{2}\right)^3$;
6° $\left(4x^2+\frac{y}{3}\right)^3$;
7° $(3m^3+2np^2)^3$;
8° $\left(\frac{m^3}{2}+\frac{n^3}{4}\right)^3$.

77. Développer les expressions suivantes :

1° $(x-y)^3$;
2° $(n-1)^3$;
3° $\left(a-\frac{1}{3}\right)^3$;
4° $(3m-2n)^3$;
5° $(2a^2-5b^3)^3$;
6° $(3x^2y-4xy^2)^3$;
7° $\left(\frac{2a^2b}{3}-\frac{3c^2}{4}\right)^3$.

78. Calculer :

1° $(-a-b+c)^2$; $(2x-y+3z)^2$;
2° $(3x^2+2x-1)^2$; $(x^2-5x-7)^2$;
3° $(-x^2-4x-2)^2$; $(x^3-2x^2+x-4)^2$.

79. Chacun des binômes qui suivent est constitué par le premier et le dernier terme du développement du carré d'un binôme. Quel est ce binôme? Compléter le développement de son carré :

1°	a^2+4b^2;	9°	$9x^2+25$;
2°	$4x^2+1$;	10°	$25x^2+1$;
3°	$4a^4+b^4$;	11°	$a+1$;
4°	$x^2+\frac{1}{9}$;	12°	$\frac{4a^2}{9}+\frac{1}{4}$;
5°	$4a^2b^2+1$;	13°	$3a^2+4$;
6°	$a^4x^2+b^2$;	14°	$5x^2+2$;
7°	x^4+1;	15°	$5a^4x^2+3y^2$;
8°	$4x^6+y^6$;	16°	$a+b$.

80. Chacun des binômes qui suivent est constitué par les deux premiers termes du développement du carré d'un binôme. Quel est ce binôme? Compléter le développement de son carré :

1°	x^2+2x;	7°	$\frac{9a^2}{4}+\frac{5ab}{2}$;
2°	$4x^2-4xy$;	8°	$2x^2-2x\sqrt{2}$;
3°	a^2-4ab;	9°	$2x^2-2xy\sqrt{6}$;
4°	$\frac{a^2}{4}-\frac{ab}{3}$;	10°	$a+2\sqrt{ab}$;
5°	$\frac{x^2}{9}-\frac{4xy}{15}$;	11°	$4a-4\sqrt{ab}$;
6°	$4x^6+4x^3y^3$;	12°	$2a-2\sqrt{10ab}$.

81. Décomposer en facteurs les expressions suivantes :

1° a^2+2a+1;
2° $9a^2+12ab+4b^2$;
3° $\frac{n^2}{9}+2n+9$;
4° $a^4b^2+10a^2bc+25c^2$;
5° $\frac{4a^4b^2}{9}+a^2bc+\frac{9c^2}{16}$.

82. Décomposer en facteurs les expressions suivantes :

1° x^2-2x+1;
2° a^4-2a^2+1;
3° $n^6-n^3p+\frac{p^2}{4}$;
4° $\frac{a^2b^2}{9}-\frac{abc}{3}+\frac{c^2}{4}$;
5° $\frac{9a^4b^2}{16}-\frac{15a^2bc^3}{2}+25c^6$.

83. Décomposer en facteurs les expressions suivantes :

1°	$a^2 - 1$;	5°	$\frac{a^2}{9} - \frac{b^6}{4}$;
2°	$n^4 - 1$;	6°	$a^4b^2 - c^2d^4$.
3°	$4p^2 - 9$;	7°	$a - b$.
4°	$x^4 - 25$;		

84. Décomposer en facteurs du premier degré :

1° $ac^2 - ad^2 + bc^2 - bd^2$;

2° $4a^2c^2 - (a^2 + c^2 - b^2)^2$.

85. Vérifier que l'on a :

$$(a^2 + b^2)(a'^2 + b'^2) - (aa' + bb')^2 = (ab' - ba')^2.$$

86. Effectuer les opérations indiquées, réduire les termes semblables et ordonner, dans les expressions suivantes :

1° $(x - 1)^2 + (3x - 2)(3x + 2) + (5x + 7)^2$;

2° $(3a - 2b)^2 - (5a + 3b)(5a - 3b) + (a - 4b)^2$;

3° $3a(2a - b) - (5a - b)(2a + 3b) - 2b(3a - b)$;

4° $(2x - 1)^3 + (x + 1)(x - 1)(3x + 1) - x(3x - 2)^2$;

5° $(3x^2 + x - 2)^2 - (3x^2 - x + 2)^2 - (2x - 5)^2(x + 4)^2$.

87. Décomposer en produit de facteurs les expressions suivantes :

1° $4(x^2 + 2xy + y^2) - 9z^2$;

2° $a^2 + 2ab + b^2 - c^2$;

3° $[(a + b)^2 - c^2][c^2 - (a - b)^2]$.

Division.

91. Définition. *La division algébrique a pour but, étant données deux expressions algébriques, l'une appelée dividende, l'autre diviseur, d'en trouver une troisième appelée quotient qui, multipliée par le diviseur, reproduise le dividende.*

92. ***Division d'un monôme entier par un monôme entier.*** — Soit à diviser $35a^3b^5cx$ par $5ab^2c$. Si le quotient existe, désignons-le par A. On devra avoir :

$$5ab^2c \times A = 35a^3b^5cx.$$

Si nous nous reportons à la règle de formation du produit de deux monômes (n° 69), nous voyons que 35 est le produit de 5 par le coefficient de A ; ce dernier est donc $\frac{35}{5} = 7$.

D'autre part, a^3b^5cx renferme toutes les lettres contenues dans $5ab^2c$ et A, chacune d'elles affectée d'un exposant égal à la somme des exposants qu'elle a dans les facteurs $5ab^2c$ et A. On voit, dans ces conditions, que :

$$A = 7a^2b^3x.$$

Nous en déduisons la règle suivante :

Le quotient de deux monômes entiers, s'il existe, est un monôme. Il a pour coefficient le quotient des coefficients des monômes considérés.

La partie littérale contient : 1° toutes les lettres communes aux deux monômes, avec des exposants égaux à la différence des exposants qu'elles ont dans le dividende et dans le diviseur ; 2° toutes les lettres contenues dans le dividende et non dans le diviseur, avec l'exposant qu'elles ont dans le dividende.

La partie littérale ne contient pas les lettres communes au dividende et au diviseur si elles sont affectées dans ces termes du même exposant.

93. Exemples :

$$\frac{-28ab^3x^2}{7abx} = -4b^2x;\quad \frac{3a^4bc^3x^5}{5a^3cx^2} = \frac{3}{5}abc^2x^3;$$

$$\frac{3}{4}a^4b^3cx^2 : \frac{2}{5}ab^2x = \frac{15}{8}a^3bcx.$$

94. Remarque. La division de deux monômes entiers est impossible :

1° Si le dividende ne contient pas toutes les lettres qui sont au diviseur.

Ex. : $4a^3x^2 : 3bx$ est une division impossible;

2° S'il existe une lettre au dividende, dont l'exposant soit inférieur à celui qu'elle a au diviseur.

Ex : $5a^2bx^3 : 7a^4x$ est une division impossible.

En somme, *pour que la division de deux monômes puisse s'effectuer, il faut que le dividende contienne toutes les lettres du diviseur avec des exposants au moins égaux.*

95. *Division d'un polynôme entier par un monôme entier.* — Soit à diviser le polynôme $15a^3b^2c + 12a^2b^3c^2 - 18ab^4c^3d$ par le monôme $3ab^2c$.

Le quotient cherché ne peut être qu'un polynôme et son produit par $3ab^2c$ doit être égal au polynôme donné; on en conclut que : $(15a^3b^2c + 12a^2b^3c^2 - 18ab^4c^3d) : 3ab^2c$

$$= \frac{15a^3b^2c}{3ab^2c} + \frac{12a^2b^3c^2}{3ab^2c} - \frac{18ab^4c^3d}{3ab^2c} = 5a^2 + 4abc - 6b^2c^2d.$$

Vérifions que cette expression est le quotient cherché ; nous avons en effet :

$$(5a^2 + 4abc - 6b^2c^2d)\,3ab^2c = 15a^3b^2c + 12a^2b^3c^2 - 18ab^4c^3d.$$

96. Règle. *Pour diviser un polynôme par un monôme, on divise*

chaque terme du polynôme par le monôme, et on écrit à la suite les uns des autres les quotients obtenus.

97. Remarque. La division d'un polynôme par un monôme n'est possible que si chacun des termes du polynôme est divisible par le monôme, c'est-à-dire s'il contient toutes les lettres du monôme, avec des exposants au moins égaux.

98. Nota. Nous n'étudierons pas, dans ce cours élémentaire, la division d'un polynôme par un polynôme. La question est trop complexe et ne présente pas assez d'intérêt pratique pour être exposée à l'école primaire.

99. ***Mise en facteur commun.*** — Soit à multiplier par n l'expression $a + b - c - d$.

Nous avons :

$$(a + b - c - d)\, n = an + bn - cn - dn. \quad \text{(V. n° 73.)}$$

Par suite si, inversement, on nous donne l'expression $an + bn - cn - dn$, nous pouvons écrire :

$$an + bn - cn - dn = (a + b - c - d)\, n.$$

Cette dernière opération s'appelle *mettre le nombre* n *en facteur commun*. Nous voyons qu'elle consiste à extraire de chacun des termes d'une expression algébrique le facteur commun qu'ils peuvent contenir, pour l'écrire à la gauche ou à la droite d'une parenthèse contenant les quotients des termes du polynôme par ce facteur.

Il est fort important, pour les transformations algébriques, de savoir trouver le facteur commun aux différents termes d'une expression algébrique.

100. Exemple. Soit à trouver le facteur commun contenu dans le polynôme $6\,ab^3 - 9a^2b^4c^2 + 15\,a^3b^5c^3$.

Nous remarquons successivement que tous les termes contiennent le facteur numérique 3, puis le facteur a, et le facteur b^3.

Le facteur commun est donc $3ab^3$, et nous avons :

$$6ab^3 - 9\,a^2b^4c^2 + 15a^3b^5c^3 = 3ab^3\,(2 - 3\,abc^2 + 5\,a^2b^2c^3).$$

101. Exercice. *Décomposer en un produit de facteurs l'expression :*

$$ab + a + b + 1.$$

Nous pouvons l'écrire : $(b + 1)\,a + (b + 1)$ et, en mettant $b + 1$ en facteur commun :

$$(a + 1)\,(b + 1).$$

Exercices.

88. Effectuer les divisions suivantes, indiquer s'il y a impossibilité :

1° $12a^3b^2c^3 : 4ab^2c$;
2° $28ab^4c^2 : 7ab^2c$;
3° $21a^2b^3c : -3a^2b^3c$;
4° $36x^2y : 6x$;
5° $-48ax^2 : 16x$;
6° $7a^4b^3cd : 11a^2bd$;
7° $5a^3b^4 : 9a^4b^3$;
8° $21a^2b^3c : -12abd$;
9° $25m^2n^3 : 15am^3$;
10° $-35a^3b^2c : 7a^2b$;
11° $-15a^4b^3 : 9a^2b^3c$;
12° $20m^3n^2 : -8m^2n$;
13° $16a^4b^3 : -6ab^2c$;
14° $35a^3b^2c : -5a^2bc$.

89. Effectuer les divisions suivantes :

1° $12a^{m+3}b^{n+2} : 4a^mb^n$;
2° $15a^pb^q : 3a^{p-1}b^{q-2}$;
3° $21a^{m+2}b^n : 9a^mb^n$;
4° $14a^{p+1}b^{q+2} : 8a^{p-1}b^{q-1}$;
5° $15x^{p-2}y^{q-1} : 10x^{p-4}y^{q-3}$;
6° $21a^{m+2}b^{n-1}c^q : 12a^{m-2}b^{n-2}c^{q-2}$.

90. Effectuer les divisions suivantes :

1° $(5a^2 + 5a^3b - 5a^4c) : 5a$;
2° $(21a^3b^2c - 14a^2b^3c^2 + 49ab^4c^3) : 7ab^2c$;
3° $(32ax^4 - 56a^2x^3 + 40a^3x^2 - 8a^4x) : 8ax$;
4° $(30m^2n^4 - 30mn^3 + 50\,mn^2) : 10mn^2$;
5° $(12a^4b + 6a^3b^2 - 14a^2b^3 + 4ab^4) : \frac{2ab}{5}$;
6° $\left(-\frac{3ax^3}{4} + \frac{3a^2x^4}{2} - 6a^3x^5\right) : -\frac{3x^2}{4}$.

91. Mettre en facteur, dans les expressions suivantes, le facteur de plus haut degré possible avec le coefficient le plus grand possible :

1° $3ax - 9x^2$;
2° $4a^2 - 3ab$;
3° $12xy + 16y^2$;
4° $3a^2x - 6a^2$;
5° $15a^4x^3 - 20a^3x^4 + 35a^2x^5$;
6° $32a^3b^4c - 24a^2b^3c^3 + 48a^3b^2c^3$.

92. Décomposer en produit de facteurs les expressions :

1° $ab - a + b - 1$;
2° $ab + a - b - 1$;
3° $ab - a - b + 1$;
4° $ab + bx + ay + xy$;
5° $ab - bx + ay - xy$;
6° $by + ax - bx - ay$.

Fractions algébriques (1).

102.* Nous avons vu que certaines divisions d'un monôme par un monôme, d'un polynôme par un monôme sont impossibles (V. nos 94 et 97). Or, si nous admettons que le quotient est une expression algébrique, dont la valeur numérique est le quotient

(1) N'étudier ce chapitre qu'après s'être assimilé complètement les opérations sur les fractions en arithmétique.

des valeurs numériques du dividende et du diviseur, nous sommes conduits à envisager des expressions de la forme $\frac{A}{B}$; ce sont des fractions algébriques :

$\frac{3ax}{by}$, $\frac{a\sqrt{x}}{y}$ sont des fractions algébriques : $\frac{3ax}{by}$ qui a ses termes rationnels est dite *rationnelle*, l'autre est *irrationnelle*.

103. *Propriétés des fractions algébriques.* — En donnant aux lettres qui entrent dans une fraction algébrique des valeurs numériques quelconques, mais n'annulant pas le dénominateur, on obtient une fraction algébrique numérique. (V. nos 39 et 40.)

Les fractions algébriques jouissent des mêmes propriétés que les fractions arithmétiques.

Si l'on multiplie ou si l'on divise les deux termes d'une fraction algébrique par une même expression algébrique, on forme une fraction équivalente, à condition toutefois de ne pas donner aux lettres des valeurs qui annulent l'expression algébrique par laquelle on a multiplié ou divisé.

EXEMPLE : $\frac{a}{b} = \frac{an}{bn}$; $\frac{4a^2bc}{10abd} = \frac{2ac}{5d}$.

Cette propriété trouve son application dans la simplification des fractions et dans leur réduction au même dénominateur.

104. *Simplification des fractions algébriques.* — *Pour simplifier une fraction algébrique, on divise ses deux termes par une même expression algébrique.*

A cet effet, il est indispensable de mettre en évidence les facteurs communs au numérateur et au dénominateur

Ex. : I. Soit à simplifier l'expression

$$\frac{a^2 - 2ab + b^2}{a^2 - b^2}.$$

Remarquons que $a^2 - 2ab + b^2 = (a - b)^2$ ou $(a - b)(a - b)$ et $a^2 - b^2 = (a + b)(a - b)$. Les deux termes ont un facteur commun $(a - b)$.

Par suite

$$\frac{a^2 - 2ab + b^2}{a^2 - b^2} = \frac{(a - b)^2}{(a + b)(a - b)} = \frac{a - b}{a + b}.$$

II. Proposons-nous de simplifier la fraction :

$$\frac{9x^2 - 25}{6xy + 10y}.$$

Décomposons les deux termes en produit de facteurs. La fraction s'écrit :

$$\frac{(3x+5)(3x-5)}{(3x+5)\,2y}.$$

Après simplification, elle devient :

$$\frac{3x-5}{2y}.$$

105. *Réduction des fractions au même dénominateur.* — Pour réduire plusieurs fractions algébriques au même dénominateur, on emploie les mêmes méthodes qu'en arithmétique.

106. Exemple I. Soit à réduire au même dénominateur les fractions $\frac{a}{b}, \frac{c}{d}, \frac{e}{f}$.

Nous avons, d'après le principe n° 103 :

$$\frac{a}{b}=\frac{a\times d\times f}{b\times d\times f}=\frac{adf}{bdf};$$

$$\frac{c}{d}=\frac{c\times b\times f}{d\times b\times f}=\frac{cbf}{bdf};$$

$$\frac{e}{f}=\frac{e\times b\times d}{f\times b\times d}=\frac{ebd}{bdf}.$$

Exemple II. Soit à réduire au même dénominateur les fractions $\frac{3ab}{5(a+b)}$; $\frac{2a^2b}{3(a-b)}$; $\frac{5a^2b^2}{a^2-b^2}$.

Le plus petit dénominateur commun est $5\times 3\,(a^2-b^2)$, il se forme comme en arithmétique, et nous avons :

$$\frac{3ab}{5(a+b)}=\frac{3ab\times 3(a-b)}{5(a+b)\times 3(a-b)}=\frac{9ab(a-b)}{15(a^2-b^2)},$$

$$\frac{2a^2b}{3(a-b)}=\frac{2a^2b\times 5(a+b)}{3(a-b)\times 5(a+b)}=\frac{10a^2b\,(a+b)}{15(a^2-b^2)},$$

$$\frac{5a^2b^2}{a^2-b^2}=\frac{5a^2b^2\times 15}{(a^2-b^2)\times 15}=\frac{75a^2b^2}{15(a^2-b^2)}.$$

107. *Opérations sur les fractions algébriques.* — Les opérations sur les fractions algébriques se font comme les opérations sur les fractions ordinaires.

108. *Addition des fractions algébriques.* — 1er exemple. Soit à additionner les fractions $\frac{3a}{n}, \frac{2b}{n}, \frac{5c}{n}$.

Nous avons :

$$\frac{3a}{n}+\frac{2b}{n}+\frac{5c}{n}=\frac{3a+2b+5c}{n}.$$

2ᵉ EXEMPLE. Additionner les fractions

$$\frac{3x-1}{4x^2-9},\ \frac{2}{3(2x-3)},\ \frac{1}{2(2x+3)}.$$

Le p. p. c. m. des dénominateurs est $3\times2(4x^2-9)=6(4x^2-9)$, et l'on a :

$$\frac{3x-1}{4x^2-9}=\frac{(3x-1)6}{6(4x^2-9)},$$

$$\frac{2}{3(2x-2)}=\frac{4(2x+3)}{6(4x^2-9)},$$

$$\frac{1}{2(2x+3)}=\frac{3(2x-3)}{6(4x^2-9)}.$$

On a donc :

$$\frac{3x-1}{4x^2-9}+\frac{2}{3(2x-3)}+\frac{1}{2(2x+3)}=\frac{(3x-1)6}{6(4x^2-9)}+\frac{4(2x+3)}{6(4x^2-9)}+\frac{3(2x-3)}{6(4x^2-9)}$$

$$=\frac{18x-6+8x+12+6x-9}{6(4x^2-9)}$$

$$=\frac{32x-3}{6(4x^2-9)};$$

d'où la règle :

Pour additionner plusieurs fractions algébriques, on les réduit au même dénominateur s'il y a lieu, on fait la somme des numérateurs et on donne à cette somme le dénominateur commun.

109. ***Soustraction des fractions.*** — Par des exemples de même genre, nous montrerions que, *pour soustraire deux fractions algébriques, on les réduit au même dénominateur s'il y a lieu, on fait la différence des numérateurs et on donne à cette différence le dénominateur commun.*

110. ***Multiplication des fractions.*** — Soit à multiplier $\frac{3a^2b}{5n}$ par $\frac{4ab^2}{3m}$.

Nous avons :

$$\frac{3a^2b}{5n}\times\frac{4ab^2}{3m}=\frac{12a^3b^3}{15nm}=\frac{4a^3b^3}{5nm}.$$

Pour multiplier deux fractions algébriques, on multiplie les numérateurs entre eux et les dénominateurs entre eux.

En particulier, *pour élever une fraction à une puissance, on élève à cette puissance chacun des facteurs.*

Ainsi : $\left(\frac{a}{b}\right)^4=\frac{a^4}{b^4}$; $\left(\frac{-5}{7}\right)^3=\frac{(-5)^3}{7^3}=-\frac{125}{343}$.

111. *Division des fractions.* — Soit à diviser $\frac{3a^2}{4m}$ par $\frac{5b}{7n}$.

Nous avons :

$$\frac{3a^2}{4m} : \frac{5b}{7n} = \frac{3a^2}{4m} \times \frac{7n}{5b}$$

$$= \frac{21a^2n}{20mb}.$$

Pour diviser une fraction algébrique par une autre, on multiplie la fraction dividende par la fraction diviseur renversée.

112. Application. *Effectuer le calcul suivant :*

$$\frac{\frac{1}{x}-\frac{1}{y+z}}{\frac{1}{x}+\frac{1}{y+z}} : \frac{\frac{1}{y}-\frac{1}{x+z}}{\frac{1}{y}+\frac{1}{x+z}}.$$

Calculons d'abord les deux termes de la première fraction :

$$\frac{1}{x}-\frac{1}{y+z}=\frac{y+z-x}{x(y+z)}; \quad \frac{1}{x}+\frac{1}{y+z}=\frac{x+y+z}{x(y+z)};$$

et la première fraction devient :

$$\frac{y+z-x}{x(y+z)} : \frac{x+y+z}{x(y+z)} = \frac{y+z-x}{x+y+z}.$$

Pour la deuxième :

$$\frac{1}{y}-\frac{1}{x+z}=\frac{x+z-y}{y(x+z)}; \quad \frac{1}{y}+\frac{1}{x+z}=\frac{x+y+z}{y(x+z)};$$

et la deuxième fraction devient :

$$\frac{x+z-y}{y(x+z)} : \frac{x+y+z}{y(x+z)} = \frac{x+z-y}{x+y+z}.$$

Il reste à effectuer une division de deux fractions :

$$\frac{y+z-x}{x+y+z} : \frac{x+z-y}{x+y+z} = \frac{y+z-x}{x+z-y}.$$

Exercices.

93. Simplifier les fractions suivantes :

1° $\frac{9a^3b^5c}{3ab^3c}$;

2° $\frac{21a^4b^3c^2d}{35ab^2c^3d^4}$;

3° $\frac{-15x^2y}{10xy^2}$;

4° $\frac{-24m^2n^3}{-6m^3n^2}$;

5° $\frac{x+y}{x^2-y^2}$;

6° $\frac{m-n}{m^2-n^2}$;

7° $\frac{3a-1}{9a^2-1}$;

8° $\frac{6x^2-15xy}{12x^3-75xy^2}$.

94. Simplifier les fractions suivantes :

1° $\dfrac{a^2 - ab}{a^2 + ab}$;

2° $\dfrac{a^2 - ab + bc - ac}{a^2 - ac}$;

3° $\dfrac{(x^2 + xy - xz)^2 - (x^2 - xy + xz)^2 - 4(xy - xz)^2}{(xy - xz)(4x - 4y + 4z)}$.

95. Effectuer les calculs suivants et simplifier les résultats s'il y a lieu :

1° $\dfrac{x + y + z}{3} - x + 2y$;

2° $\dfrac{m}{2} + \dfrac{n}{2} + \dfrac{p}{5}$;

3° $\dfrac{a + b - c}{2} - (a + b - c)$;

4° $x + y + \dfrac{x^3 - y^3}{x^2 + y^2}$;

5° $a + 1 + \dfrac{a^2 - 1}{a + 1}$;

6° $m + n - \dfrac{m^2}{m - n}$;

7° $a - b + \dfrac{a^2}{a + b}$;

8° $\dfrac{1}{a - b} + \dfrac{1}{a + b}$;

9° $\dfrac{1}{x^2 - 1} + \dfrac{1}{x + 1} + \dfrac{1}{x - 1}$;

10° $\dfrac{2a - 6b}{a^2 - b^2} + \dfrac{2}{a - b} - \dfrac{3}{a + b}$.

96. Effectuer les calculs suivants :

1° $\dfrac{a + 1}{a - 1} + \dfrac{a - 1}{a + 1} - \dfrac{a^2 + 1}{a^2 - 1}$;

2° $\dfrac{3a^2 - a + 12}{a^2 - 9} - \dfrac{a + 2}{a + 3} - \dfrac{a + 3}{a - 3}$;

3° $\dfrac{x + y}{x^2 + 2xy + y^2} + \dfrac{x - y}{x^2 - y^2} - \dfrac{1}{x + y}$;

4° $\left(\dfrac{n - 1}{n + 1} + \dfrac{n + 1}{n - 1} - \dfrac{n^2 + 1}{n^2 - 1}\right)\dfrac{n^2 - 1}{n^2 + 1}$.

97. Effectuer les calculs suivants :

1° $\dfrac{a^2 b}{5q} \times 10q^2$;

2° $\dfrac{m + n}{x + y} \times \dfrac{m - n}{x - y}$;

3° $\dfrac{2x^2}{x - y} : 8x$;

4° $\dfrac{3(x - y)}{5(x + y)^2} : \dfrac{1}{10(x + y)}$;

5° $\dfrac{1}{a + b} : \dfrac{a}{b}$;

6° $\dfrac{1}{x^2 - y^2} : \dfrac{1}{x - y}$;

7° $\dfrac{x^2 + 8x + 16}{x^2 - 1} : \dfrac{x + 4}{x - 1}$;

8° $\left(\dfrac{2x}{x + y}\right)^2 : \dfrac{4x^2}{x^2 - y^2}$.

CHAPITRE VI

ÉQUATIONS

Principes généraux.

— Nous avons déjà indiqué, au début de ce traité (V. chap. II) comment la résolution de certains problèmes conduit à la *résolution d'une équation*. Prenons un exemple.

Problème. *Un père a 33 ans, son fils a 5 ans, dans combien d'années l'âge du père sera-t-il triple de l'âge de son fils?*

Solution. Désignons par x le nombre d'années cherché.

Dans x années, l'âge du père sera $(33 + x)$ ans et celui du fils $(5 + x)$ années.

On nous demande de déterminer x de façon que

$$33 + x = (5 + x)\,3. \qquad (1)$$

Nous avons là une équation. Comme l'inconnue x entre au premier degré dans l'équation, nous dirons que l'équation est du premier degré.

Résoudre cette équation, c'est chercher une valeur numérique de x, appelée *racine* de l'équation, telle que si, dans l'équation, x est remplacé par cette valeur numérique, la valeur numérique de $33 + x$ sera égale à la valeur numérique de $(5 + x)$ 3.

Effectuons le produit indiqué dans le second membre de l'équation, celle-ci devient :

$$33 + x = 15 + 3x.$$

Retranchons x de chaque membre, il vient :

$$33 = 15 + 2x.$$

Retranchons 15 de chaque membre de la nouvelle égalité, l'équation devient :

$$18 = 2x. \qquad (2)$$

Il serait très facile d'établir que les équations (1) et (2) admettent la même racine.

Or l'équation (2) admet comme racine $x = 9$ car, pour $x = 9$, les deux membres de l'égalité sont égaux à 18. D'autre part, c'est la seule valeur qui mise à la place de x dans l'équation (2) rende les deux membres numériquement égaux.

9 est donc la racine de l'équation (1).

Vérifions-le ; remplaçons x par 9 dans l'équation (1), nous avons : pour le premier membre $33 + 9 = 42$,
pour le second membre $(5 + 9) 3 = 14 \times 3 = 42$.

En somme, *le temps cherché est 9 ans.*

Dans 9 ans le père aura $33 + 9 = 42$ ans,
le fils aura $5 + 9 = 14$ ans, et l'on a bien : $42 = 14 \times 3$.

— Dans un problème, l'une des grandeurs considérées étant inconnue, on la désigne généralement par x ; on cherche la relation qui lie cette grandeur aux grandeurs connues du problème, on obtient une équation. Il ne reste plus qu'à résoudre cette équation.

Nous reviendrons plus loin (nº 130) sur la résolution des problèmes. Auparavant, nous allons indiquer comment on résout une équation du premier degré.

113. Définitions. Rappelons qu'une *égalité* est un ensemble de deux nombres ou de deux expressions algébriques réunis par le signe = (*égal*).

Les deux expressions écrites à droite et à gauche du signe = sont les deux *membres* de l'égalité ; celui de gauche est le *premier membre*, celui de droite, le *second membre.*

— Considérons les égalités :

$$5 - 8 = -3 \qquad (1)$$

$$(a + b)^2 = a^2 + 2ab + b^2 \qquad (2)$$

$$5x = 20. \qquad (3)$$

L'égalité (1) où n'entrent que des nombres est dite *égalité numérique* ou *identité numérique.*

L'égalité (2) est telle que si l'on attribue des valeurs numériques quelconques à a et b, la valeur numérique du premier membre est toujours égale à la valeur numérique du second ; ou encore, comme l'on dit, l'égalité est toujours satisfaite quelles que soient les valeurs numériques attribuées à a et b ; on dit que c'est une *identité algébrique.*

Enfin, l'égalité (3) n'est satisfaite, c'est-à-dire ne se transforme en identité numérique, que pour une valeur particulière attribuée à x, la valeur $x = 4$; on dit que c'est une *équation.*

— Pour distinguer les identités des équations, on remplace

quelquefois, pour les premières, le signe = (*égal*) par le signe ≡ (*identique à*).

Ainsi on écrit :

$$(3x - 2y)^2 \equiv 9x^2 - 12xy + 4y^2.$$

114. Les différentes équations. — Inconnues. — Racines. — Equations équivalentes.

Les lettres indéterminées qui entrent dans une équation sont appelées *inconnues* de l'équation.

Une équation peut renfermer une ou plusieurs inconnues.

Ainsi :

$3x - 2 = 2x + 7$ est une équation à une inconnue ;
$2x - 4y = 5$ est une équation à deux inconnues.

Les valeurs numériques qu'il convient d'attribuer aux inconnues pour satisfaire à une équation sont appelées *racines* ou *solutions* de l'équation.

Ainsi, l'équation $4x = 32$ a pour racine $x = 8$, car si l'on remplace dans l'équation x par 8, celle-ci est satisfaite, c'est-à-dire que la valeur numérique du premier membre est identique à la valeur numérique du second. D'ailleurs 8 est ici la seule racine de l'équation, car pour toute valeur numérique, autre que 8, attribuée à x, l'équation n'est pas satisfaite, le produit $4x$ n'est pas égal à 32.

— On dit que *deux équations sont équivalentes* lorsqu'elles mettent les mêmes racines.

Ainsi, les deux équations :

$$4x + 3 = 27,$$
$$7x - 10 = 32$$

sont équivalentes, elles admettent toutes deux pour racines $x = 6$.

Nous étudierons plus tard des équations admettant plusieurs racines, par conséquent, pour établir que deux équations sont équivalentes, il faudra montrer que toute solution de la première est solution de la seconde, et réciproquement, que toute solution de la seconde est solution de la première.

— Résoudre une équation, c'est chercher les racines de cette équation.

— On dit qu'*une équation est entière*, lorsque ses deux membres sont des polynômes entiers par rapport aux inconnues.

$$3x - 5 = 2x + 4, \qquad \frac{x}{\sqrt{2}} - y = 2x + 4y\sqrt{3},$$

sont des équations entières.

La résolution des équations repose sur les deux principes généraux qui suivent :

115. 1er principe. — *Si l'on ajoute ou si l'on retranche une même expression algébrique aux deux membres d'une équation, on forme une équation équivalente.*

Soit l'équation

(1) $3x - 4 = 11$, vérifiée pour $x = 5$.

Ajoutons $6x + 2$, par exemple, aux deux membres de l'équation ; elle devient :

(2) $3x - 4 + (6x + 2) = 11 + (6x + 2)$.

Démontrons que les équations (1) et (2) sont équivalentes :

1° *Toute racine de l'équation* (1) *est racine de l'équation* (2).

En effet, 5 étant racine de l'équation (1), on a :

$$3 \times 5 - 4 = 11.$$

Remplaçons x par 5 dans l'équation (2), le premier membre devient : $3 \times 5 - 4 + (6 \times 5 + 2)$;
le second membre : $11 + (6 \times 5 + 2)$.
Or, par hypothèse, $3 \times 5 - 4 = 11$;
les deux membres sont bien égaux.

2° *Toute racine de l'équation* (2) *est racine de l'équation* (1).

Soit a une racine de (2), on a :

$$3a - 4 + (6a + 2) = 11 + (6a + 2);$$

on en déduit : $3a - 4 = 11$,

donc a est racine de l'équation (1).

Les équations (1) et (2) sont équivalentes.

Conséquences :

116. — 1° *Pour faire passer un terme d'une équation d'un membre dans l'autre, il suffit de le supprimer dans le membre où il se trouve, de l'écrire dans l'autre en changeant son signe.*

Soit l'équation : $7x - 18 = 2x + 7$.

Ajoutons $-2x$ aux deux membres de cette équation, d'après le théorème précédent, nous obtenons l'équation équivalente :

$$7x - 18 - 2x = 2x + 7 - 2x$$

ou $7x - 18 - 2x = 7$.

Ajoutons 18 aux deux membres de cette équation, nous avons encore l'équation équivalente :

$$7x - 18 - 2x + 18 = 7 + 18$$

ou $$7x - 2x = 7 + 18.$$

117. — 2° *Si l'on change les signes de tous les termes d'une équation, on obtient une équation équivalente.*

Soit l'équation : $7x - 18 = 2x + 7$.

Faisons passer tous les termes du premier membre dans le second, et inversement, en observant la règle ci-dessus (n° 116), nous avons l'équation équivalente :

$$-2x - 7 = -7x + 18$$

ou $$-7x + 18 = -2x - 7,$$

ce qui prouve que l'on peut changer les signes de tous les termes d'une équation.

118. *2e principe.* — *Si l'on multiplie ou si l'on divise les deux membres d'une équation par une même quantité algébrique qui n'est pas nulle et qui ne renferme pas l'inconnue, on obtient une équation équivalente à la première.*

Ainsi, soit l'équation :

$$7x - 18 = 2x + 7, \qquad (1)$$

dont la racine est $x = 5$.

Multiplions par 3 les deux membres de cette équation, nous obtenons : $(7x - 18)\,3 = (2x + 7)\,3.$ (2)

1° *Toute racine de l'équation* (1) *est racine de l'équation* (2).

5 étant racine de l'équation (1), on a :

$$7 \times 5 - 18 = 2 \times 5 + 7.$$

En multipliant par 3 les deux membres de l'égalité, il vient :

$$(7 \times 5 - 18)\,3 = (2 \times 5 + 7)\,3.$$

Ceci nous montre que 5 est racine de l'équation (2).

2° *Toute racine de l'équation* (2) *est racine de l'équation* (1).

Soit a une racine de l'équation (2), on a :

$$(7 \times a - 18)\,3 = (2 \times a + 7)\,3,$$

ce qui entraîne l'égalité :

$$7 \times a - 18 = 2 \times a + 7.$$

Il en résulte que a est bien racine de l'équation (1).

Les équations (1) et (2) sont bien équivalentes.

119. Conséquence. — *Si les termes d'une équation ont des dénominateurs numériques, on peut les faire disparaître.*

Soit l'équation : $\frac{x}{4}+\frac{5x}{3}-\frac{15}{2}=x-2.$ (1)

Réduisons au même dénominateur les fractions qui y entrent, le p. p. d. c. est 12. Nous obtenons l'équation équivalente :

$$\frac{3x}{12}+\frac{20x}{12}-\frac{90}{12}=x-2. \quad (2)$$

Multiplions par 12 les deux membres de cette équation, nous obtenons l'équation équivalente :

$$\left(\frac{3x}{12}+\frac{20x}{12}-\frac{90}{12}\right)12=(x-2)\,12 \quad (3)$$

ou $$\left(\frac{3x+20x-90}{12}\right)12=(x-2)\,12 \quad (4)$$

ou enfin $$3x+20x-90=12x-24. \quad (5)$$

Cette équation est équivalente à l'équation donnée et ne renferme plus de dénominateur.

Dans la pratique, on n'écrit pas les équations (2), (3) et (4); on passe directement de l'équation (1) à l'équation (5).

120. Remarque. Dans l'énoncé du second principe, nous avons dit que le facteur par lequel on multiplie les deux membres d'une équation ne doit pas contenir l'inconnue.

C'est qu'en effet, si le facteur par lequel on multiplie s'annule pour une valeur de l'inconnue, l'équation obtenue ne sera pas forcément équivalente à l'équation proposée.

Ainsi, considérons l'équation

$3x+2=2x+6$, qui admet la racine $x=4$. (1)

Multiplions les deux membres par $x-2$; nous obtenons :

$$(3x+2)(x-2)=(2x+6)(x-2), \quad (2)$$

et l'équation (2) admet la racine $x=2$ qui n'est pas racine de l'équation (1).

Il arrive souvent, comme on va le voir, qu'on multiplie les deux membres d'une équation par des expressions qui s'annulent pour certaines valeurs de x.

On se rappellera que, dans ce cas, on peut introduire des racines étrangères, et lorsqu'on aura résolu la nouvelle équation, il sera indispensable de vérifier si les racines trouvées n'annulent pas le facteur par lequel on a multiplié; ce sont, dans ce cas, des racines étrangères.

121. Degré d'une équation entière. Étant donnée une équation entière, effectuons, s'il y a lieu, les opérations indiquées de façon à séparer les termes connus et les termes inconnus ; faisons passer tous les termes dans un seul membre, le premier par exemple, puis réduisons les termes semblables ; nous obtiendrons ainsi une équation dont le premier membre est un polynôme entier. Le degré de ce polynôme par rapport à l'inconnue ou aux inconnues est appelé degré de l'équation. Ainsi :

On appelle **degré d'une équation entière** *le degré de son terme de plus haut degré, soit par rapport à une inconnue déterminée, soit par rapport à l'ensemble des inconnues.*

$3x = 4$ est une équation du 1er degré à une inconnue.
$4x^2 - 5x = 7$ est une équation du 2e degré à une inconnue.
$5x - 3y = 4$ — — 1er — deux inconnues.
$2x^2 - 3xy = 5$ — — 2e — — —
$3xy = 8$ — — 2e — — —

Résolution de l'équation du premier degré à une inconnue.

122. Exemple I. *Résoudre l'équation* $5x - 4 = 2x + 20$.

Faisons passer les termes inconnus dans le premier membre, les termes connus dans l'autre (V. n° 115), nous obtenons :

$$5x - 2x = 20 + 4.$$

Réduisons les termes semblables, nous avons :

$$3x = 24.$$

Divisons les deux membres de cette équation par 3, coefficient de x, nous obtenons :

$$x = \frac{24}{3} = 8.$$

8 est la racine de l'équation proposée.

Vérification :

$$5 \times 8 - 4 = 36 ; \quad 2 \times 8 + 20 = 36.$$

123. Exemple II. *Résoudre l'équation :*

$$\frac{5x}{3} + 15 = \frac{7x}{4} + \frac{5x}{2} - 16.$$

Chassons les dénominateurs, le p. p. d. c. étant 12, multiplions tous les termes de l'équation par 12, nous avons :

$$20x + 180 = 21x + 30x - 192.$$

Faisons passer les termes inconnus dans un membre, les termes connus dans l'autre, nous obtenons l'équation équivalente :

$$20x - 21x - 30x = -192 - 180.$$

Réduisons les termes semblables; il vient :

$$-31x = -372.$$

Changeons tous les signes (V. n° 117); nous obtenons l'équation équivalente :

$$31x = 372,$$

d'ou

$$x = \frac{372}{31} = 12.$$

Vérification :

$$\frac{5 \times 12}{3} + 15 = 35; \quad \frac{7 \times 12}{4} + \frac{5 \times 12}{2} - 16 = 35.$$

124. Exemple III. *Résoudre l'équation :*

$$\frac{6(x-5)}{15} + 3x = \frac{5(x-2)}{6} + \frac{8x-75}{2} - 13.$$

Chassons les dénominateurs; le p. p. d. c. est 30; multiplions tous les termes par 30, nous obtenons l'équation équivalente :

$$6 \times 2(x-5) + 3x \times 30 = 5 \times 5(x-2) + 15(8x-75) - 13 \times 30$$

ou

$$12x - 60 + 90x = 25x - 50 + 120x - 1125 - 390.$$

Faisons passer les termes inconnus dans un membre, les termes connus dans l'autre, nous avons l'équation équivalente :

$$12x + 90x - 25x - 120x = -50 - 1125 - 390 + 60.$$

Réduisons les termes semblables :

$$-43x = -1505.$$

Changeons les signes (V. n° 117)

$$43x = 1505,$$

d'où

$$x = \frac{1505}{43} = 35.$$

Vérification :

$$\frac{6(35-5)}{15} + 3 \times 35 = 117; \quad \frac{5(35-2)}{6} + \frac{8 \times 35 - 75}{2} - 13 = 117.$$

125. Exemple IV. *Résoudre l'équation :*

$$\frac{3+5x}{2-2x} = \frac{7+5x}{3-2x}.$$

Chassons les dénominateurs; le p. p. d. c. est $(2-2x)(3-2x)$; multiplions tous les termes par le plus petit commun multiple, en remarquant qu'il s'annule pour $x = 1$, $x = \frac{3}{2}$ (ce sont les valeurs qui annulent les facteurs) :

$$(3 + 5x)(3 - 2x) = (7 + 5x)(2 - 2x)$$

ou $$9 - 6x + 15x - 10x^2 = 14 - 14x + 10x - 10x^2.$$

Faisons la réduction des termes semblables ; nous obtenons :

$$13x = 5$$

d'où $$x = \frac{5}{13}.$$

La valeur $\frac{5}{13}$ est racine de l'équation, car elle n'est pas égale aux racines 1 et $\frac{3}{2}$ que nous aurions pu introduire dans la nouvelle équation (n° 120).

Vérification :

$$\frac{3 + \frac{5 \times 5}{13}}{2 - \frac{2 \times 5}{13}} = \frac{\frac{64}{13}}{\frac{16}{13}} = 4; \quad \frac{7 + \frac{5 \times 5}{13}}{3 - \frac{2 \times 5}{13}} = \frac{\frac{116}{13}}{\frac{29}{13}} = 4.$$

126. Exemple V. *Résoudre l'équation :*

$$\frac{m + x}{m} - \frac{n - x}{n} = 1.$$

Chassons les dénominateurs ; le p. p. c. m. est mn ; nous avons :

$$(m + x)n - (n - x)m = 1 \times mn$$

ou $$mn + nx - mn + mx = mn.$$

Faisons passer les termes connus dans un membre, les termes inconnus dans l'autre, nous avons :

$$nx + mx = mn - mn + nm.$$

Réduisons les termes semblables et mettons x en facteur commun $(n + m)x = mn$. En supposant $m + n \neq 0$, on en déduit :

$$x = \frac{mn}{n + m}.$$

Vérification :

$$\frac{m + \frac{mn}{n + m}}{m} - \frac{n - \frac{mn}{n + m}}{n} = \frac{m(n + m) + mn}{m(n + m)} - \frac{n(n + m) - mn}{n(n + m)}$$

$$= \frac{m(m + n + n)}{m(n + m)} - \frac{n(m + n - m)}{n(n + m)}$$

$$= \frac{m + n + n}{n + m} - \frac{m + n - m}{n + m} = \frac{n + m}{n + m} = 1.$$

127. EXEMPLE VI. *Résoudre l'équation :*

$$\frac{3x}{4} - \frac{2(x-2)}{5} = \frac{7x+16}{20}.$$

Chassons les dénominateurs, le p. p. m. c. est 20. Multiplions tous les termes par 20, nous obtenons :

$$15x - 8(x-2) = 7x + 16$$

ou $$15x - 8x + 16 = 7x + 16.$$

Faisons passer les termes connus dans un membre, les termes inconnus dans l'autre, nous avons :

$$15x - 8x - 7x = 16 - 16$$

ou $$15x - 15x = 16 - 16.$$

L'équation donnée est dite *indéterminée*; quelle que soit la valeur que l'on attribue à x, l'équation est satisfaite, la valeur numérique du premier membre est toujours égale à celle du second.

128. EXEMPLE VII. *Résoudre l'équation :*

$$\frac{2x-1}{3} + 2x = \frac{1}{10} + \frac{4x-1}{2} - \frac{5-4x}{6}.$$

Le p. p. m. c. est 30. Multiplions tous les termes par 30, nous obtenons :

$$(2x-1)10 + 60x = 3 + 15(4x-1) - 5(5-4x)$$

ou $$20x - 10 + 60x = 3 + 60x - 15 - 25 + 20x.$$

En opérant comme précédemment, on a :

$$20x + 60x - 60x - 20x = 10 + 3 - 15 - 25$$

ou encore : $$80x - 80x = -27.$$

Quelle que soit la valeur que l'on attribue à x, le premier membre est nul et le second est différent de zéro, *il n'y a pas de solution.*

129. Les exercices qui précèdent nous conduisent à la règle générale suivante :

RÈGLE. *Pour résoudre une équation du premier degré à une inconnue :*

1° On chasse les dénominateurs s'il y en a;

2° On effectue les calculs de façon à séparer les termes connus de ceux qui contiennent l'inconnue;

3° On fait passer tous les termes inconnus dans un membre, les termes connus dans l'autre, et on réduit les termes semblables (on met x en facteur commun, si les termes sont littéraux).

— Il reste alors à résoudre une équation de la forme :

$$ax = b.$$

1° $a \neq 0$, l'équation admet alors une solution unique $x = \dfrac{b}{a}$.

1° $a = 0$ et $b \neq 0$ (V. n° 128), il n'y a pas de solution. On dit que l'équation est impossible.

3° $a = 0$ et $b = 0$ (V. n° 127), il y a une infinité de solutions. On dit que l'équation est indéterminée.

Exercices.

98. Résoudre les équations :

1° $7x + 5 = 19$;
2° $12 + 3x = 27$;
3° $9x - 7 = 29$;
4° $5x + 4 + 2x = 25$;
5° $10x - 5 - 4x = 73$;
6° $-3x + 27 = 15$;
7° $5x + 4 = -56$;
8° $-8x - 11 = -31$;
9° $25x + 100 = -25$;
10° $12x - 7 = -43$;
11° $15x + 42 - 8x = 0$;
12° $5x + 5 = 10 \times 5$;
13° $100x - 1250 = 50 \times 15$;
14° $4 + 11 = 3x - 1$.

99. Résoudre les équations :

1° $8x + 100 = \dfrac{450 + 2}{3}$;
2° $\dfrac{21 \times 2}{7} = 6x - 3$;
3° $28 + \dfrac{60}{5} = 10x + 5$;
4° $50 - \dfrac{30}{2} = 6x - 1$;
5° $11x = 42 + 4x$;
6° $9x + 15 = 5x + 135$;
7° $100x - 100 = 500 + 40x$;
8° $8x + 15 - x = 2x + 5 + 15x$;
9° $20x - 100 = 13x - 72$.

100. Résoudre les équations :

1° $\dfrac{2x}{3} + \dfrac{5x}{2} = 100 - 5$;
2° $\dfrac{x}{5} + \dfrac{x}{4} = 45$;
3° $\dfrac{3x}{4} + \dfrac{7x}{3} + 15 = \dfrac{9x}{2} - 19$;
4° $\dfrac{11x}{5} + \dfrac{21}{4} = \dfrac{10x}{3} - \dfrac{523}{4}$;
5° $\dfrac{21x}{14} + \dfrac{6}{5} - \dfrac{x}{3} = 3x + \dfrac{57}{10}$;
6° $\dfrac{7x}{6} + \dfrac{3x}{4} + \dfrac{11}{16} = \dfrac{5x}{48} + 62$;
7° $\dfrac{10x}{4} - \dfrac{5x}{2} + 1 = \dfrac{20x}{3} + 3\dfrac{2}{3}$;
8° $\dfrac{x - 1}{4} + 7 = \dfrac{x + 2}{3} + 5$.

101. Résoudre les équations :

1° $$\frac{2x - 1}{2} + \frac{3x - 2}{3} + \frac{4x - 3}{4} = \frac{200 - 43}{12};$$

2° $$\frac{13x}{2} + 11 = \frac{3(x + 4)}{2};$$

3° $$\frac{2x-1}{5}-3=\frac{x+3}{8};$$

4° $$\frac{3x}{4}-\frac{2(x-2)}{5}=\frac{7x+16}{20},$$

5° $$\frac{1}{6}\left(\frac{7x}{4}+x\right)=x-\frac{13}{12}.$$

102. Résoudre les équations :

1° $$\frac{x+20}{x}=3;$$

2° $$\frac{x-1}{x+1}=\frac{6}{8};$$

3° $$\frac{60+x}{60-x}=\frac{1}{4};$$

4° $$\frac{x-1}{3x-2}=\frac{2x}{3x-2}-\frac{3}{4}.$$

103. Résoudre les équations :

1° $$\frac{x-5}{x-1}-\frac{x+5}{x+1}=-\frac{80}{99};$$

2° $$\frac{15}{x+1}-\frac{3}{x-1}=\frac{1}{x^2-1};$$

3° $$\frac{3x-1}{x^2-9}-\frac{1}{x+3}+\frac{2}{x-3}=0;$$

4° $$\frac{2x+1}{4x^2-25}-\frac{3}{2x+5}-\frac{5}{5-2x}=0.$$

104. Résoudre les équations :

1° $$\frac{x}{a}-\frac{x}{b}=a-b;$$

2° $$\frac{x-a}{a-b}-\frac{x-a}{a+b}=\frac{2ax}{a^2-b^2};$$

3° $$\frac{x+a}{a-b}+\frac{x-a}{a+b}=\frac{x+b}{a+b}+\frac{2(x-b)}{a-b}.$$

CHAPITRE VII

PROBLÈMES DU PREMIER DEGRÉ A UNE INCONNUE

130. Généralités. Nous venons d'apprendre à résoudre des équations. Or, dans la pratique, on ne rencontre pas des équations, mais des *problèmes* qui les fournissent. Nous avons déjà vu, au chapitre II, qu'une équation est, pour ainsi dire, la traduction algébrique d'un énoncé de problème.

La résolution d'un problème d'algèbre comprend :

1° *La mise en équation* du problème qui consiste à exprimer par une équation les relations qui existent entre les données et l'inconnue;

2° *La résolution de l'équation;*

3° *L'examen de la solution*, de façon à voir si elle est acceptable.

4° *La discussion* qui consiste, pour certains problèmes, à déterminer dans quelles limites peuvent varier les données, pour que le problème reste possible.

Cette discussion provient de ce que, dans la mise en équation, il a été impossible de tenir compte de certaines conditions inhérentes à l'énoncé et que doit remplir l'inconnue.

Nous allons résoudre, ci-dessous, quelques problèmes simples.

131. Problème I. *Un écolier a acheté une géographie et un atlas pour 17 fr. 50. Sachant que l'atlas coûte 6 fr. 50 de plus que la géographie, déterminer le prix de chaque volume.*

Solution. Représentons par x le prix de la géographie; le prix de l'atlas est $(x+6{,}50)$, et la somme des deux prix est

$$x+(x+6{,}50).$$

D'après l'énoncé, cette somme vaut 17 fr. 50.

Nous avons donc l'équation :

$$x+(x+6{,}50)=17{,}50.$$

Résolvons cette équation, nous avons successivement :

$$2x+6{,}50=17{,}50,$$

$$2x=17{,}50-6{,}50=11,$$

d'où

$$x=\frac{11}{2}=5{,}50.$$

Réponse : La géographie coûte 5 fr. 50, l'atlas 5 fr. 50 + 6 fr. 50 = 12 fr.

Vérification. $5{,}50 + 12 = 17{,}50.$

132. Problème II. *Trouver un nombre dont les $\frac{3}{4}$ diminués des $\frac{2}{5}$ donnent 21.*

Solution. Soit x ce nombre. Ses $\frac{3}{4}$ valent $\frac{3x}{4}$ et ses $\frac{2}{5}$, $\frac{2x}{5}$.

L'énoncé nous fournit l'équation :

$$\frac{3x}{4} - \frac{2x}{5} = 21.$$

On en déduit successivement :

$$15x - 8x = 420,$$
$$7x = 420,$$

d'où

$$x = \frac{420}{7} = 60.$$

Réponse : Le nombre cherché est 60.

Vérification :

$$\frac{60 \times 3}{4} - \frac{60 \times 2}{5} = 45 - 24 = 21.$$

133. Problème III. *Un ouvrier met 25 jours pour faire un ouvrage. S'il avait travaillé 2 heures de plus par jour, il aurait mis 5 jours de moins. Combien a-t-il travaillé d'heures par jour?*

Solution. Soit x le nombre d'heures cherché.

Il a travaillé pendant $25x$ heures.

S'il avait travaillé 2 heures de plus par jour, il aurait travaillé, chaque jour, pendant $x + 2$ heures et, puisqu'il mettrait dans ce cas 20 jours pour faire l'ouvrage, il travaillerait $(x + 2)\, 20$ heures.

On doit avoir évidemment :

$$25x = (x + 2)\, 20.$$

On en déduit successivement :

$$25x = 20x + 40,$$
$$25x - 20x = 40 \quad \text{ou} \quad 5x = 40.$$

d'où

$$x = \frac{40}{5} = 8.$$

Réponse : Il a travaillé 8 heures par jour.

Vérification :

$$8 \times 25 = 200, \quad (8 + 2)\, 20 = 200.$$

134. Problème IV. *Partager 5 000 francs entre trois personnes, de manière que la seconde ait 500 francs de plus que la première, et la troisième 200 francs de moins que la seconde.*

Solution. Soit x la part de la première personne ; la part de la seconde est $x + 500$, et celle de la troisième est $x + 500 - 200$ ou $x + 300$.

Nous avons l'équation :

$$x + x + 500 + x + 300 = 5\,000$$

ou $$3x = 5\,000 - 800 = 4\,200,$$

d'où $$x = \frac{4\,200}{3} = 1\,400.$$

Réponses : La première personne recevra 1 400 fr.,
la seconde 1 400 fr. + 500 fr. = 1 900 fr.
et la troisième 1 900 fr. — 200 fr. = 1 700 fr.

Vérification : 1 400 + 1 900 + 1 700 = 5 000 fr.

135. Problème V. *On veut former une somme de 54 francs avec 15 pièces, les unes de 5 francs, les autres de 2 francs. Combien faudra-t-il de pièces de chaque espèce?*

Solution. Soit x le nombre de pièces de 5 francs ; le nombre de pièces de 2 francs sera $15 - x$.

Les pièces de 5 francs formeront une somme de $5x$ francs.
Les pièces de 2 francs — — $(15 - x)\,2$ francs.

On devra donc avoir :

$$5x + (15 - x)\,2 = 54$$

ou $$5x + 30 - 2x = 54.$$

On en déduit : $$5x - 2x = 54 - 30$$

ou $$3x = 24\,;$$

et par suite $$x = \frac{24}{3} = 8.$$

Réponses. Il faudra prendre 8 pièces de 5 francs et 7 pièces de 2 francs.

Vérification. $8 \times 5 + 7 \times 2 = 54.$

136. Problème VI. *Combien de temps faut il placer un capital à 3 % pour que l'intérêt simple soit les 3/4 du capital?*

Solution. Soit x le temps demandé, exprimé en années. L'intérêt à 3 % d'un capital A placé pendant x années est

$$\frac{A \times 3 \times x}{100}.$$

Nous avons donc l'équation :

$$\frac{A \times 3 \times x}{100} = \frac{3\,A}{4},$$

ou, en divisant les deux nombres de l'équation par A :

$$\frac{3x}{100} = \frac{3}{4},$$

ou $$12x = 300$$

et $$x = \frac{300}{12} = 25.$$

Réponse. Le temps demandé est 25 ans.

Remarque. Nous voyons que le temps demandé est indépendant du capital. Il ne dépend que du taux et de la relation entre l'intérêt et le capital.

Interprétation de quelques solutions négatives.

137. Problème I. *Un père a 55 ans, son fils a 31 ans. Dans combien de temps l'âge du père sera-t-il double de celui du fils?*

Solution. Soit x le temps cherché. Dans x années, l'âge du père sera $55 + x$ et celui du fils $31 + x$.

Nous avons l'équation :

$$55 + x = 2\,(31 + x);$$

on en déduit successivement :

$$55 + x = 62 + 2x,$$
$$x - 2x = 62 - 55,$$

d'où : $$-x = 7, \quad \text{d'où} \quad x = -7.$$

La solution négative $x = -7$ indique que le problème est impossible dans l'avenir. Jamais l'âge du père ne sera dans l'*avenir* le double de celui du fils. Mais la solution trouvée peut être interprétée dans un autre sens, car le temps peut se compter aussi dans le *passé*.

Aussi, suffit-il, pour que le problème soit possible, de le modifier ainsi :

Un père a 55 ans, son fils a 31 ans, combien y a-t-il d'années que l'âge du père était double de celui du fils?

Si x est le temps cherché, on doit avoir :

$$55 - x = 2\,(31 - x),$$

d'où l'on déduit :

$$55 - x = 62 - 2x,$$
$$-x + 2x = 62 - 55,$$
$$x = 7.$$

Réponse. Il y a 7 années, l'âge du père était double de celui du fils.

Vérification :

$$55 - 7 = 48; \quad 31 - 7 = 24 \quad \text{et} \quad 48 = 24 \times 2.$$

REMARQUE. Si l'on convient donc de considérer comme un temps écoulé celui dont la valeur est négative, on pourra toujours interpréter la solution d'un problème relative au temps. Si la solution est positive, le temps sera compté dans l'avenir. Si la solution est négative, le temps sera compté dans le passé.

Examinons un autre exemple :

138. PROBLÈME II. *Un train part de Paris, se rendant à Orléans avec une vitesse de 32 km. à l'heure. Deux heures après, un autre train part dans la même direction avec une vitesse de 48 km. à l'heure. A quelle distance d'Orléans la rencontre aura-t-elle lieu, la distance entre ces deux villes étant 120 km.?*

Solution. Soit x la distance cherchée comptée à partir d'Orléans, dans la direction Orléans-Paris. Le premier train fera ce trajet en un temps $\frac{120 - x}{32}$, et le second en $\frac{120 - x}{48}$.

Nous avons donc l'équation :

$$\frac{120 - x}{32} = \frac{120 - x}{48} + 2.$$

Chassons les dénominateurs, nous avons :

$$360 - 3x = 240 - 2x + 192,$$

ou

$$-3x + 2x = 240 + 192 - 360,$$

ou

$$-x = 72 \quad \text{ou} \quad x = -72.$$

La solution négative $x = -72$ indique que la rencontre ne peut se faire entre Paris et Orléans.

Le problème est donc impossible dans les conditions où il est posé.

Mais comme les trains continuent leur route après Orléans, la rencontre peut se faire après cette ville. Si nous modifions l'énoncé du problème et que nous posions la question suivante :

A quelle distance, au delà d'Orléans, la rencontre aura-t-elle lieu?

L'équation devient :

$$\frac{120 + x}{32} = \frac{120 + x}{48} + 2,$$

ou

$$360 + 3x = 240 + 2x + 192,$$

ou

$$x = 72.$$

Cette solution nous indique que la rencontre aura lieu à 72 kilomètres au delà d'Orléans.

Vérification :

$$\frac{120+72}{32}=6; \quad \frac{120+72}{48}=4 \quad \text{et } 6=4+2.$$

139. Remarque. Nous voyons encore, par ce deuxième exemple, que la solution négative trouvée indique une erreur dans l'énoncé sur le sens de la grandeur cherchée. Pour rendre le problème possible, il suffit de considérer la grandeur dans le sens opposé à celui qui est donné, ce qui entraîne une modification de l'énoncé.

Nous en concluons donc que, si une grandeur inconnue peut se compter dans deux sens différents, comme le *temps*, qui se compte dans l'avenir et dans le passé ; une distance qui peut se compter sur une droite, à partir d'un point donné ; la *température*, qui peut être au-dessus ou au-dessous de 0° ; l'*avoir* d'une personne, qui peut être son actif ou son passif, etc., on peut, dans le problème correspondant, interpréter une solution *négative*. Il suffira de modifier l'énoncé de façon que, dans le nouveau problème, la valeur à trouver pour l'inconnue soit positive. Mais, si la grandeur ne peut être comptée que dans un sens, la solution négative indique que le problème est *impossible*.

Problèmes.

105. Quel est le nombre qui augmenté de ses $\frac{3}{4}$ donne 126.

106. Calculer un nombre dont le $\frac{1}{3}$, plus le $\frac{1}{4}$, plus le $\frac{1}{5}$, font 47.

107. Trouver un nombre sachant que si on le divise par 8, il diminue de 35.

108. Calculer un nombre sachant que ses $\frac{3}{4}$ augmentés de son triple, plus encore 25, donnent 400.

109. Calculer un nombre sachant que si on l'augmente de son double, qu'on ajoute à cette somme $\frac{1}{3}$ d'elle-même, plus 10, on obtient 130 pour résultat.

110. Au triple d'un nombre, on ajoute le $\frac{1}{3}$ de ce nombre moins 3, puis on retranche du résultat le $\frac{1}{9}$ du nombre et l'on ajoute 9 ; l'on obtient ainsi 238. Quel est le nombre primitif ?

111. Calculer deux nombres sachant que leur somme est de 192 et le quotient du plus grand par le plus petit 5.

112. La somme de deux nombres est 650. Pour les rendre égaux, il faudrait retrancher 250 du plus grand. Quels sont ces deux nombres ?

113. La somme de deux nombres est 50. Si l'on retranche du second la moitié du premier, on obtient un nombre égal au premier. Déterminer ces deux nombres.

114. La somme de trois nombres est 45. Le second dépasse le premier de 5 et est inférieur de 5 au troisième. Calculer ces trois nombres.

115. Un fils a 30 ans de moins que son père, et celui-ci a 4 fois l'âge de son fils. Quel est l'âge de chacun ?

116. Un homme dit : « J'ai cinq fois l'âge de mon fils, mon âge est les $\frac{6}{11}$ de celui de mon père, et la somme des trois âges est 91. » Trouver l'âge de chacun d'eux.

117. La différence des deux chiffres d'un nombre est 4. Si l'on renverse l'ordre de ces chiffres, le nombre obtenu est les $\frac{4}{7}$ du nombre donné. Quel est le nombre primitif ?

118. On paye une somme de 320 francs avec 45 pièces, les unes de 5 francs, les autres de 10 francs. Déterminer le nombre des pièces de chaque espèce.

119. Un étudiant a acheté 5 volumes à un certain prix, 4 volumes coûtant chacun 0 fr. 50 de plus que les précédents et 10 volumes coûtant chacun les $\frac{2}{3}$ du prix de l'un des premiers. Sachant qu'il a dépensé 49 francs, dire le prix d'un volume de chaque genre.

120. Un fermier achète deux vaches pour 2 700 francs. Le prix de l'une est les $\frac{4}{5}$ du prix de l'autre. Quel est le prix de chaque vache ?

121. Deux personnes ont le même revenu. La première dépense 2 700 francs et la seconde 2 400 francs. Sachant qu'il reste alors deux fois plus à la seconde qu'à la première, déterminer le revenu de ces personnes.

122. Deux ouvriers reçoivent une même somme, l'un pour 20 jours de travail, l'autre pour 30 jours. Le premier gagne par jour 5 francs de plus que le second. Quel est le salaire de chacun d'eux ?

123. Deux ouvriers travaillent ensemble ; le premier gagne 5 francs par jour de plus que le second. Après avoir travaillé chacun le même nombre de jours, le premier touche 175 francs et le second 125 francs. On demande ce que chaque ouvrier gagnait par jour. (*Surnum. des P. T. T.*)

124. Un maquignon revend un cheval 1680 francs en gagnant les $\frac{2}{5}$ du prix d'achat. Déterminer ce prix d'achat.

125. On vend un cheval 120 francs de plus qu'on ne l'avait acheté et on gagne ainsi 12 pour 100 sur le prix d'achat. Quel était ce prix? (*Surnum des P. T. T.*)

126. Partager le nombre 120 en deux parties dont l'une soit les $\frac{2}{3}$ de l'autre.

127. Partager le nombre 60 en deux parties telles que si l'on divise la première par 8 et la seconde par 5, la somme des quotients soit 9.

128. Quel nombre faut-il ajouter aux deux termes de la fraction $\frac{7}{13}$ pour avoir une fraction équivalente à $\frac{2}{3}$?

129. Partager 105 francs entre deux personnes de manière que la première ait $\frac{1}{4}$ de plus que la seconde, plus encore 15 francs.

130. Deux personnes se sont partagé une somme de 5225 fr. 60. La première dépense les $\frac{2}{9}$ de sa part et la deuxième perd $\frac{1}{5}$ de la sienne. Elles sont alors aussi riches l'une que l'autre. Quelles étaient leurs parts?

131. On a une gratification de 2150 francs à partager entre un certain nombre d'ouvriers. Au $\frac{1}{4}$ des ouvriers, la prime accordée est de 200 francs pour chacun; aux $\frac{2}{5}$, on donne à chacun d'eux 100 francs; les autres reçoivent 50 francs chacun. Déterminer le nombre d'employés.

132. Partager 7000 francs en 5 parties, telles que chacune d'elles dépasse la précédente de 150 francs.

133. Partager une somme de 3000 francs entre trois personnes, de manière que la seconde ait les $\frac{5}{6}$ de la part de la première, plus 100 francs, et la troisième les $\frac{4}{5}$ de la seconde, plus 150 francs.

134. Un oncle partage une certaine somme entre ses neveux. Au premier, il donne 1000 francs et $\frac{1}{10}$ du reste; au second, il donne 2000 francs et $\frac{1}{10}$ du reste; au troisième, 3000 francs et $\frac{1}{10}$ du reste; ainsi de suite. Déterminer la somme partagée, le nombre des neveux et la part de chacun, sachant que les parts sont égales.

135. Une personne dispose de sa fortune comme suit : elle donne les $\frac{5}{8}$ à ses héritiers, $\frac{1}{10}$ du reste à un hospice, les $\frac{3}{5}$ du nouveau reste aux pauvres de la localité; enfin, elle destine 4 941 francs qui restent de son avoir à l'amélioration du matériel d'une école. D'après ces données, calculer la fortune du testateur, la part des héritiers, celle des pauvres et celle de l'hospice. (*Br. élém. aspirantes, Nancy.*)

136. Un industriel engage dans une entreprise un certain capital. La première année, il perd 13 pour 100 de ce capital; la deuxième année, il perd 8 pour 100 de ce qui restait après la première année; enfin, la troisième année, il gagne 10 pour 100 du capital restant à la fin de la deuxième année, et il s'en faut alors de 11 358 fr. 20 qu'il n'ait reconstitué son capital primitif. Quel était ce capital?

137. Un négociant a acheté douze balles de café pesant chacune 152 kilogrammes. Il en a revendu 4 avec un bénéfice de 10 pour 100, puis 6 avec un bénéfice de 15 pour 100 sur le prix d'achat. Mais le reste du café étant avarié, il l'a revendu avec une perte de 25 pour 100. Sachant que sur ce marché le négociant a réalisé un bénéfice total de 405 francs, on demande quel était le prix d'achat du quintal de café ?(*Br. élém. aspirantes, Paris.*)

138. Un particulier a acheté une ferme qu'il a payée en trois fois. La première fois il a donné 1 500 francs pour les frais d'acquisition, plus les $\frac{2}{5}$ du prix d'achat; la deuxième fois, il a payé la moitié du reste, moins 100 francs. Enfin, une troisième fois, il s'est acquitté définitivement en versant 6 100 francs. Quel est le prix d'achat de la ferme? A combien pour 100 du prix d'achat s'élèvent les frais?

139. Une personne achète une propriété; les frais de diverse nature se sont élevés au $\frac{1}{12}$ du prix de vente. Cette personne ne peut se libérer que dix-huit mois après, et le notaire, lui faisant payer les intérêts simples à 5 pour 100 de toutes les sommes dues, lui réclame 97 825 francs. Quel est le prix de vente de la propriété?

140. Deux personnes employées dans le même établissement ont des salaires différents dont la somme s'élève annuellement à 8 800 fr. La première dépense tous les ans les $\frac{2}{3}$ de son salaire et la seconde les $\frac{3}{4}$. Le montant de leurs économies s'élève en tout chaque année à 2 620 francs. Dire leurs salaires annuels.

141. Deux localités A et B sont distantes de 360 kilomètres. Dans la première, le prix de la houille est de 55 fr. 50 la tonne; dans la deuxième, ce prix est de 57 fr. 60. On paye le transport 0 fr. 03 par tonne et par kilomètre. On demande à quel point, situé entre les lo-

calités A et B, un industriel ne trouverait aucun avantage à s'approvisionner de houille d'un côté ou de l'autre? (*Br. E. P. S. aspirantes.*)

142. Une fermière porte des poulets au marché. Elle vend d'abord la moitié de ce qu'elle a, plus un demi-poulet. Puis elle vend la moitié de ce qui lui reste, plus un demi-poulet. Enfin, elle vend la moitié de ce qui lui reste après la deuxième vente, plus un demi-poulet. Sachant qu'il ne lui reste plus de poulets, déterminer combien elle en avait.

143. Trois ouvriers sont chargés de creuser un fossé. Le premier peut faire l'ouvrage seul en dix jours, le second peut le faire en huit jours et le troisième en six jours. Ils travaillent ensemble pendant deux jours et il reste encore 26 mètres à creuser. Quelle est la longueur du fossé ?

144. Deux tonneaux en vidange contiennent la même quantité de vin. Si l'on verse 10 litres dans l'un et si l'on retire 20 litres de l'autre, le contenu du premier est double de celui du second. Combien chaque tonneau contenait-il de litres de vin primitivement ?

145. Calculer le nombre des élèves d'une école, sachant que le cours élémentaire compte dix élèves de plus que le cours moyen, que le nombre total des élèves de ces deux cours est le triple du nombre des élèves du cours supérieur et que celui-ci enfin est les $\frac{3}{5}$ du cours élémentaire.

146. Une usine emploie des hommes, des femmes et des enfants, en tout 38 personnes dont le salaire journalier est de 502 fr. 70. Sachant que chaque homme reçoit 15 fr. 75, chaque femme 12 fr. 25 et chaque enfant 8 fr. 15 ; que le nombre des femmes est triple de celui des enfants, on demande combien il y a de personnes de chaque catégorie. (*Br. élém., aspirantes, Seine.*)

147. Un père fait avec son fils la convention suivante : Chaque fois que l'enfant sera premier, il recevra 2 francs, mais chaque fois qu'il ne sera pas premier, il rendra 3 francs. Après dix compositions, le fils a 5 francs. Combien de fois n'a-t-il pas été premier ?

148. Un renard poursuivi par un lévrier a 75 sauts d'avance. Il en fait 5 pendant que le lévrier n'en fait que 4, mais 2 sauts du lévrier en valent 5 du renard. Combien le lévrier fait-il de sauts pour atteindre le renard ?

149. Une fermière porte au marché des poulets et des lapins. On lui demande combien elle a de bêtes de chaque espèce. Elle répond : « Il y a en tout 30 têtes et 100 pattes. » Combien a-t-elle de poulets et de lapins ?

150. On a 50 kilogrammes d'eau de mer contenant 4 kilogr. 500 de sel. Combien faut-il ajouter d'eau douce pour que 50 kilogrammes du nouveau mélange ne contiennent plus que 1 kilogramme de sel?

151. La fortune d'une personne augmente chaque année de $\frac{1}{10}$ de ce qu'elle était l'année précédente. Elle s'élève aujourd'hui à 43 923 francs. A combien s'élevait-elle il y a cinq ans ?

152. Calculer un capital sachant que, augmenté pendant quatre ans de ses intérêts à 5 pour 100, il devient 13 410 francs.

153. Un capital de 15 000 francs placé, partie à 5 pour 100 et partie à 6 pour 100, rapporte annuellement 835 francs. Déterminer quelle somme est placée à chacun des deux taux.

154. Une personne a un capital qu'elle a partagé en deux parties égales. La première partie placée à 5 pour 100 rapporte 80 francs de plus que la seconde, placée à 4,5 pour 100. On demande quel est le capital. (*Bourses d'ens. pr. sup.*)

155. Une personne fait trois placements : le premier à 4 pour 100, le deuxième à 5 pour 100 et le troisième à 6 pour 100. Sachant que le dernier surpasse le premier de 15 800 francs, que le deuxième est la moitié du troisième et que leur somme est 86 200 francs, on demande quel est le revenu total. (*Br. E. S. P. aspirantes.*)

156. Pendant combien d'années doit-on placer un capital à 5 p. 100 pour que l'intérêt simple soit égal aux $\frac{2}{3}$ du capital ?

157. Un commerçant a acheté pour 3 000 francs de marchandises payables en trois mois. Il en paye la moitié comptant. Il payera le reste en trois fois par des payements égaux et à intervalles égaux. Déterminer ces intervalles, le taux de placement étant 4 pour 100.

158. Une personne qui a emprunté une certaine somme peut se libérer, soit par un billet de 25 378 francs payable à 7 mois, soit par un billet d'égale valeur payable à 5 mois, mais le taux étant plus élevé de 1 franc. Trouver le taux et la somme empruntée.

159. Une personne présente à un banquier un billet de 1 556 fr. 25 payable dans 6 mois ; une autre personne présente au banquier un billet de 1 531 fr. 35 payable dans 10 jours. Le banquier, ayant escompté les deux billets au même taux, donne à la deuxième personne 12 fr. 45 de plus qu'à la première. Quel est le taux de l'escompte ?

160. Un débiteur demande à son créancier de lui remplacer deux billets : l'un de 540 francs payable à 60 jours, l'autre de 720 francs payable à 70 jours par un billet unique payable à 90 jours. Le créancier accepte et fait souscrire à son débiteur un billet unique de 1 265 fr. 75. A quel taux le créancier prête-t-il son argent ? (*Br. élém. aspirantes, Montpellier.*)

CHAPITRE VIII

ÉQUATIONS DU PREMIER DEGRÉ A PLUSIEURS INCONNUES

PROBLÈME. I. *On a acheté 2 kg. de café et 3 kg. de sucre pour 37 fr. 40. Quel est le prix du kilogramme de café et celui du kilogramme de sucre?*

Solution. Soient x le prix d'un kilogramme de café et y celui d'un kilogramme de sucre.

Les 2 kg. de café coûtent $2x$ francs, les 3 kg. de sucre coûtent $3y$ francs. On a donc :

$$2x+3y=37{,}40. \qquad (1)$$

Les deux nombres cherchés, x et y ne se trouvent assujettis, d'après l'énoncé, qu'à satisfaire à cette équation.

Or, il est visible que cette équation peut être satisfaite par une infinité de groupes de valeurs de x et de y.

Ainsi, par exemple, supposons $y=1$, remplaçons y par 1 dans l'équation, nous avons :

$$2x+3=37{,}40 \quad \text{ou} \quad 2x=34{,}40.$$

d'où $$x=\frac{34{,}40}{2}=17 \text{ fr. } 20.$$

Si nous remplaçons, dans l'équation (1), x par 17, 20 et y par 1, les valeurs numériques des deux membres sont les mêmes; nous dirons que $\begin{cases} x=17{,}70, \\ y=1, \end{cases}$ constitue une solution de l'équation (1).

Il est bien évident que nous pouvons obtenir autant de systèmes de solution que nous voudrons, car nous pouvons donner à y une valeur quelconque, et calculer la valeur de x qui, jointe à la valeur de y arbitrairement choisie, constituera un système de solution. D'autre part, chacun de ces systèmes de solution nous donnera une solution du problème posé.

Le problème admet donc une infinité de solutions, on dit qu'il est *indéterminé.*

Une équation du premier degré à plusieurs inconnues admet toujours une infinité de systèmes de solution; nous y reviendrons plus loin.

PROBLÈME. II. *On a acheté 2 kg. de café et 3 kg. de sucre pour 37 fr. 40. Une seconde fois, et au même prix, on a acheté 3 kg. de café et 4 kg. de sucre pour 53 fr. 20. Quel est le prix d'un kilogramme de café et celui d'un kilogramme de sucre?*

Solution. Désignons par x le prix d'un kilogramme de café et par y le prix d'un kilogramme de sucre.

Le prix déboursé pour le premier achat est évidemment $2x+3y$.

Le prix déboursé pour le second est $3x+4y$.

On doit donc avoir :

$$\begin{cases} 2x+3y=37{,}40, \\ 3x+4y=53{,}20. \end{cases} \qquad (1)$$

Les nombres cherchés x et y doivent satisfaire, à la fois, à ces deux équations. Nous dirons que ces équations constituent *un système d'équations simultanées.*

Pour résoudre ce système, opérons, par exemple, de la façon suivante :

Multiplions les deux membres de la première par 3 et les deux membres de la seconde par -2, nous avons le nouveau système :

$$\begin{cases} 6x+9y=112{,}20, \\ -6x-8y=-106{,}40. \end{cases}$$

En ajoutant membre à membre les deux équations, il vient :

$$y=5{,}8.$$

Portons cette valeur de y dans la première équation du système (1), nous avons :

$$2x+17{,}4=37{,}40$$

ou

$$2x=20.$$

On en déduit : $$x=\frac{20}{2}=10.$$

Le système d'équations admet comme solution : $\begin{cases} x=10, \\ y=5{,}8. \end{cases}$

Réponse. Le prix d'un kilogramme de café est 10 fr., et celui d'un kilogramme de sucre 5 fr. 80.

Vérification :

$$10\times2+5{,}80\times3=37{,}40,$$
$$10\times3+5{,}80\times4=53{,}20.$$

Le problème ici n'est plus indéterminé, nous verrons, en effet, dans la suite, qu'un système de deux équations du premier degré à deux inconnues admet, en général, une solution unique.

— Nous allons étudier, dans ce qui va suivre, la résolution d'un système *d'équations simultanées*, c'est-à-dire devant être satisfaites pour les mêmes valeurs des inconnues. Examinons d'abord le cas d'une seule équation à deux inconnues.

140. *Résolution d'une équation du premier degré à 2 inconnues.* — Soit à résoudre $2x - 4y = 1$.

Cette équation admet évidemment une infinité de solutions, car on peut attribuer à y, par exemple, une valeur quelconque et calculer la valeur de x qui, jointe à la valeur de y, donne un système de solution.

Ainsi prenons $y = 1$, l'équation devient :

$$2x - 4 = 1,$$

d'où

$$2x = 5 \quad \text{et} \quad x = \frac{5}{2}.$$

$$\begin{cases} x = \dfrac{5}{2}, \\ y = 1; \end{cases}$$ est un système de solution.

On vérifierait immédiatement, en remplaçant x et y par ces valeurs numériques dans l'équation proposée que celle-ci est satisfaite.

Pour $y = 2$, on aurait un autre système de solution.

L'équation admet une infinité de solutions. On dit que *l'équation est indéterminée*. Il y a indétermination pour une inconnue.

141. *Résolution d'un système de deux équations du premier degré à deux inconnues.* — Un ensemble ou système de deux équations du premier degré à deux inconnues qui doivent être en même temps satisfaites pour les mêmes valeurs des inconnues constitue *deux équations simultanées*.

La *solution* du système est l'ensemble des valeurs numériques qui, attribuées aux inconnues, vérifient les équations du système, c'est-à-dire rendent les deux membres, dans chaque équation, numériquement égaux. On dit encore que cet ensemble de valeurs constitue un *système de solution*.

Si deux systèmes d'équations simultanées admettent la même solution, ils sont dits *équivalents*.

Pour démontrer que deux systèmes d'équations simultanées sont équivalents, il faudra donc établir que toute solution du premier système est une solution du second et réciproquement.

Pour résoudre un système d'équations simultanées, on procède par *élimination*, c'est-à-dire qu'on remplace le système donné par un système équivalent dans lequel l'une des inconnues a été *éliminée* de l'une des deux équations ; celle-ci ne renferme plus alors qu'une seule inconnue.

142. ***Cas particulier.*** — Soit à résoudre le système

$$\begin{cases} 3x - 2y = 4, & (1) \\ 2x = 5; & (2) \end{cases}$$

dans lequel l'une des équations ne contient qu'une inconnue.

L'équation (2) ne peut être vérifiée que par une seule valeur de x, $x = \frac{5}{2}$.

Si nous remplaçons x par $\frac{5}{2}$ dans l'équation (1), nous obtenons :

$$\frac{15}{2} - 2y = 4,$$

équation qui va nous permettre de calculer la valeur de y, qu'il faudra joindre à x pour obtenir le système de solution.

La dernière équation devient, après avoir multiplié tous les termes par 2 :

$$15 - 4y = 8 \quad \text{ou} \quad 4y = 7$$

et, par suite, $$y = \frac{7}{4}.$$

$$\begin{cases} x = \frac{5}{2}, \\ y = \frac{7}{4}; \end{cases}$$ constitue le système de solution.

143. ***Cas général.*** — Si l'on a à résoudre un système quelconque, nous procéderons par élimination et nous remplacerons le système par un autre équivalent et dans lequel une des équations ne renfermera qu'une inconnue.

Il y a deux méthodes d'élimination :

1° *L'élimination par substitution* ;

2° *L'élimination par réduction.*

144. ***Élimination par substitution.*** — Soit le système :

$$\text{A} \begin{cases} 3x + 5y = 21, & (1) \\ 7x - 3y = 5. & (2) \end{cases}$$

De l'équation (1), tirons la valeur de x, comme si y était connue :

$$x = \frac{21 - 5y}{3}. \qquad (3)$$

Portons cette valeur dans l'équation (2), nous obtenons :

$$\frac{7(21 - 5y)}{3} - 3y = 5. \qquad (4)$$

Remarquons que l'équation (4) ne renferme plus qu'*une in-*

connue, nous allons démontrer que le système A est équivalent au système B.

$$\text{B}\begin{cases} x = \dfrac{21-5y}{3}, & (3) \\ \dfrac{7(21-5y)}{3} - 3y = 5. & (4) \end{cases}$$

1° *Toute solution du système* A *est une solution du système* B.

Si nous imaginons une valeur numérique de x et une valeur numérique de y vérifiant le système A, nous voyons que ces valeurs rendent

$3x + 5y$ identique à 21 et, par suite, x identique à $\dfrac{21-5y}{3}$;

de même, elles rendent $7x - 3y$ identique à 5, par conséquent

$$\frac{7(21-5y)}{3} - 3y \text{ identique à } 5;$$

donc, elles vérifient le système B.

2° Réciproquement, tout système de valeurs de x et de y, qui vérifie le système B, vérifie aussi le système A;

car si x est identique à $\dfrac{21-5y}{3}$,
$3x$ sera identique à $21 - 5y$
et $3x + 5y$ sera identique à 21;

De même, si $\dfrac{7(21-5y)}{3} - 3y$ est identique à 5,

$\dfrac{21-5y}{3}$ étant identique à x,

$7x - 3y$ est identique à 5.

Donc, toute solution du système B vérifie le système A. Les systèmes A et B sont donc équivalents.

Dès lors, résolvons l'équation (4), nous avons :

$$7(21-5y) - 9y = 15;$$

on en déduit successivement :

$$147 - 35y - 9y = 15,$$
$$-35y - 9y = 15 - 147,$$
$$-44y = -132,$$
$$44y = 132,$$

et

$$y = \frac{132}{44} = 3. \qquad (5)$$

L'équation (5) étant équivalente à l'équation (4), le système B est équivalent au système C.

$$\text{C} \begin{cases} x = \dfrac{21 - 5y}{3}, & (3) \\ y = 3. & (5) \end{cases}$$

On est ramené au cas particulier n° 142.

Dans l'équation (3), remplaçons y par sa valeur, nous obtenons

$$x = \frac{21 - 5 \times 3}{3}$$

ou

$$x = \frac{21 - 15}{3} = 2. \qquad (6)$$

$\begin{cases} x = 2, \\ y = 3 \end{cases}$ est le système de solution.

Vérification :

$$\begin{cases} 3 \times 2 + 5 \times 3 = 21 \quad \text{ou} \quad 21 = 21, \\ 7 \times 2 - 3 \times 3 = 5 \quad \text{ou} \quad 5 = 5. \end{cases}$$

145. Exemple I. Résoudre le système :

$$\begin{cases} 5x - 4y = 15, \\ 7x + 10y = 99. \end{cases}$$

De l'équation (1), tirons la valeur de x et portons-la dans la seconde ; nous formons le système équivalent :

$$\begin{cases} x = \dfrac{15 + 4y}{5}, \\ \dfrac{7(15 + 4y)}{5} + 10y = 99. \end{cases}$$

Résolvons la dernière équation. On a successivement :

$$7(15 + 4y) + 50y = 495,$$

ou

$$105 + 28y + 50y = 495,$$

ou

$$78y = 390.$$

On en déduit

$$y = \frac{390}{78} = 5.$$

Portons cette valeur dans l'équation (3), nous avons :

$$x = \frac{15 + 20}{5} = 7.$$

Le système de solution cherché est :

$$\begin{cases} x = 7, \\ y = 5. \end{cases}$$

Vérification :

$$5 \times 7 - 4 \times 5 = 15 \quad \text{ou} \quad 15 = 15,$$
$$7 \times 7 + 10 \times 5 = 99 \quad \text{ou} \quad 99 = 99.$$

EXEMPLE II. *Résoudre le système*

$$\begin{cases} \frac{3x}{5} + 7y = 6, \\ 2x + \frac{10y}{3} = 4. \end{cases}$$

Commençons par chasser les dénominateurs ; le système devient :

$$\begin{cases} 3x + 35y = 30, \\ 6x + 10y = 12; \end{cases}$$

et nous sommes ramenés au cas précédent.

Nous remplaçons le système par le système équivalent :

$$\begin{cases} x = \frac{30 - 35y}{3}, \\ \frac{6(30 - 35y)}{3} + 10y = 12. \end{cases}$$

La seconde équation nous donne :

$$180 - 210y + 30y = 36.$$

On en déduit :

$$-180y = -144;$$

ou

$$180y = 144;$$

$$y = \frac{144}{180} = \frac{4}{5}.$$

Portons cette valeur dans l'expression de x, on a :

$$x = \frac{30 - \frac{35 \times 4}{5}}{3},$$

ou :

$$x = \frac{30 - 28}{3} = \frac{2}{3}.$$

Nous avons donc pour solution du système

$$\begin{cases} x = \frac{2}{3}; \\ y = \frac{4}{5}. \end{cases} \quad \textit{Vérification :} \quad \begin{matrix} \frac{3 \times 2}{5 \times 3} + \frac{7 \times 4}{5} = \frac{90}{15} = 6. \\ \frac{2 \times 2}{3} + \frac{10 \times 4}{3 \times 5} = \frac{60}{15} = 4. \end{matrix}$$

Nous pouvons maintenant formuler la règle suivante :

146. RÈGLE. *Pour résoudre un système de deux équations du premier degré à deux inconnues, on commence, dans chacune des équations, par chasser les dénominateurs s'il y en a, on fait passer les termes inconnus dans un membre, les termes connus dans l'autre, et on réduit les termes semblables.*

Cela fait, on tire de l'une des équations la valeur d'une inconnue, comme si l'autre était connue; on substitue cette valeur à l'inconnue considérée dans la seconde équation, ce qui donne une équation du 1er degré à une inconnue que l'on résout.

On détermine ainsi la valeur d'une inconnue. On porte cette valeur dans l'expression de la première inconnue considérée, ce qui permet de déterminer cette inconnue.

Exercices.

161. Résoudre par substitution les systèmes suivants :

1° $\begin{cases} x=y, \\ 2x+2y=50. \end{cases}$

2° $\begin{cases} 3x+y=14, \\ 10x-3y=8. \end{cases}$

3° $\begin{cases} 8x-3y=63, \\ 5x-y=42. \end{cases}$

4° $\begin{cases} 4x-7y=14, \\ 6x+3y=54. \end{cases}$

5° $\begin{cases} \dfrac{x}{y}=7, \\ x+3y=50. \end{cases}$

6° $\begin{cases} 5x-\dfrac{3}{4}y=41, \\ 3x+4y=78. \end{cases}$

7° $\begin{cases} \dfrac{3}{5}x+\dfrac{2}{3}y=15, \\ 3x+2y=63. \end{cases}$

8° $\begin{cases} \dfrac{x}{3}-\dfrac{y}{4}=14, \\ \dfrac{2x}{4}-\dfrac{2y}{3}=14. \end{cases}$

9° $\begin{cases} \dfrac{15}{x}+\dfrac{12}{y}=4, \\ \dfrac{20}{x}-\dfrac{20}{y}=\dfrac{5}{6}. \end{cases}$

10° $\begin{cases} 24x-10y=5, \\ 18x+25y=-6. \end{cases}$

11° $\begin{cases} 15x-16y=1820, \\ \dfrac{x}{10}+\dfrac{5y}{4}=-15. \end{cases}$

12° $\begin{cases} 2(3x-y)-3(y-x)=4, \\ 5(x-y)+y-3x=1. \end{cases}$

162. Résoudre par substitution les équations suivantes :

1° $\begin{cases} x-12=\dfrac{3y}{4}-\dfrac{3}{4}, \\ \dfrac{3x}{5}+\dfrac{4}{5}=5y+3. \end{cases}$

2° $\begin{cases} \dfrac{5x}{12}-1=\dfrac{y}{9}+13, \\ \dfrac{7x}{9}+6=12y-74. \end{cases}$

3° $\begin{cases} x-y=6, \\ x^2-xy=64. \end{cases}$

(Remarquer que la seconde équation se simplifie si l'on tient compte de la première).

4° $\begin{cases} 15x-8y=5, \\ 20x+12y=1. \end{cases}$

5° $\begin{cases} 2x+3y=53, \\ 5(x+2y)=160. \end{cases}$

6° $\begin{cases} x+\dfrac{y}{5}=30-\dfrac{x}{8}, \\ \dfrac{x}{4}+y=\dfrac{2y}{3}+11. \end{cases}$

7° $\begin{cases} \dfrac{x+y}{3}-\dfrac{x-y}{5}=48, \\ \dfrac{x-y}{2}+\dfrac{x+y}{4}=75. \end{cases}$

147. Élimination par addition. — Cette méthode d'élimination est basée sur le principe suivant :

Théorème. *Étant donné un système de deux équations simultanées, on obtient un système équivalent en remplaçant l'une d'elles par l'équation que l'on obtient en ajoutant membre à membre les équations du système après les avoir respectivement multipliées par des facteurs numériques différents de zéro.*

Soit à résoudre le système :

$$(A)\quad \begin{cases} 2x + 7y = 41, & (1) \\ 5x - 2y = 5. & (2) \end{cases}$$

Proposons-nous d'éliminer x, par exemple. Pour cela multiplions l'équation (1) par 5, l'équation (2) par -2, les nouvelles équations sont respectivement équivalentes à (1) et (2) et le système

$$(B)\quad \begin{cases} 10x + 35y = 205, & (3) \\ -10x + 4y = -10, & (4) \end{cases}$$

est évidemment équivalent au système (A).

Ajoutons membre à membre les deux équations du système (B) et remplaçons, dans ce système, l'une des deux équations par l'équation obtenue, nous formons le système

$$(C)\quad \begin{cases} 39y = 195, & (5) \\ -10x + 4y = -10. & (6) \end{cases}$$

Je dis que le système (C) est équivalent à (B) et par suite à (A).

1° *Toute solution du système* (B) *est solution du système* (C).

Soit : $\begin{cases} x = a, \\ y = b, \end{cases}$ un système de solution de (B)

on a alors : $\begin{cases} 10a + 35b = 205, \\ -10a + 4b = -10. \end{cases}$

Ce sont là deux identités numériques : en les ajoutant membre à membre, il vient :

$$39\,b = 195.$$

Cette égalité montre que l'équation (5) est satisfaite pour $y = b$; l'équation (6) l'est aussi puisqu'on a, par hypothèse :

$$-10\,a + 4\,b = -10.$$

2° *Toute solution du système* (C) *est solution du système* (B).

Soit : $\begin{cases} x = a, \\ y = b, \end{cases}$ une solution du système C;

on a alors : $\begin{cases} 39b = 195, \\ -10a + 4b = -10. \end{cases}$

Ce sont là deux identités numériques.

La deuxième montre que l'équation (4) est satisfaite. D'autre part, en retranchant membre à membre, la deuxième de la première, il vient :

$$39b - (-10a + 4b) = 195 + 10,$$

ou

$$10a + 35b = 205.$$

Cette dernière identité montre que l'équation (3) est satisfaite. — En somme, on est ramené à résoudre le système (C). On peut d'ailleurs y remplacer l'équation (6) par l'équation (2) qui lui est équivalente et qui est plus simple.

Reste donc à résoudre :

$$\begin{cases} 39y = 195, \\ 5x - 2y = 5. \end{cases}$$

La première donne :

$$y = \frac{195}{39} = 5.$$

En remplaçant y par 5 dans la seconde, on a : $5x - 10 = 5$,

$$5x = 5 + 10 = 15 \quad \text{et} \quad x = 3.$$

$\begin{cases} x = 3, \\ y = 5, \end{cases}$ est le système de solution.

Vérification : $2 \times 3 + 7 \times 5 = 6 + 35 = 41,$

$$5 \times 3 - 2 \times 5 = 15 - 10 = 5.$$

148. Remarque I. Ainsi le système proposé n'admet qu'un système de solution. Dans ces conditions, l'élimination de x nous ayant permis de calculer y, nous pouvons, pour trouver la valeur de x, reprendre le système donné (A) et éliminer y.

Notre première élimination donne $y = 5$.

Eliminons maintenant y dans le système donné (A); pour cela, multiplions la première équation par 2, la deuxième par 7, on a :

$$\begin{cases} 4x + 14y = 82, \\ 35x - 14y = 35. \end{cases}$$

En ajoutant les deux équations membre à membre, il vient :

$$39x = 117 \quad \text{d'où} \quad x = \frac{117}{39} = 3.$$

149. Remarque II. La méthode d'élimination par addition consiste, en somme, à remplacer le système donné par un système équivalent dans lequel les coefficients d'une même inconnue dans les deux équations sont des nombres opposés. Pour éliminer x par exemple, on multiplie la première équation par le coefficient de x dans la seconde, la deuxième équation par le coefficient de x dans la première, ce coefficient étant changé de signe ou non suivant que les deux termes en x dans les équations données sont de même signe ou de signes contraires.

150. D'une façon générale, dans la pratique, la valeur absolue du coefficient commun doit être le plus simple possible ; aussi prend-on, pour ce coefficient, le p. p. m. c. des coefficients de l'inconnue que l'on veut éliminer, dans les équations du système.

151. Exemple I. *Résoudre le système :*

$$\begin{cases} 5x + 4y = 50, \\ 7x - 5y = 17. \end{cases}$$

Éliminons d'abord y. Multiplions la première équation par 5 et la seconde par 4, nous obtenons le système :

$$\begin{cases} 25x + 20y = 250, \\ 28x - 20y = 68. \end{cases}$$

Ajoutons membre à membre ces deux équations, nous obtenons :

$$25x + 28x = 250 + 68,$$

où

$$53x = 318,$$

d'où

$$x = \frac{318}{53} = 6.$$

Portons cette valeur de x dans la première équation du système, par exemple, nous obtenons :

$$5 \times 6 + 4y = 50,$$

ou

$$4y = 50 - 30 = 20,$$

d'où

$$y = \frac{20}{4} = 5.$$

Le système a pour solution :

$$\begin{cases} x = 6, \\ y = 5. \end{cases}$$

Vérification :

$$5 \times 6 + 4 \times 5 = 30 + 20 = 50$$
$$7 \times 6 - 5 \times 5 = 42 - 25 = 17.$$

152. Exemple II. *Résoudre le système :*

$$\begin{cases} 6x - 7y = 40, \\ 2x + 5y = 28. \end{cases}$$

Éliminons x. Multiplions par -3 les deux membres de la deuxième équation; elle devient :

$$-6x - 15y = -84.$$

Nous avons alors le système :

$$\begin{cases} 6x - 7y = 40, \\ -6x - 15y = -84. \end{cases}$$

Ajoutons membre à membre, il vient :

$$-15y - 7y = -84 + 40,$$

ou

$$22y = 44,$$

d'où

$$y = \frac{44}{22} = 2.$$

Portons cette valeur de y dans la deuxième équation du système, par exemple, nous obtenons :

$$2x + 5 \times 2 = 28,$$

ou

$$2x = 28 - 10 = 18,$$

d'où

$$x = \frac{18}{2} = 9.$$

Le système a pour solution :

$$\begin{cases} x = 9, \\ y = 2. \end{cases}$$

Vérification : $6 \times 9 - 7 \times 2 = 54 - 14 = 40$
$2 \times 9 + 5 \times 2 = 18 + 10 = 28.$

153. Exemple III. *Résoudre le système :*

$$\begin{cases} 15x + 10y = 100, & (1) \\ 12x - 16y = 20. & (2) \end{cases}$$

Éliminons x. Divisons par 5 l'équation (1) et par 4 l'équation (2), nous obtenons le système équivalent :

$$\begin{cases} 3x + 2y = 20, & (3) \\ 3x - 4y = 5. & (4) \end{cases}$$

Changeons les signes de l'équation (4), le système devient :

$$\begin{cases} 3x + 2y = 20, \\ -3x + 4y = -5, \end{cases}$$

en ajoutant membre à membre :

$$2y + 4y = 20 - 5,$$

ou

$$6y = 15,$$

d'où

$$y = \frac{15}{6} = \frac{5}{2}. \qquad (5)$$

Portons cette valeur de y dans l'équation (3), par exemple, nous obtenons :

$$3x + 2 \times \frac{5}{2} = 20,$$

ou

$$3x = 20 - 5,$$

ou

$$x = \frac{15}{3} = 5. \qquad (6)$$

Le système a pour solution :

$$\begin{cases} x = 5, \\ y = \frac{5}{2}. \end{cases}$$

Vérification :

$$15 \times 5 + 10 \times 2.5 = 75 + 25 = 100,$$
$$12 \times 5 - 16 \times 2.5 = 60 - 40 = 20.$$

154. Règle : *Pour résoudre deux équations à deux inconnues par la méthode d'élimination par addition, on multiplie ou on divise chacune des équations par un nombre tel que les coefficients de l'une des inconnues, dans les deux nouvelles équations, soient des nombres opposés.*

On ajoute membre à membre les deux équations obtenues.

On obtient ainsi une équation à une inconnue que l'on résout.

On porte la valeur trouvée dans une des équations données, ce qui donne une équation ne contenant plus que l'autre inconnue.

On résout cette équation et l'on a la valeur de l'autre inconnue du système.

On vérifie, si l'on veut, que les valeurs trouvées constituent une solution du système proposé.

On peut aussi, lorsqu'on a trouvé la valeur d'une inconnue, opérer pour la seconde comme on a fait pour la première, et constituer ainsi le système de solution.

Exercices.

163. Résoudre par addition les systèmes suivants :

1° $\begin{cases} 8x - 7y = 29, \\ 2x + 5y = 41. \end{cases}$

2° $\begin{cases} 12x + 10y = 6, \\ 4x - 2y = 18. \end{cases}$

3° $\begin{cases} 10x - 3y = 97, \\ 9x + 7y = 97. \end{cases}$

4° $\begin{cases} 3x + 4y = 8, \\ 15x + 14y = 31; \end{cases}$

5° $\begin{cases} 3x + 10y = 47, \\ 7x + 2y = 3; \end{cases}$

6° $\begin{cases} 2x - 5y = 4, \\ 4x + 7y = 1. \end{cases}$

164. Résoudre par addition les systèmes suivants :

1° $\begin{cases} 5x + 3y = 35, \\ 4x + 5y = 41. \end{cases}$

2° $\begin{cases} \frac{x}{3} + \frac{y}{4} = 16, \\ \frac{x}{5} + \frac{y}{6} = 10. \end{cases}$

3° $\begin{cases} \frac{2x}{5} - \frac{3y}{4} = -3, \\ \frac{5x}{3} + \frac{4y}{6} = 66. \end{cases}$

4° $\begin{cases} \frac{6x}{5} + 4y = 3x + 2y, \\ \frac{5x}{2} - 2y = x - 3. \end{cases}$

5° $\begin{cases} 75x+24y-222=0, \\ 30x-100y+240=0. \end{cases}$

6° $\begin{cases} x+y=m, \\ x-y=n. \end{cases}$

7° $\begin{cases} \dfrac{x}{a+b}+\dfrac{y}{a-b}=\dfrac{1}{a-b}, \\ \dfrac{x}{a+b}-\dfrac{y}{a-b}=\dfrac{1}{a+b}. \end{cases}$

Systèmes de n équations du premier degré à n inconnues.

155. Soit à résoudre le système :

$$\begin{cases} 3x+4y+10z=85, & (1) \\ 5x-3y-5z=9, & (2) \\ 11x-20y+45z=94. & (3) \end{cases}$$

Les principes démontrés pour un système à deux inconnues sont encore applicables ici.

Nous pouvons procéder soit par *substitution*, soit par *addition*. Adoptons la première méthode.

De l'équation (1), tirons la valeur de x; nous avons :

$$x=\frac{85-4y-10z}{3}. \qquad (4)$$

Portons cette valeur dans chacune des équations (2) et (3).

L'équation (2) devient :

$$5\left(\frac{85-4y-10z}{3}\right)-3y-5z=9.$$

On en déduit successivement :

$$\begin{aligned} 5(85-4y-10z)-9y-15z&=27, \\ 425-20y-50z-9y-15z&=27, \\ -29y-65z&=-398, \\ 29y+65z&=398. \qquad (5) \end{aligned}$$

L'équation (3) devient :

$$11\left(\frac{85-4y-10z}{3}\right)-20y+45z=94.$$

On en déduit successivement :

$$\begin{aligned} 11(85-4y-10z)-60y+135z&=282, \\ 935-44y-110z-60y+135z&=282; \\ -104y+25z&=-653, \\ 104y-25z&=653. \qquad (6) \end{aligned}$$

On démontrerait, comme précédemment (n° 144), que le système proposé est équivalent au système :

$$\left\{\begin{array}{ll} x = \dfrac{85 - 4y - 10z}{3}, & (4) \\ 29y + 65z = 398, & (5) \\ 104y - 25z = 653. & (6) \end{array}\right.$$

Remarquons que les équations (5) et (6) ne contiennent plus que deux inconnues. Cherchons les valeurs de x et de y qui les vérifient.

De l'équation (5) tirons la valeur de y ; nous avons :

$$y = \frac{398 - 65z}{29}. \quad (7)$$

Portons cette valeur de y dans l'équation (6), nous obtenons :

$$104\left(\frac{398 - 65z}{29}\right) - 25z = 653.$$

On en déduit successivement :

$$104(398 - 65z) - 725z = 18937,$$
$$41392 - 6760z - 725z = 18937$$
$$-7485z = -22455,$$
$$7485z = 22455;$$
$$z = \frac{22455}{7485}$$
$$z = 3.$$

Portons cette valeur de z dans l'équation (7), nous obtenons :

$$y = \frac{398 - 65 \times 3}{29},$$

ou

$$y = 7.$$

Portons les valeurs de z et de y dans l'équation (4), nous avons :

$$x = \frac{85 - 4 \times 7 - 10 \times 3}{3},$$

ou

$$x = \frac{85 - 58}{3} = 9.$$

La solution du système est donc :

$$\left\{\begin{array}{l} x = 9, \\ y = 7, \\ z = 3. \end{array}\right.$$

Vérification :

$$
\begin{aligned}
3\times 9+\ 4\times 7+10\times 3&=27+\ 28+\ 30=85,\\
5\times 9-\ 3\times 7-\ 5\times 3&=45-\ 21-\ 15=\ 9,\\
11\times 9-20\times 7+45\times 3&=99-140+135=94.
\end{aligned}
$$

— On aurait pu résoudre le système donné par *addition.* Ainsi, conservons l'équation (1), puis éliminons, par addition, l'inconnue x entre les équations (1) et (2) et remplaçons, dans le système, l'équation (2) par la nouvelle équation obtenue. De même, éliminons x entre les équations (1) et (3) et remplaçons l'équation (3) par la nouvelle équation obtenue, nous formerons un nouveau système d'équations équivalent au premier et qui sera identique au système formé par les équations (4), (5), (6).

Nous pourrons encore résoudre les équations (5) et (6) par addition.

156. Remarque. La méthode que nous venons d'indiquer pour la résolution d'un système de 3 équations du premier degré à 3 inconnues est générale et s'applique au cas général de la résolution d'un système de n équations à n inconnues.

Exemple. Résoudre le système :

$$
(1)\qquad \left\{\begin{aligned}
x-2y&=4,\\
2x-6y-z&=5,\\
3x-4t&=11,\\
6y+5t&=8,
\end{aligned}\right.
$$

Effectuons l'élimination par substitution.

La première équation donne $x=4+2y$.

Remplaçons x par sa valeur dans les trois autres équations, nous avons :

$$
\left\{\begin{aligned}
x&=4+2y,\\
8+4y-6y-z&=5,\\
12+6y-4t&=11,\\
6y+5t&=8;
\end{aligned}\right.
\quad \text{ou}\quad (2)\ \left\{\begin{aligned}
x&=4+2y,\\
-2y-z&=-3,\\
6y-4t&=-1,\\
6y+5t&=8.
\end{aligned}\right.
$$

Le système (2) est équivalent au système (1).

De plus, dans ce système, trois des équations ne renferment plus que trois inconnues (on a éliminé x). Ces trois équations admettront, en général, un système de solution que nous allons déterminer. La résolution de ces trois équations est ici simplifiée puisque les deux dernières ne renferment que deux inconnues.

En résolvant les deux dernières, on a immédiatement :

$$\begin{cases} t = 1, \\ y = \frac{1}{2}. \end{cases}$$

La seconde des équations du système (2) donnera : $z = 3 - 2y = 3 - 1 = 2,$
et la première $x = 4 + 1 = 5.$

On a pour solution : $\begin{cases} x = 5, \\ y = \frac{1}{2}, \\ z = 2, \\ t = 1. \end{cases}$

157. D'une façon générale :

Pour résoudre un système de n *équations à* n *inconnues, on commence par* ÉLIMINER UNE INCONNUE, *c'est-à-dire par former un nouveau système de* n *équations équivalent au premier et dans lequel* n — 1 *des équations ne renferment pas l'inconnue éliminée.*

Les n — 1 *équations qui ne renferment que* n — 1 *inconnues ont, en général, une solution que l'on cherchera ; pour cela on éliminera une inconnue entre ces* n — 1 *équations, on sera ramené à résoudre un système de* n — 2 *équations à* n — 2 *inconnues et ainsi de suite jusqu'à ce que l'on ait à résoudre un système de 2 équations à deux inconnues.*

On fera la résolution de ces deux dernières et, en remontant de proche en proche, on obtiendra successivement les valeurs des inconnues qui constitueront la solution du système.

158. *Cas où il y a plus d'inconnues que d'équations.*

Nous avons déjà vu (n° 140) qu'une seule équation à deux inconnues donne une infinité de solutions. Il y a, comme on dit *indétermination pour une des inconnues.*

Considérons maintenant un système de deux équations à trois inconnues.

$$\begin{cases} 2x - 3y + 5z = 11, & (1) \\ 3x + 2y - 3z = 15. & (2) \end{cases}$$

On pourra toujours donner une valeur arbitraire à une inconnue, à z, par exemple, et en remplaçant z, dans le système considéré, par la valeur choisie, on aura un système de deux équations à deux inconnues que l'on pourra résoudre.

Ainsi prenons $z = 1$, le système devient :

$$\begin{cases} 2x - 3y = 6, \\ 3x + 2y = 18. \end{cases}$$

Il est vérifié pour :

$$\begin{cases} x = \dfrac{66}{13}, \\ y = \dfrac{18}{13}. \end{cases}$$

Donc :

$$\begin{cases} x = \dfrac{66}{13}, \\ y = \dfrac{18}{13}, \\ z = 1 \end{cases}$$

est une solution du système.

On pourrait en obtenir une infinité, car à chaque valeur choisie arbitrairement pour z correspond une solution du système. Le système est dit *indéterminé*, il y a *indétermination pour une inconnue.*

— D'une façon générale, si l'on a à résoudre un système de n équations à $n+p$ inconnues, le système aura une infinité de solutions, ou, comme l'on dit, *le système sera indéterminé*, il y aura *indétermination pour* p *inconnues.* En effet, on pourra donner à p inconnues, dans les équations, des valeurs arbitraires, il restera un système de n équations à n inconnues que l'on pourra résoudre et qui, en général, donnera une solution; les n valeurs trouvées, jointes aux p valeurs arbitrairement choisies pour p inconnues, donneront un système de solution.

159. ***Cas où il y a plus d'équations que d'inconnues.*** Dans ce cas, il n'y a pas, en général, de solution.

Considérons le système $\begin{cases} 2x - 3y = 1, \\ 4x + 5y = 8, \\ 2x - y = 5, \end{cases}$ (1)

comprenant 3 équations à deux inconnues.

Les deux premières équations ne renferment que deux inconnues, on pourra les résoudre ; elles donneront, en général, une solution unique. Les valeurs trouvées pour x et y devront satisfaire à la troisième équation pour que le système (1) ait une solution. En général, cela ne sera pas. Le système proposé n'a pas de solution, il y a, comme l'on dit, *incompatibilité*.

— On fera un raisonnement analogue pour un système de n équations à $n-p$ inconnues.

Exercices.

165. Résoudre les systèmes suivants :

1° $\begin{cases} x+y+z=18, \\ 2x-3y+5z=27, \\ 3x+2y+10z=97. \end{cases}$

2° $\begin{cases} 4x+5y-2z=9, \\ 10x-y+3z=22, \\ 6x+3y-3z=0. \end{cases}$

3° $\begin{cases} 2x-4y-z=11, \\ 3x+3y-3z=33, \\ 5x-5y-5z=50. \end{cases}$

4° $\begin{cases} 5x+4y-3z=16, \\ 3x-2y+10z=49, \\ x+5y-5z=-25. \end{cases}$

5° $\begin{cases} 3x+5y+z=31, \\ x-y-z=1, \\ x+y+z=9. \end{cases}$

6° $\begin{cases} x+y=15, \\ 2y-3z=7, \\ 5z+2v=11, \\ 3u-4v=6, \\ x+u=16. \end{cases}$

7° $\begin{cases} x+y-z=7, \\ y+z-u=2, \\ z+u-v=9, \\ u+v-x=32, \\ v+x-y=28. \end{cases}$

8° $\begin{cases} x+y-3z+2v=105, \\ 5x-3y+2z+v=440, \\ 3x+5y-z+3v=430, \\ 4x-2y-2z-2v=320. \end{cases}$

Problèmes du premier degré à plusieurs inconnues.

160. Problème I. *Trouver une fraction qui devienne égale à $\frac{4}{5}$ si l'on augmente ses deux termes de 5 et à $\frac{1}{2}$ si on les diminue de 4.*

Solution. Soit $\frac{x}{y}$ cette fraction, nous avons le système :

$$\begin{cases} \dfrac{x+5}{y+5}=\dfrac{4}{5}, & (1) \\ \dfrac{x-4}{y-4}=\dfrac{1}{2}. & (2) \end{cases}$$

Chassons les dénominateurs, l'équation (1) devient :

$$5(x+5)=4(y+5).$$

On en déduit successivement :

$$5x+25=4y+20,$$
$$5x-4y=20-25,$$
$$5x-4y=-5. \qquad (3)$$

L'équation (2) devient :

$$2(x-4)=1(y-4),$$

d'où

$$2x-8=y-4,$$

et

$$2x-y=4. \qquad (4)$$

Nous sommes conduits à résoudre le système :

$$\begin{cases} 5x - 4y = -5, & (3) \\ 2x - \ \ y = 4. & (4) \end{cases}$$

De l'équation (3), tirons la valeur de x; nous avons :

$$x = \frac{-5 + 4y}{5}. \qquad (5)$$

Portons cette valeur dans l'équation (4), nous obtenons :

$$2\left(\frac{-5+4y}{5}\right) - \ y = 4.$$

On en déduit successivement :

$$2(-5 + 4y) - 5y = 20,$$
$$-10 + 8y - 5y = 20,$$
$$3y = 30,$$

et $$y = \frac{30}{3} = 10.$$

Portons cette valeur de y dans l'équation (5), nous obtenons :

$$x = \frac{-5 + 4 \times 10}{5},$$

ou $$x = \frac{35}{5} = 7.$$

La fraction cherchée est donc $\frac{x}{y} = \frac{7}{10}$.

Vérification :

$$\frac{7+5}{10+5} = \frac{12}{15} \quad \text{ou} \quad \frac{4}{5},$$
$$\frac{7-4}{10-4} = \frac{3}{6} \quad \text{ou} \quad \frac{1}{2}.$$

161. Problème II. *Une couturière achète une première fois 22 m. de taffetas et 6 m. de drap pour 157 fr. 80, et une seconde fois 10 m. de taffetas et 18 m. de drap pour 171 fr. Quel est le prix du mètre de chaque étoffe?*

Solution. Soient x le prix du mètre de taffetas et y le prix du mètre de drap. Nous avons le système :

$$\begin{cases} 22x + \ 6y = 157{,}80, & (1) \\ 10x + 18y = 171. & (2) \end{cases}$$

Éliminons y. Multiplions l'équation (1) par -3; elle devient :

$$-66x - 18y = -473{,}40. \qquad (3)$$

Nous avons le système :

$$\begin{cases} -66x - 18y = -473,40, \\ 10x + 18y = 171. \end{cases}$$

Ajoutons ces équations membre à membre, nous obtenons :

$$-56x = -302,40,$$

d'où

$$x = \frac{302,40}{56} = 5,4.$$

Portons cette valeur de x dans l'équation (2), nous avons :

$$10 \times 5,4 + 18y = 171,$$

ou

$$18y = 171 - 54 = 117,$$

d'où

$$y = \frac{117}{18} = 6,50.$$

Réponses. Le mètre de taffetas coûte 5 fr. 40 et le mètre de drap 6 fr. 50.

Vérification :

$$\begin{cases} 22 \times 5,4 + 6 \times 6,5 = 157,80, \\ 10 \times 5,4 + 18 \times 6,5 = 171. \end{cases}$$

162. Problème III. *Déterminer l'âge de trois personnes, sachant que l'âge de la première augmenté de la moitié des deux autres âges fait 64 ans; l'âge de la seconde augmenté du triple des deux autres âges fait 268 ans; enfin, l'âge de la troisième, diminué de la moitié des deux autres âges, fait 38 ans.*

Solution. Soient x, y, z les âges respectifs de ces trois personnes. Nous avons le système :

$$\begin{cases} x + \frac{y}{2} + \frac{z}{2} = 64, & (1) \\ y + 3x + 3z = 268. & (2) \\ z - \frac{x}{2} - \frac{y}{2} = 38. & (3) \end{cases}$$

De l'équation (1), tirons la valeur de x; nous avons :

$$x = 64 - \frac{y}{2} - \frac{z}{2}.$$

Portons cette valeur dans les équations (2) et (3). L'équation (2) devient :

$$y + 3\left(64 - \frac{y}{2} - \frac{z}{2}\right) + 3z = 268.$$

On en déduit successivement :

$$y + 192 - \frac{3y}{2} - \frac{3z}{2} + 3z = 268,$$
$$2y + 384 - 3y - 3z + 6z = 536,$$
$$-y + 3z = 152.$$

L'équation (3) devient :

$$z - \frac{\left(64 - \frac{y}{2} - \frac{z}{2}\right)}{2} - \frac{y}{2} = 38.$$

On en déduit successivement :

$$z - 32 + \frac{y}{4} + \frac{z}{4} - \frac{y}{2} = 38,$$
$$4z - 128 + y + z - 2y = 152,$$
$$5z - y = 280.$$

Nous avons donc à résoudre le système :

$$\left\{\begin{array}{ll} x = 64 - \frac{y}{2} - \frac{z}{2}, & (4) \\ -y + 3z = 152, & (5) \\ -y + 5z = 280. & (6) \end{array}\right.$$

Résolvons les deux dernières.

Changeons les signes dans l'équation (6) et ajoutons les deux dernières équations, nous avons :

$$-2z = -128,$$

d'où
$$z = \frac{128}{2} = 64.$$

Portons cette valeur de z dans l'équation (5), nous avons :

$$y = 192 - 152 = 40.$$

Dans l'équation (4), remplaçons y et z par leurs valeurs respectives, nous avons :

$$x = 64 - \frac{40}{2} - \frac{64}{2} = 12.$$

Réponses. Les trois personnes sont respectivement âgées de 12 ans, 40 ans, 64 ans.

Vérification :

$$\left\{\begin{array}{l} 12 + \frac{40}{2} + \frac{64}{2} = 64, \\ 40 + 12 \times 3 + 64 \times 3 = 268, \\ 64 - \frac{12}{2} - \frac{40}{2} = 38. \end{array}\right.$$

Problèmes.

166. Trouver une fraction qui devienne égale à $\frac{2}{3}$ si l'on augmente ses deux termes de 3 et à $\frac{1}{2}$ si on les diminue de 1.

167. Trouver la fraction qui devient égale à $\frac{2}{3}$ quand on augmente son numérateur de 4 et à $\frac{1}{4}$ quand on diminue son dénominateur de 1.

168. La différence entre deux nombres est 18; on les augmente chacun de 4, le grand devient alors le quadruple du petit. Quels sont ces deux nombres? (*Surn. des P. T. T.*)

169. Calculer deux nombres, sachant qu'ils diffèrent de 4, et que les carrés diffèrent de 72.

170. Trouver les capacités de deux pièces de vin, sachant que les $\frac{3}{8}$ de la première contiennent autant que les $\frac{3}{5}$ de la deuxième, et que les $\frac{2}{3}$ de la première contiennent 40 litres de plus que les $\frac{4}{5}$ de la deuxième.

171. La somme des âges d'un père et de son fils est actuellement de 42 ans; dans 9 ans, l'âge du père sera 3 fois celui du fils. Quels sont les âges actuels?

172. Le diamètre d'une pièce de 5 fr. est 37^{mm}, celui d'une pièce de 2 fr. est 27^{mm}; on peut faire exactement la longueur d'un mètre en alignant 40 de ces pièces. Combien en faut-il de chaque espèce?

173. Partager 100 en deux parties, telles que les quotients de l'une par 8 et de l'autre par 9 aient pour somme 12 (*Surn. des P. T. T.*)

174. On fond ensemble deux alliages d'argent et de cuivre, l'un au titre de 0,860, l'autre au titre de 0,740. On obtient ainsi un alliage au titre de 0,780 et pesant 12 kg. On demande les titres des deux alliages primitifs.

175. On a deux espèces de monnaies : 5 pièces de la première espèce et 20 pièces de la deuxième font 200 fr.; 4 pièces de la première et 4 pièces de la seconde font 100 fr. Quelle est la valeur d'une pièce de chaque espèce?

176. 5 pièces de 5 fr. et 12 pièces de 1 fr. en argent, en contact et bien alignées, forment une longueur de 461^{mm}, tandis que 7 pièces de 5 fr. et 11 pièces de 1 fr. forment une longueur de 512^{mm}. Calculer, d'après cela, le diamètre de chacune des deux pièces. (*Br. élém., Besançon.*)

177. Un marchand a acheté 12 mètres de toile et 25 mètres de drap pour 644 fr. S'il avait acheté 25 mètres de toile et 12 mètres de drap, il aurait dépensé 104 fr. de moins. Quel est le prix du mètre de chaque étoffe ? (*Br. élém.*, *aspirants*, Aix.)

178. Deux personnes ont fait un pari de 20 fr. Si la première gagne, elle devient 3 fois plus riche que la deuxième ; dans le cas contraire, les deux personnes ont la même somme. Quel est l'avoir de chacune ?

179. Dans une administration, on a une gratification à répartir entre les employés. Si l'on donne à chacun d'eux 30 fr., il reste 30 fr. ; mais si l'on veut donner 35 fr. à chacun, il manque 90 fr. Combien y a-t-il d'employés et quelle gratification leur a-t-on distribuée ?

180. Pour remplir un fût de 500 litres on y verse le contenu de deux tonneaux tels que les $\frac{2}{3}$ du premier valent les $\frac{2}{5}$ du second. Le tonneau à remplir contient déjà 180 litres. Quelle est la capacité des deux autres ?

181. Un ouvrier a travaillé chez deux patrons pendant un temps total de 20 jours. Le premier lui donnait 15 fr. 50 par jour, le second 18 fr. 25. Sachant que cet ouvrier a reçu 343 fr., dire combien il a travaillé de jours chez chaque patron.

182. Deux employés reçoivent des salaires différents, dont la somme s'élève à 9600 fr. Le premier dépense chaque année les $\frac{5}{6}$ de ce qu'il reçoit ; le second en dépense les $\frac{8}{9}$. La somme de leurs économies s'élève chaque année à 1 300 fr. Quel est le salaire annuel de chaque employé ?

183. On a payé pour le transport de Paris à New-York 4000 fr., pour un chargement de 500 tonnes de fer et 250 tonnes de cuivre ; une autre fois, on a payé 3 600 fr. pour le transport de 400 tonnes de fer et 300 tonnes de cuivre. Quel est le prix du transport d'une tonne de cuivre et celui d'une tonne de fer ?

184. Un marchand a vendu, pour la somme de 958 fr. 80, un lot de velours et de soie. Il réalise, dans cette vente, un bénéfice total de 106 fr. 80. On demande le prix de revient du velours et celui de la soie, sachant qu'il a ainsi gagné 13 pour 100 sur le prix de revient du velours et 10 pour 100 sur celui de la soie.

185. Un épicier a acheté de l'huile et du vinaigre. Une première fois, il revend 72 litres d'huile et 36 litres de vinaigre pour 455 fr. 40, réalisant un bénéfice de 10 pour 100 sur le prix d'achat. Une deuxième fois, il revend 48 litres d'huile et 60 litres de vinaigre pour 313 fr. 50, subissant une perte de 5 pour 100 sur le prix d'achat. Calculer le prix d'achat du litre d'huile et du litre de vinaigre.

186. Trouver trois nombres, sachant que la somme des deux premiers est 220; celle du deuxième et du troisième est 270 et celle du premier et du troisième est 250.

187. Un nombre est composé de trois chiffres dont la somme est 14; le chiffre des centaines est double de celui des unités, et si l'on retranche 396 du nombre cherché, on obtient ce nombre renversé. Quel est ce nombre?

188. Trois personnes partent en voyage avec des sommes différentes. Si la seconde donnait 40 fr. à la première, ces deux personnes auraient la même somme. D'autre part, la troisième avait deux fois plus que la première; si elle lui donnait 20 fr., elles auraient la même somme. Quelle est la somme que chaque personne emporte?

189. Un fermier a vendu dans un premier marché : 25 quintaux de blé, 12 d'avoine, 10 d'orge, pour 2 765 fr.; dans un second marché, 30 sacs de blé, 15 sacs d'avoine et 12 sacs d'orge, pour 3 345 fr.; dans un troisième marché, 50 sacs de blé, 20 sacs d'avoine et 10 sacs d'orge, pour 4 750 fr. Trouver le prix d'un sac de chaque denrée.

190. Trois frères ont acheté une propriété, moyennant 50000 fr. Il manque au premier, pour la payer à lui seul, la moitié de ce que possède le second; celui-ci pourrait payer l'acquisition, si le premier lui donnait le $\frac{1}{3}$ de ce qu'il a; enfin, le troisième pourrait payer la propriété si le premier lui donnait le $\frac{1}{4}$ de sa fortune. Combien chacun des trois frères a-t-il d'argent?

CHAPITRE IX

NOTIONS GÉNÉRALES SUR LES FONCTIONS

162. On a déjà vu, en arithmétique, dans l'étude des grandeurs directement ou inversement proportionnelles, que certaines grandeurs se trouvent liées entre elles de telle façon que si l'une varie, l'autre varie également, que si l'une prend une valeur déterminée, l'autre prend également une valeur déterminée.

— Considérons, par exemple, un courrier qui se déplace d'un mouvement uniforme avec une vitesse de 4 kilomètres à l'heure; le chemin qu'il parcourt, e kilomètres, est lié au temps t exprimant, en heures, la durée de la marche, par la relation (V. n° 5) :

$$e = 4 \times t.$$

A chaque valeur numérique de t correspond une valeur numérique de e que nous pourrons calculer, nous dirons que e est une *fonction* de t.

— L'intérêt annuel I que rapporte un capital fixe, 4 284 francs par exemple, est donné par la formule (V. n° 7) :

$$I = \frac{4284 \times i}{100}, \quad (i \text{ étant le taux du placement}).$$

A chaque valeur numérique attribuée à i correspond une valeur de I que nous pouvons calculer. Nous dirons que I est *fonction* de i.

163. D'une façon générale, *considérons deux grandeurs A et B dépendant l'une de l'autre de telle manière que si B change de valeur, A change également, et qu'à chaque valeur numérique attribuée à B corresponde une valeur numérique de A ; nous dirons que A est* FONCTION *de B et cette dernière grandeur est appelée* VARIABLE.

Ainsi :

L'espace parcouru par un corps qui tombe librement est fonction de la durée de la chute.

Cette fonction se trouve exprimée par la relation :

$$e = \frac{1}{2} g t^2,$$

établie dans le Cours de Physique.

L'aire d'un cercle est fonction de son rayon.

Cette fonction est exprimée par la formule suivante, établie en géométrie :

$$S = \pi R^2.$$

La somme des angles intérieurs d'un polygone convexe est fonction du nombre de ses côtés.

Cette fonction est exprimée par la formule suivante :

$$S = 2(n - 2).$$

dans laquelle n est le nombre des côtés du polygone et S la somme de ses angles exprimée en droits.

Le volume occupé par une masse gazeuse, à température constante, est fonction de la pression qu'elle supporte (Loi de Mariotte).

Cette fonction est exprimée par la formule :

$$V\,H = \text{Const}^{te}.$$

La hauteur du baromètre en un lieu donné varie suivant l'instant où on l'observe et se trouve être, par suite, une fonction du temps écoulé depuis une certaine époque prise pour origine du temps.

La température en un lieu donné peut, dans les mêmes conditions, être considérée comme une fonction du temps.

Nous pourrions multiplier les exemples. Toutes les fonctions que nous venons d'indiquer sont rigoureusement *calculables* parce que, pour chaque valeur de la variable, nous pouvons déterminer la valeur de la fonction.

164. Considérons de nouveau un courrier qui se déplace d'un mouvement uniforme avec une vitesse de 4 kilomètres à l'heure ; si e est le nombre de kilomètres parcourus en t heures, on a la relation :

$$e = 4 \times t;$$

e est une fonction de t.

Mais la relation peut s'écrire : $t = \frac{e}{4}$.

Nous pouvons dire que t est fonction de e, car à chaque valeur numérique que l'on attribuera à e correspondra une valeur de t donnée par la formule précédente.

Nous avons vu que l'aire d'un cercle est fonction de son rayon, inversement, le rayon d'un cercle est fonction de l'aire de celui-ci.

L'intérêt annuel que rapporte un capital fixe est fonction du taux de placement; inversement, le taux du placement d'un capital déterminé est fonction de l'intérêt annuel rapporté par ce capital, etc.

D'une façon générale, *si une grandeur A est fonction d'une grandeur B, nous pourrons, inversement, considérer la grandeur B comme fonction de A.*

1. Représentation graphique des fonctions.

165. Exemple. *Un observateur a pris, toutes les heures, de midi à minuit, la hauteur barométrique, ses observations se trouvent consignées dans le tableau suivant :*

Temps en heures et hauteur barométrique en millimètres.

12^h	13^h	14^h	15^h	16^h	17^h	18^h	19^h	20^h	21^h	22^h	23^h	24^h
752	753	753	754	755	755	756	755	756	756	757	756	755.

La hauteur barométrique peut être considérée comme une fonction du temps.

Le tableau qui précède permettra évidemment de se rendre compte de la variation de cette hauteur dans l'intervalle de temps

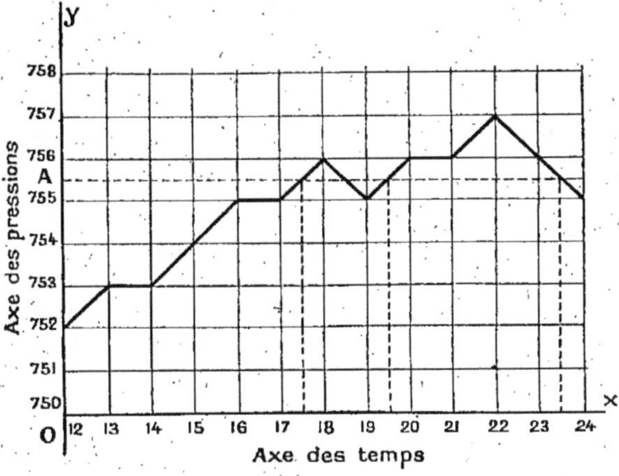

Fig. 4.

considéré, mais le graphique que nous allons faire donnera plus rapidement l'allure de cette variation.

Traçons deux axes rectangulaires Ox et Oy (*fig.* 4). Prenons sur Ox, à partir de O des intervalles égaux qui représenteront les heures écoulées de midi à minuit, marquons 12 au point O puis 13, 14, 15... aux points successifs de division. De même à partir de O, sur l'axe Oy, marquons des intervalles égaux entre eux, mais non nécessairement égaux à ceux pris sur Ox; ils correspondront aux différentes hauteurs barométriques : 750 en O, puis 751, 752... aux points successifs de division.

Par les points de division, pris sur l'axe Ox, menons des parallèles à Oy, et par les points de division de Oy, des parallèles à Ox.

Marquons le point qui correspond au temps 12 heures et à la hauteur barométrique correspondante 752mm, il se trouve à la rencontre de la parallèle à Oy passant par le point 12 et de la parallèle à Ox passant par le point 752.

Marquons ensuite le point qui correspond au temps 13 heures et à la hauteur barométrique correspondante 753mm, il se trouve

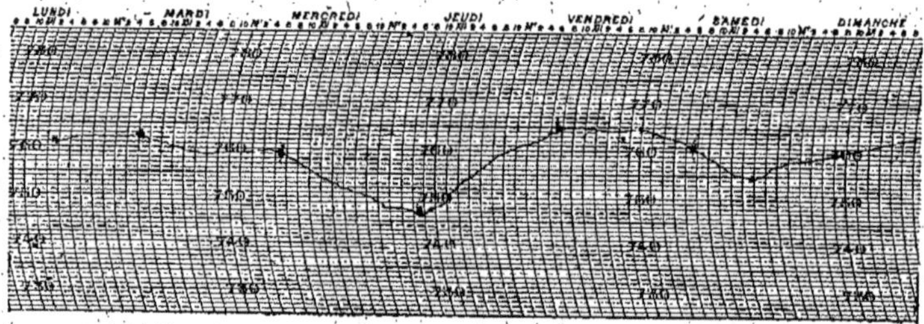

Fig. 5. — Graphique de baromètre enregistreur donnant la variation des hauteurs barométriques pendant une semaine.

à la rencontre des parallèles à Ox et Oy menées par les points 13 et 753. Et ainsi de suite pour tous les autres points.

Joignons enfin tous les points successivement obtenus, nous obtiendrons le graphique de la variation barométrique observée.

— Il suffit d'observer ce graphique pour se rendre compte de l'avantage qu'il présente sur le tableau indiqué plus haut. Il nous indique immédiatement l'heure correspondant au maximum et au minimum de pression et un seul coup d'œil nous permet de voir, comme on dit, l'allure du phénomène observé. Le graphique nous permet encore de déterminer à quelle heure la pression barométrique a eu une valeur donnée, 755mm 1/2 par exemple; prenons sur l'axe des pressions la longueur OA correspondant à 755mm 1/2, menons, par le point A, la parallèle à Ox; prenons les points de rencontre avec le graphique tracé, puis les époques correspondantes, nous voyons que la pression était de 755mm 1/2 à 17 h. 1/2, 19 h. 1/2 et 23 h. 1/2.

Le graphique tracé ainsi est une ligne brisée; en réalité, la variation de la hauteur barométrique est continue et dans l'intervalle de deux points représentatifs construits rigoureusement, le graphique n'est pas forcément un segment rectiligne.

— Avec les baromètres dits *enregistreurs*, le graphique de la variation barométrique se trace automatiquement, nous renverrons, pour leur description, au Cours de Physique. Remarquons toutefois que dans les graphiques tracés par la plupart de ces appareils, et cela tient à une particularité de leur construction, les lignes correspondant aux temps successifs sont des arcs de cercle (V. fig. 5).

166. La température peut être également considérée comme une fonction du temps. Ainsi par exemple :

Un observateur a pris, toutes les heures, de 0 heure à 10 heures, la température, il a trouvé :

Temps :	0h	1h	2h	3h	4h	5h	6h	7h	8h	9h	10h
Tempér. :	— 3°	— 4°	— 4°	— 5°	— 4°	— 2°	— 2°	0°	0°	1°	3°.

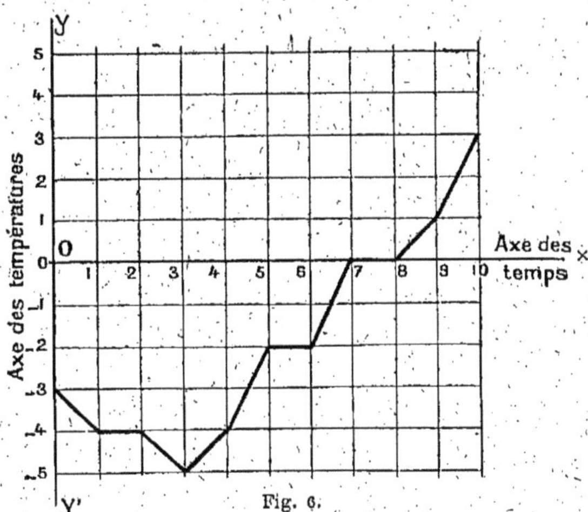

Fig. 6.

Il est facile de construire le graphique correspondant.

Prenons comme unité de temps l'heure, et comme unité de température le degré.

Traçons deux axes Ox et $y'Oy$ rectangulaires (*fig.* 6). Divisons Ox, à partir de O, en parties d'égale longueur, chacun des segments obtenus représentant une unité de temps. De même, portons sur $y'y$, à partir de O, dans les deux sens, des segments égaux entre eux, mais non forcément égaux aux premiers, chacun des segments obtenus représentera un degré ; comme la température est positive ou négative, convenons de compter les degrés positifs, à partir de O, dans le sens de Oy, les degrés négatifs, à partir de O dans le sens de Oy'.

Par les points de division de chacun des axes, menons des parallèles à l'autre. Marquons le point qui correspond au temps 0 et à la température — 3° et qui se trouve sur $y'y$ au point — 3.

Marquons ensuite le point qui correspond au temps 1 et à la température — 4 et qui se trouve à la rencontre de la parallèle

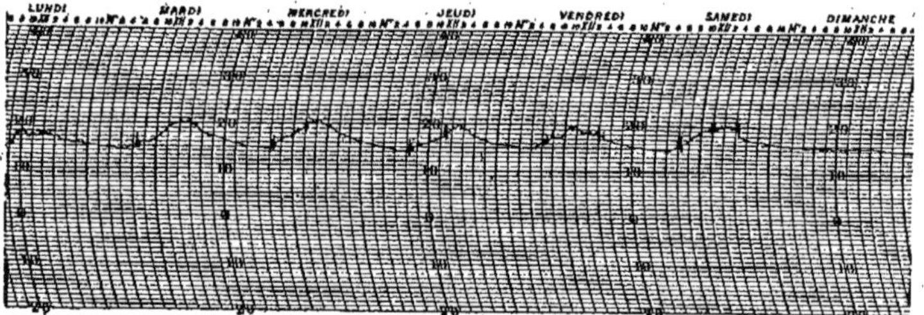

Fig. 7. — Graphique de thermomètre enregistreur donnant la variation de la température pendant une semaine.

à $y'y$ menée par le point 1 de l'axe du temps et de la parallèle à $x'x$ menée par le point — 4 de l'axe des températures. Et ainsi de suite. Joignons successivement tous les points obtenus et nous obtenons le graphique de la température observée.

Il existe des thermomètres enregistreurs qui tracent automatiquement le graphique de la variation de la température pendant un temps déterminé (*fig.* 7).

167. L'emploi des graphiques pour représenter la variation des fonctions se généralise de plus en plus et, lorsque la variable est le temps, on construit dans beaucoup de cas des appareils enregistreurs : dynamomètres, hygromètres, sphygmographes, etc., qui fonctionnent comme le baromètre enregistreur. On peut même construire des graphiques pour des fonctions discontinues, ainsi par exemple :

Un élève peut faire un graphique de ses notes hebdomadaires en considérant ces dernières comme fonctions du temps ; il prendra l'axe des temps comme axe horizontal et portera sur cet axe des segments successifs égaux entre eux, chaque segment représentant une semaine ; l'autre axe sera l'axe des notes ; il adoptera un segment unité pour représenter une variation d'un point de la note.

Un commerçant pourra faire un graphique de ses recettes journalières, ces recettes étant considérées comme fonction du temps.

Une maman pourra faire le graphique du poids de son bébé, ce poids étant considéré comme une fonction du temps.

Le médecin fait le graphique de la température de son malade ;

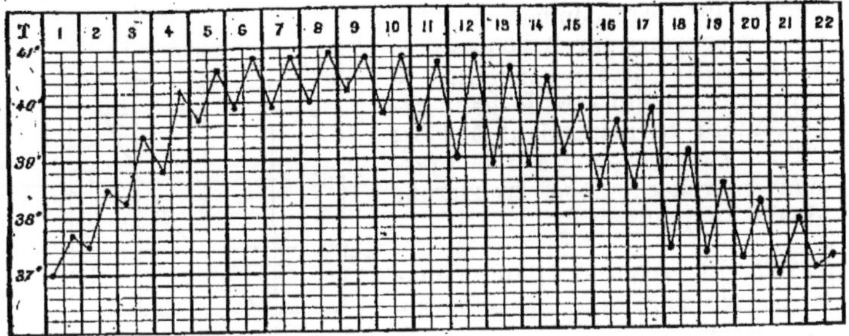

Fig. 8. — Courbe de la température du corps pendant la fièvre typhoïde. (Évolution 22 jours.)

Les températures ont été prises à 6 heures du soir et à 6 heures du matin. La courbe de la température est interprétée par le médecin.

cette température prise à des intervalles réguliers, d'heure en heure, par exemple, pouvant être considérée comme une fonction du temps (*fig.* 8), etc.

168. Nous avons dit que le graphique de la variation d'une fonction permet d'embrasser d'un seul coup d'œil la variation entière, de trouver immédiatement les valeurs maxima et minima et de se rendre compte rapidement de l'allure de la fonction. Ces graphiques présentent encore, surtout dans le domaine de la physique, un intérêt particulier ; ainsi par exemple :

On veut étudier la force élastique maximum de la vapeur d'eau quand la température varie de 100° à 200°.

On mesurera directement cette force élastique à des températures se succédant de 20° en 20°, par exemple, depuis 100° jusqu'à 200°. Supposons qu'on ait trouvé les résultats suivants, la pression étant donnée en kg poids par cm.^{2}.

Températures :	100°	120°	140°	160°	180°	200°
Force élastique maximum :	1,033	2	3,7	6,3	10,3	15,9.

Construisons le graphique correspondant en déterminant, comme nous avons fait précédemment, les points représentatifs correspondant aux observations. Prenons l'axe Ox comme axe des températures (*fig.* 9) et l'axe Oy' comme axe des pressions. La force élastique maximum est une fonction continue de la température. Joignons tous les points obtenus par une courbe qui sera le graphique de la variation.

Supposons maintenant qu'on veuille obtenir la pression maximum de la vapeur d'eau à une température qui ne soit pas parmi celles qui sont comprises dans le tableau d'observation, à 175° par exemple. Nous prendrons sur l'axe Ox la longueur OB correspondant à 175°, nous mènerons par B la parallèle à Oy, cette droite rencontre la courbe en B' qui sera le point représentatif correspondant à 175°; $BB' = OC$ correspondra à la pression cherchée, nous trouverons ainsi 9 kg. poids.

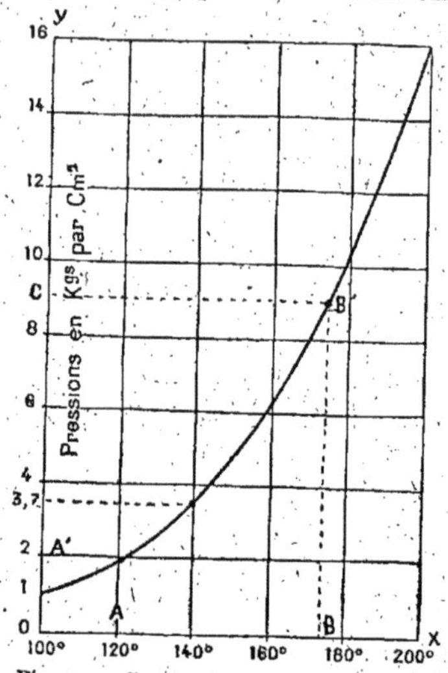

Fig. 9. — Courbe figurative de la force élastique de la vapeur d'eau entre 100° et 200°.

169. En résumé, pour construire le graphique de la variation de la fonction, on opèrera de la façon suivante :

1° On choisira une unité pour la variable ;

2° On choisira une unité pour la fonction;

3° On tracera deux axes rectangulaires ; à partir de leur point de rencontre (origine), on portera, sur l'un, des longueurs proportionnelles à la variation de la variable, sur l'autre, des longueurs proportionnelles à la variation de la fonction ; pour cela, on prendra un segment unité pour représenter l'unité choisie pour la variable et un segment unité *qui pourra être différent du premier* pour représenter l'unité choisie pour la fonction ;

4° On construira, ainsi qu'il a été indiqué, autant de points représentatifs que l'on voudra et on joindra ces points, soit par une courbe continue si la fonction étudiée est continue, soit par des segments de droites s'il en est autrement.

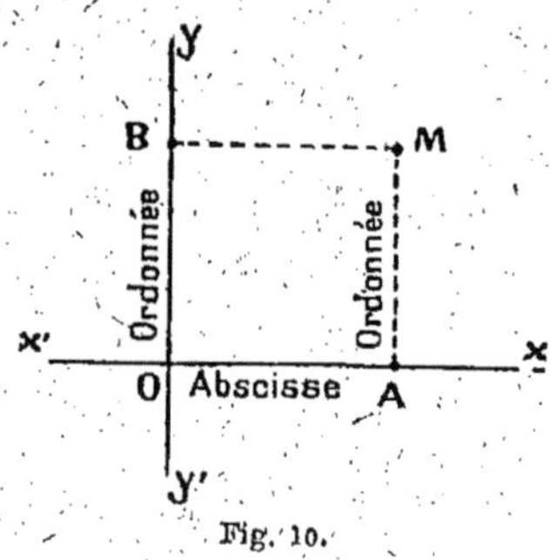

Fig. 10.

170. Pratiquement, chaque point représentatif M (*fig.* 10) se trouve déterminé par deux segments; l'un OA porté sur l'axe $x'x$, par exemple, et proportionnel à la variation de la variable; l'autre OB porté sur Oy et proportionnel à la variation de la fonction. Le premier est l'*abscisse* du point M, le second l'*ordonnée* du point M.

Nous allons généraliser ce procédé de représentation.

II. Coordonnées cartésiennes.

171. ***Détermination d'un point d'un plan. — Abscisse. — Ordonnée.*** — On détermine la position d'un point sur un plan à l'aide de deux grandeurs que l'on appelle *coordonnées du point* et qui sont, en quelque sorte, deux repères qui rattachent le point à des figures fixes.

Traçons dans le plan deux axes rectangulaires, $x'x$, $y'y$ qui se coupent en O (*fig.* 11), ce seront les repères fixes.

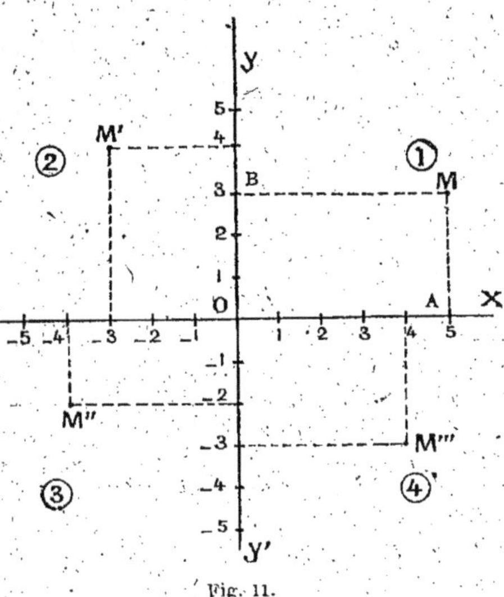

Fig. 11.

Soit M un point quelconque du plan; par le point M menons des parallèles aux axes, la parallèle à $x'x$ rencontre $y'y$ en B, la parallèle à $y'y$ rencontre $x'x$ en A. Le point M sera déterminé si l'on connaît les points A et B.

Pour déterminer les points A et B, nous choisirons un sens positif sur les deux axes, le sens de x' vers x pour l'axe $x'x$, le sens de y' vers y pour l'axe $y'y$. Le point A sera déterminé par la mesure du segment OA; cette mesure est un nombre algébrique égal en valeur absolue à la mesure du segment géométrique OA affectée du signe + si la direction de O vers A est la direction positive de l'axe $x'x$, du signe — dans le cas contraire. En d'autres termes, le segment OA sera compté positivement si le point A se trouve dans la région Ox, négativement si le point A se trouve dans la région Ox'.

De même, la mesure du segment OB sera un nombre algébrique égal en valeur absolue à la mesure du segment géométrique OB et affecté du signe + si le point B se trouve dans la région Oy, du signe — si le point B se trouve dans la région Oy'.

La mesure algébrique du segment OA est appelée *abscisse du point* M ; la mesure algébrique du segment OB est appelée *ordonnée du point* M.

L'abscisse et l'ordonnée d'un point sont *les deux coordonnées* de ce point ; on les appelle encore *l'*x *et l'*y *du point.*

Les axes $x'x$, $y'y$ sont appelés *axes de coordonnées* ; $x'x$ est appelé *axe des* x *ou des abscisses*, $y'y$ est *l'axe des* y *ou des ordonnées* ; O *est l'origine des coordonnées.*

Si l'on se reporte à la figure 11, l'unité de longueur ayant été portée à partir de O sur les deux axes et dans les deux sens, et si l'on désigne par x et y l'abscisse et l'ordonnée d'un point, on a :

$$\text{pour le point M} \left\{ \begin{array}{l} x = 5, \\ y = 3; \end{array} \right.$$

$$\text{pour le point M}' \left\{ \begin{array}{l} x = -3, \\ y = 4; \end{array} \right.$$

$$\text{pour le point M}'' \left\{ \begin{array}{l} x = -4, \\ y = -2; \end{array} \right.$$

$$\text{pour le point M}''' \left\{ \begin{array}{l} x = 4, \\ y = -3. \end{array} \right.$$

— Numérotons 1, 2, 3, 4 les angles formés par les deux axes de coordonnées ; nous voyons que tout point situé dans l'angle 1 a ses deux coordonnées positives ; tout point situé dans l'angle 2 a son abscisse négative, son ordonnée positive ; tout point situé dans l'angle 3 a ses deux coordonnées négatives et tout point situé dans l'angle 4 a son abscisse positive, son ordonnée négative.

Si un point est situé sur l'axe des x, son abscisse peut être quelconque, mais son ordonnée est zéro.

Si un point est situé sur l'axe des y, son ordonnée peut être quelconque, mais son abscisse est zéro.

Enfin, l'origine a une abscisse et une ordonnée égales toutes deux à zéro.

172. Il résulte des définitions précédentes que tout point du plan a deux coordonnées. Réciproquement, les deux coordonnées d'un point étant connues, le point du plan sera parfaitement déterminé; il suffira, en effet, de prendre sur les axes des segments respectivement égaux aux coordonnées correspondantes et, par les extrémités des segments ainsi construits, de mener des parallèles aux axes, leur intersection donnera le point du plan.

173. Les axes de coordonnées que nous avons choisis sont rectangulaires, le système de coordonnées correspondant est dit *rectangulaire*. On peut aussi prendre des axes non rectangulaires, le système de coordonnées correspondant est dit *oblique*. Nous ne nous occuperons que du premier.

On peut imaginer une infinité de systèmes de coordonnées, celui que nous venons de définir est appelé système de *coordonnées cartésiennes*, du nom de Descartes qui en est le créateur.

III. Fonction linéaire. Représentation graphique de sa variation.

Nous avons indiqué, au début de ce chapitre, un certain nombre de fonctions rigoureusement calculables, c'est-à-dire telles que si une valeur numérique quelconque de la variable est donnée, on puisse calculer la valeur numérique correspondante de la fonction.

174. PROBLÈME. I. *Une barre de fer a pour longueur 2 mètres à 0°, quelle sera sa longueur à x° ? On sait que le coefficient de dilatation linéaire du fer est 0,000012.*

SOLUTION. 1 mètre de longueur de la barre s'allonge de $0^m000012$, quand on élève la température de la barre de 1°.

La barre ayant une longueur de 2 mètres à 0°, quand on élève sa température de 1°, elle s'allonge de $0{,}000012 \times 2 = 0{,}000024$.

Quand la température est portée à $x°$, la barre s'allonge de $0{,}000024\,x$.

La longueur de la barre à $x°$ est donc, en mètres, $2 + 0{,}000024\,x$.

Cette longueur est une fonction de x, désignons-la par y, on a:

$$y = 2 + 0{,}000024\,x.$$

— A chaque valeur attribuée à x correspond une valeur calculable pour y; y est fonction de x. C'est une *fonction du premier degré de x*. On l'appelle encore *fonction linéaire*, nous en verrons plus loin la raison.

175. DÉFINITIONS. De nombreux problèmes sont ramenés, comme le précédent, à l'étude d'une fonction linéaire.

D'une façon générale, toute expression de la forme $ax + b$, dans laquelle a et b représentent des valeurs numériques est une *fonction linéaire de la variable x*.

Si nous posons,

$$y = ax + b,$$

nous dirons que y est une fonction linéaire de x; x est la *variable indépendante* : on exprime par là que x peut varier sans conditions, sauf toutefois celles qui pourraient résulter de l'énoncé du problème correspondant; y est aussi une variable, mais *dépendant* de x.

Ainsi, reprenons la fonction linéaire trouvée précédemment :

$$x = 2 + 0{,}000024\, x.$$

A chaque valeur de x correspond une valeur de y,

pour $x = 1$, $y = 2{,}000024$,
pour $x = 2$, $y = 2{,}000048$,
pour $x = 5$, $y = 2{,}000120$, etc.,

y est fonction de x, x est la variable indépendante.

176. Problème II. *Une source débite 2 litres d'eau à la seconde. Quel sera son débit pendant un temps x secondes ?*

Si nous désignons par y le débit cherché, nous avons évidemment :

$$y = 2x.$$

y est une fonction linéaire de x.

Proposons-nous de *construire le graphique de cette variation.* Traçons deux axes de coordonnées rectangulaires $x'x$, $y'y$ (*fig.* 12).

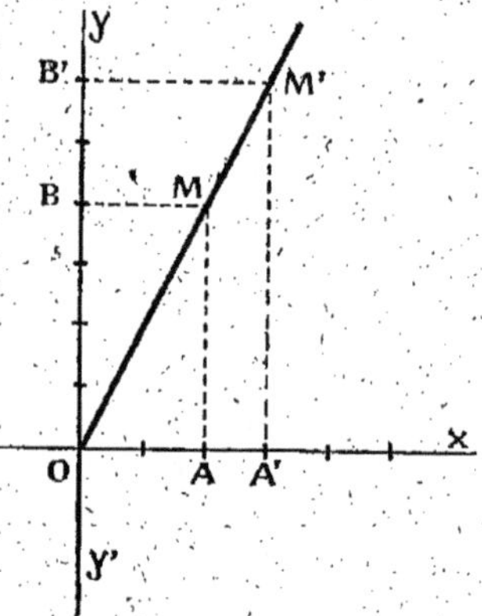

Fig. 12.

Prenons le litre comme unité de mesure du débit, la seconde comme unité de temps.

L'axe des x, par exemple, sera l'axe des temps, l'axe des y celui des volumes débités.

Choisissons sur $x'x$ un segment unité pour représenter une seconde et sur l'axe $y'y$ un segment unité pour représenter un litre.

Remarquons d'abord que l'origine fait partie de la courbe, puisque pour $x = 0$, on a $y = 0$.

Pour $x = 2$, par exemple, on a $y = 4$. Prenons $OA = 2$, $OB = 4$ et construisons le point M correspondant.

Pour $x = 3$, on a $y = 6$. Prenons $OA' = 3$, $OB' = 6$ et construisons le point M' correspondant.

Joignons OM et OM'; les deux triangles OAM, OA'M' sont semblables comme ayant un angle égal compris entre deux côtés proportionnels.

En effet, les angles en A et A' sont égaux comme droits; d'autre part, puisque $AM = 2OA$, et $A'M' = 2OA'$, on a :

$$\frac{AM}{OA} = \frac{A'M'}{O'A'} = 2.$$

Les triangles OAM, OA'M' étant semblables, il en résulte que $\widehat{AOM} = \widehat{A'OM'}$, et par suite OMM' est une ligne droite.

Tout autre point représentatif se trouvera évidemment sur la droite OMM'; il résulte de là que le graphique représentatif de la fonction est une droite limitée en O d'une part et illimitée suivant la direction OM.

177. Remarque. Dans l'exercice qui précède, la variable x est assujettie à ne prendre que des valeurs positives ; or, on peut concevoir des problèmes conduisant à une fonction linéaire de la même forme et dans laquelle x ne se trouve assujettie à aucune condition, c'est-à-dire peut varier de $-\infty$ à $+\infty$.

Considérons par exemple la fonction $y = 3x$ dans laquelle x peut prendre toutes les valeurs de $-\infty$ à $+\infty$; un raisonnement analogue au précédent montrera que le graphique représentatif est une droite illimitée passant par l'origine et qui, par suite, sera déterminée lorsqu'on connaîtra les coordonnées d'un de ses points. On prendra, par exemple, le point $\begin{cases} x = 1, \\ y = 3. \end{cases}$

178. Remarque II. Le raisonnement que nous avons fait est général. Si l'on considère la fonction $y = a\,x$, a représentant une valeur numérique quelconque, on établira facilement que le graphique représentatif est une droite qui passe par l'origine.

Il suffira donc de construire le point $\begin{cases} x = 1, \\ y = a, \end{cases}$ par exemple, pour pouvoir tracer la droite entière.

Nous dirons, pour simplifier, que *la droite construite a pour équation* $y = a\,x$; ou encore, que $y = a\,x$ *est l'équation d'une droite.*

179. Exercice. *Construire la droite définie par* $y = -3x$.

Cette droite passe par l'origine; d'autre part, pour $x = 1$, $y = -3$;

construisons le point M correspondant (*fig.* 13), la droite cherchée est OM.

180. Problème. *Deux trains* M *et* N *se meuvent sur deux voies parallèles, dans la même direction, l'un se trouve à 5 km. en avant de l'autre. Celui qui est en avant parcourt 33 km. à l'heure, l'autre 30 km. Quelle est la distance* y *qui les séparera au bout de* x *heures de marche? Montrer que* y *est fonction de* x *et construire le graphique correspondant.*

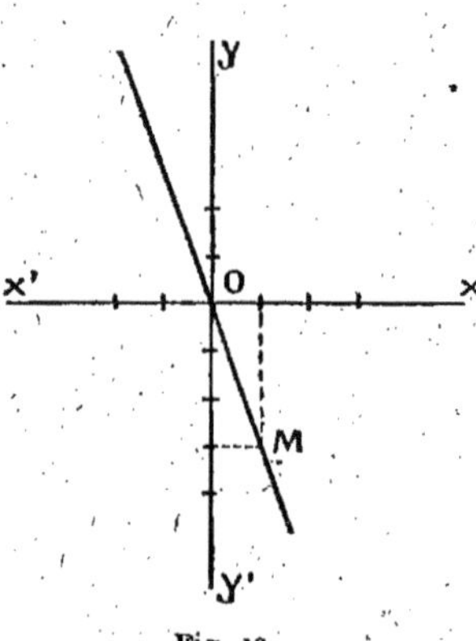

Fig. 13.

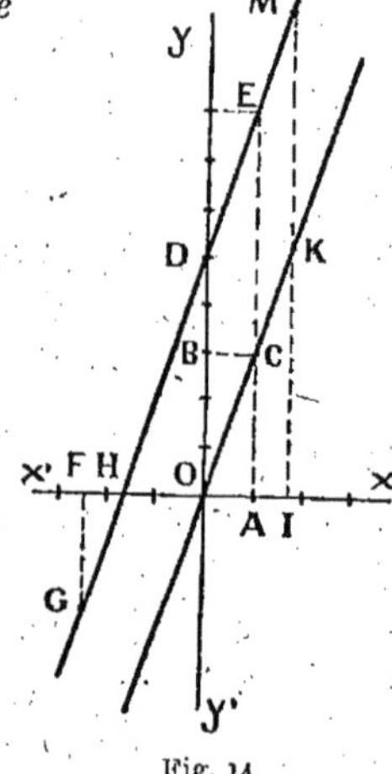

Fig. 14.

Solution. Celui qui est en avant parcourt par heure 3 km. de plus que l'autre. Au bout de x heures, il aura parcouru $3x$ km. de plus, et par suite :

$$y = 5 + 3x.$$

y est une fonction linéaire de x. Nous allons construire le graphique de la variation et montrer que ce graphique est une droite.

Construisons d'abord la droite $y = 3x$.

Traçons 2 axes de coordonnées rectangulaires $x'x$, $y'y$ (*fig.* 14) et prenons la même unité de segment sur les deux axes.

La droite $y = 3x$ passe par l'origine et par le point dont les coordonnées sont $\begin{cases} x = 1, \\ y = 3. \end{cases}$ Soit C ce dernier point, OC est la droite cherchée.

Considérons maintenant la fonction $y = 5 + 3x$.

Prenons l'heure comme unité de temps et le kilomètre pour unité de distance.

$x'x$ étant l'axe des temps, $y'y$ l'axe des distances, choisissons, pour représenter une heure, d'une part, et 1 km. d'autre part, le segment unité déjà pris dans la construction de la droite $y = 3x$.

Pour $x = 0$, on a $y = 5$. Le point correspondant est D, tel que $OD = 5$.

Pour $x = 1$, on a $y = 5 + 3$; soit $OA = 1$, traçons par le point A la parallèle à $y'y$, nous avons $AC = 3$ et par suite, le point représentatif E est tel que $CE = 5$.

On peut donner à x d'autres valeurs, on verra que tous les points représentatifs de la fonction sont les extrémités des segments menés par les différents points de la droite OC, parallèlement au segment OD, égaux à ce dernier et de même sens. Le lieu des extrémités de ces segments est évidemment une droite parallèle à OC. En effet, supposons que M soit un point quelconque du lieu correspondant à une valeur de x égale à OI, la parallèle IM à l'axe des y est telle que $KM = 5$ et par suite, si l'on joint MDOK, le quadrilatère convexe obtenu est un parallélogramme, puisqu'il a deux côtés opposés OD et KM égaux et parallèles. Tous les points M sont sur la droite DM parallèle à OC. On démontrerait facilement la réciproque : tout point de la droite DM fait partie du lieu.

Servons-nous du graphique pour discuter le problème.

A partir du temps zéro, les ordonnées des différents points de la droite DM vont en augmentant, la distance qui sépare les deux trains va donc augmenter.

Cette distance est nulle pour le point H où la droite DM rencontre l'axe des x. En effet, pour l'abscisse OH, l'ordonnée correspondante est zéro. Cette abscisse correspond à un temps négatif, $OH = -\frac{5}{3}$. Au moment où nous commençons à compter les temps, il y a donc 1 h. $\frac{2}{3}$ que les trains se sont rencontrés. Si nous retardons encore dans l'échelle des temps, au temps correspondant à OF, l'ordonnée de la droite FG est négative, c'était le second train qui était alors avant l'autre.

On s'explique d'ailleurs facilement tous ces résultats.

181. EXERCICE. *Construire le graphique de la variation de la fonction*

$$y = x + 3.$$

En opérant comme précédemment, on montrera que le graphique

de cette fonction linéaire est une droite, il suffira d'en déterminer deux points pour la construire; on prendra, par exemple, les points

$$\begin{cases} x = 0, \\ y = 3, \end{cases} \quad \text{et} \quad \begin{cases} x = 1, \\ y = 4. \end{cases}$$

182. Problème. *Deux courriers suivent la même route, dans la même direction; le premier, qui parcourt 4 km. à l'heure, a une avance de 5 km. sur le second, qui parcourt 6 km. à l'heure. Au bout du temps,* x *heures, le second courrier n'a pas rattrapé le premier, mais la distance qui les sépare n'est plus que* y *km. Montrer que* y *est fonction de* x *et construire le graphique correspondant limité aux temps 0 h. et 2 h.*

Solution. Le second courrier gagne en une heure

6 km. — 4 km. = 2 km.

Au bout du temps x heures, il aura rattrapé $2x$ km.

On a donc :

$$y = 5 - 2x.$$

y est une fonction linéaire de x, nous allons montrer que le graphique de la variation est une droite.

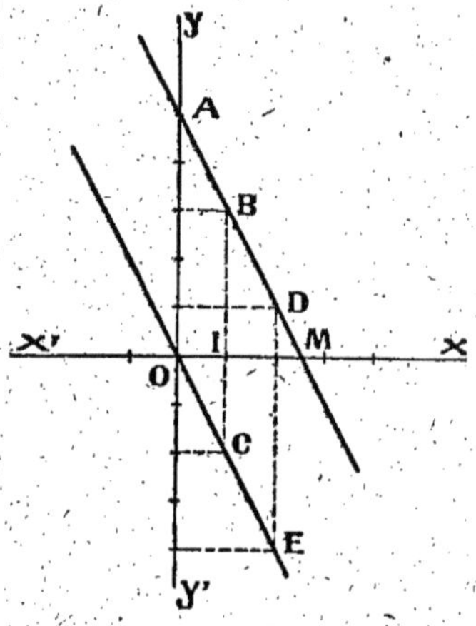

Prenons l'heure comme unité de temps et le kilomètre pour unité de longueur.

Fig. 15.

Traçons 2 axes de coordonnées rectangulaires $x'x$ et $y'y$ (*fig.* 15). Prenons sur Ox une unité de segment pour représenter une heure et sur Oy une unité de segment qui correspondra au kilomètre.

Construisons d'abord la droite $y = -2x$; cette droite passe par l'origine et par le point $\begin{cases} x = 1, \\ y = -2. \end{cases}$

Si C correspond à ce dernier point, OC est la droite cherchée Prenons maintenant la fonction

$$y = 5 - 2x.$$

Pour $x = 0$, on a $y = 5$, le point représentatif est A (*fig.* 15) pour $x = 1$, on a $y = 5 - 2 = 3$; le point représentatif est B. Remarquons que OI étant égal à 1, CB = 5, puisque IC en valeur absolue égale 2.

Pour $x = 2$, on a $y = 5 - 4 = 1$, le point représentatif est D. Remarquons que pour $x = 2$, le point correspondant de la droite $y = -2x$ a pour ordonnée $y = -4$; soit E ce dernier point, on a encore $ED = 5$.

En somme, tous les points représentatifs de la fonction sont les extrémités de segments égaux à 5, menés par chacun des points de la droite OC parallèlement à la direction OA, ces extrémités se trouvent évidemment sur une même droite parallèle à OC. En effet, le quadrilatère OABC est un parallélogramme puisqu'il a deux côtés opposés égaux et parallèles; il en est de même du quadrilatère qui a pour sommets AOED, ABD est une ligne droite parallèle à OC.

Le graphique de la variation de la fonction, entre les valeurs $x = 0$ et $x = 2$, est le segment AD.

Prolongeons la droite AD jusqu'à la rencontre M avec $0x$, la mesure de OM est évidemment la racine de l'équation $5 - 2x = 0$, car pour $x = OM$, la valeur correspondante de y est zéro, $OM = \frac{5}{2}$.

Les courriers se rencontreront au bout du temps $2\text{ h. }\frac{1}{2}$.

183. Exercice. *Étudier la variation de la fonction linéaire* $y = \frac{1}{2} - x$.

On montrera, comme dans l'exercice précédent, que le graphique de cette fonction est une droite, et on construira cette dernière en déterminant deux de ses points.

184. *Généralisation.* En résumé, le graphique de la variation d'une fonction quelconque du premier degré est une droite; c'est pourquoi une telle fonction est appelée *fonction linéaire.*

Considérons la fonction $y = ax + b$, dans laquelle a et b sont deux nombres, c'est la fonction générale du premier degré, le graphique de sa variation est une droite; nous dirons que $y = ax + b$ est l'équation de la droite correspondante.

Si nous considérons une équation du premier degré à deux inconnues : $$3x - 5y = 4.$$
par exemple; nous dirons que c'est l'équation d'une droite.

Nous savons construire cette droite, il suffira de déterminer deux de ses points, les points situés sur les deux axes, par exemple :

$$\begin{cases} x = 0, \\ y = -\frac{4}{5} \end{cases} \quad \text{et} \quad \begin{cases} x = \frac{4}{3}, \\ y = 0. \end{cases}$$

Inversement, les coordonnées d'un point quelconque de la droite satisfont à l'équation; elles constituent un système de solution; l'équation du premier degré à deux inconnues admet, nous le savions déjà (nº 140), une infinité de systèmes de solutions.

185. *Construction pratique d'une droite connaissant son équation.* EXEMPLES. I. *Construire la droite ayant pour équation* $y = 3x - 4$.

Nous pourrons, par exemple, déterminer les points où la droite coupe les axes de coordonnées.

Point situé sur l'axe des x, $\begin{cases} x = \frac{4}{3}, \\ y = 0. \end{cases}$

Point situé sur l'axe des y, $\begin{cases} x = 0, \\ y = -4. \end{cases}$

On prendra sur Ox (*fig.* 16) la longueur $OA = \frac{4}{3}$ et sur Oy' la longueur $OB = 4$, AB est la droite cherchée.

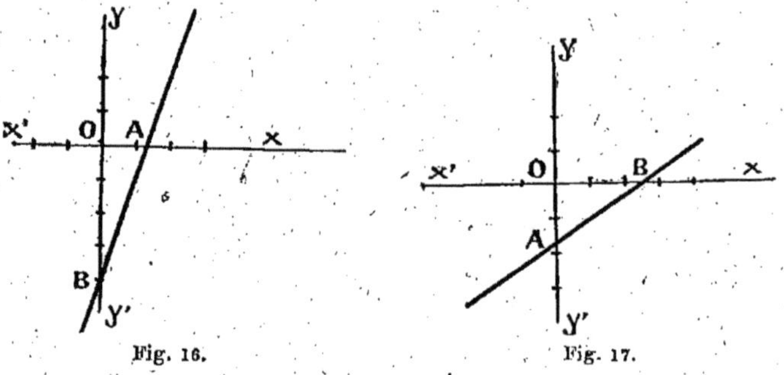

Fig. 16. Fig. 17.

186. II. *Construire la droite ayant pour équation* $2x - 3y = 5$.

Procédons de la même façon : $\begin{cases} \text{pour } x = 0, & y = -\frac{5}{3}. \\ \text{pour } y = 0, & x = \frac{5}{2}. \end{cases}$

Construisons les deux points $\begin{cases} x = 0, \\ y = -\frac{5}{3}; \end{cases}$ $\begin{cases} x = \frac{5}{2}, \\ y = 0. \end{cases}$

Pour le premier, prenons sur Oy' (*fig.* 17) la longueur $OA = -\frac{5}{3}$.

Pour le second, prenons sur Ox la longueur $OB = \frac{5}{2}$.

La droite AB est la droite cherché

IV. Étude algébrique de la variation de la fonction linéaire.

187. Problème. *Dans l'échelle de graduation d'un thermomètre centigrade, 0 correspond à la température de la glace fondante, 100 à celle de la vapeur d'eau bouillante, l'intervalle de 0 à 100 est partagé en 100 parties égales et la graduation est prolongée au-dessous de zéro. Pour le thermomètre Fahrenheit, 32 correspond à la température de la glace fondante, 212 à celle de la vapeur d'eau bouillante, l'intervalle est partagé en (212-32) ou 180 parties égales et la graduation prolongée au delà du point 32. Cela posé, le thermomètre centigrade indiquant la température x°, quel sera le nombre de degrés marqués par le thermomètre Fahrenheit? Étudier la fonction trouvée quand x varie de -20° à 100°.*

Solution. A 100 divisions du thermomètre centigrade correspondent 180 divisions du thermomètre Fahrenheit ; à x divisions du premier correspondent $\frac{180}{100}x$ ou $1,8\,x$ divisions du second.

Si nous désignons par y le nombre de degrés marqués par le thermomètre Fahrenheit, nous avons immédiatement :

$$y = 32 + 1,8\,x.$$

y est une fonction linéaire de x. Nous pouvons donner à x une valeur quelconque, positive ou négative, à condition bien entendu que cette valeur soit comprise dans les limites de graduation du thermomètre centigrade, la valeur correspondante de y pourra être calculée immédiatement.

— Donnons à x la valeur 10 par exemple, on a :

$$y = 32 + 18 = 50.$$

Donnons à x une valeur voisine de 10 que nous désignerons par $10 + \varepsilon$, ε ayant une valeur très petite, on a alors :

$$y = 32 + 1,8\,(10 + \varepsilon) = 32 + 18 + 1,8\,\varepsilon = 50 + 1,8\,\varepsilon.$$

On peut prendre ε suffisamment petit pour que $1,8\,\varepsilon$ soit aussi petit que l'on voudra et, par suite, pour que la nouvelle valeur de y ne diffère de la première valeur 50 que d'une quantité aussi petite que l'on veut.

Dans ces conditions, nous dirons que y *est une fonction continue de* x pour $x = 10$, elle est évidemment continue pour toutes les valeurs de la variable.

— D'autre part, quand x croît, la fonction croît; quand x décroît, y décroît également; la fonction varie dans le même sens que la variable, nous dirons que la *fonction est croissante*.

Étudions maintenant la variation de y quand x varie, par exemple, de -20° à 100°.

Remarquons que pour -20° on a : $y = 32 - 1,8 \times 20 = -4$.

Quand x croît à partir de -20, y croît à partir de -4 ; y s'annule pour la valeur de x racine de l'équation $32+1,8x=0$, c'est-à-dire pour $x=-\frac{32}{1,8}=-17\frac{7}{9}$.

Pour $x=0$, on a $y=32$ et pour $x=100$, $y=212$.

On peut indiquer cette variation dans le tableau suivant :

x	-20	croît	$-17\frac{7}{9}$	croît	0	croît	100.
y	-4	croît	0	croît	32	croît	212.

188. D'une façon générale, étudier la variation d'une fonction linéaire, c'est étudier l'ensemble des valeurs que prend cette fonction quand la variable prend successivement toutes les valeurs compatibles avec l'énoncé du problème correspondant. Si cette variable n'est assujettie à aucune condition, c'est étudier l'ensemble des valeurs successives que prend y quand on donne successivement à x toutes les valeurs depuis $-\infty$ jusqu'à $+\infty$.

189. *La fonction linéaire est continue.* — Considérons la fonction linéaire

$$y=3x-1.$$

Donnons à x une valeur quelconque, 3 par exemple, y prend la valeur $3\times 3-1=8$.

Donnons à x une valeur voisine de 3 que nous désignerons par $3+\varepsilon$, ε est une valeur très petite, nous avons :

$$y=3(3+\varepsilon)-1 \text{ ou } y=8+3\varepsilon.$$

On peut prendre ε suffisamment petit pour que 3ε soit aussi petit que l'on voudra et, par suite, pour que la nouvelle valeur de y ne diffère de la première valeur 8 que d'une quantité aussi petite que l'on veut.

Dans ces conditions, nous dirons que y *est une fonction continue de x pour $x=3$.*

La fonction linéaire est une fonction continue pour toutes les valeurs de la variable.

En d'autres termes, si l'on attribue à x une succession de valeurs très rapprochées les unes des autres, les valeurs successives de y seront elles-mêmes très rapprochées les unes des autres, et x ayant une valeur quelconque, on pourra calculer une autre valeur de x suffisamment rapprochée de celle-ci pour que les deux valeurs correspondantes de y ne diffèrent entre elles que d'une quantité aussi petite que l'on veut.

— Nous avons admis cette continuité de la fonction linéaire dans la construction graphique que nous avons donnée de la variation de la fonction.

190. *Fonction croissante, Fonction décroissante.* — Considérons la fonction

$$y=4x+3.$$

Donnons à x successivement la valeur x_1; puis la valeur x_2; désignons par y_1 et y_2 les valeurs correspondantes de y, on a :

$$y_1 = 4x_1 + 3,$$
$$y_2 = 4x_2 + 3.$$

On en déduit : $y_2 - y_1 = 4(x_2 - x_1)$.

Si la valeur x_2 est plus grande que x_1, $x_2 - x_1$ est positif (n° 30) et par suite $y_2 - y_1$ l'est également; y_2 est plus grand que y_1. Dans ces conditions, la fonction considérée est dite *croissante* quand x varie de x_1 à x_2; si la variable croît, la fonction croît; si la variable décroît, la fonction décroît également.

— Considérons maintenant la fonction

$$y = -5x + 1.$$

Opérons de la même façon. Donnons à x successivement les valeurs x_1, et x_2; soient y_1 et y_2 les valeurs correspondantes de la fonction ;

$$y_1 = -5x_1 + 1,$$
$$y_2 = -5x_2 + 2.$$

On en déduit : $y_2 - y_1 = -5(x_2 - x_1)$.

Si la valeur x_2 est plus grande que x_1, $x_2 - x_1$ est positif (n° 30) et $y_2 - y_1$ est négatif.

Quand x croît, y décroît et inversement; on dit que la fonction est *décroissante* quand x varie de x_1 à x_2.

On dit qu'une fonction est croissante quand x *varie depuis un nombre* a *jusqu'à un nombre* b, *lorsque la valeur de la fonction varie dans le même sens que la variable dans l'intervalle considéré.*

Lorsque la valeur de la fonction varie en sens contraire de la variable, on dit que la fonction est décroissante.

Ainsi, le poids d'une marchandise est une fonction toujours croissante de son volume.

L'espace parcouru par un mobile animé d'un mouvement uniforme de vitesse déterminée est fonction toujours croissante de la durée du mouvement.

Le volume occupé par une masse gazeuse, à température constante, est une fonction décroissante de la pression qu'elle supporte.

La hauteur barométrique, ou la température, en un lieu donné, considérée comme fonction du temps, peut être, tantôt croissante, tantôt décroissante, tantôt constante.

191. Les exercices qui précèdent nous montrent que *la fonction linéaire est constamment croissante si le coefficient de x est positif et constamment décroissante si le coefficient de x est négatif.*

192. Applications.

1° *Le coefficient de x est positif.*

Soit à étudier la variation de la fonction

$$y = 3x - 4.$$

D'abord, la fonction est continue pour toutes les valeurs de x (n° 189).

Ensuite, elle est constamment croissante puisque le coefficient de x est positif (n° 191).

D'autre part, si l'on attribue à x des valeurs infiniment grandes en valeur absolue, y est infiniment grand en valeur absolue et, pour ces valeurs, il est évidemment du même signe que x, ce que l'on exprime en disant que pour $x = -\infty$, on a $y = -\infty$; et que pour $x = +\infty$, on a $y = +\infty$.

Cela posé, supposons que x varie de $-\infty$ à $+\infty$: Pour $x = -\infty$, on a $y = -\infty$;

Quand x croît, y croît ; pour $x = 0$, par exemple, $y = -4$. Pour $x = \frac{4}{3}$, $y' = 0$ et si x continue à croître, y croît également jusqu'à ce que x atteigne $+\infty$ et alors $y = +\infty$.

Cet ensemble de variations se résume dans le tableau suivant :

x	$-\infty$	croît	0	croît	$\frac{4}{3}$	croît	$+\infty$.
y	$-\infty$	croît	-4	croît	0	croît	$+\infty$.

Sur la ligne indiquant les variations de x, on a placé, suivant leur ordre de grandeur, les valeurs remarquables de x ; nous avons indiqué la valeur 0 et la valeur de x qui annule la fonction ; cette dernière va-

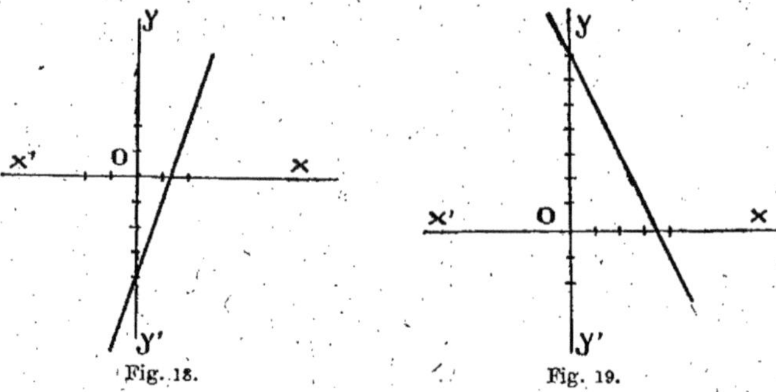

Fig. 18. Fig. 19.

leur est indispensable, car c'est la valeur de x pour laquelle la fonction change de signe.

La droite ayant pour équation $y = 3x - 4$ (*fig.* 18) nous permet de suivre la variation.

2° *Le coefficient de* x *est négatif.*

Considérons la fonction

$$y = -2x + 7.$$

Elle est continue pour toutes les valeurs de x (n° 189) et constamment décroissante (n° 191) puisque le coefficient de x est négatif.

Si l'on attribue à x des valeurs infiniment grandes en valeur absolue, y est infiniment grand et de signe contraire à x.

Pour $x=0$, on a $y=7$ et, pour $x=\frac{7}{2}$, $y=0$.

On peut former le tableau suivant :

x	$-\infty$	croît	0	croît	$\frac{7}{2}$	croît	$+\infty$.
y	$+\infty$	décroît	7	décroît	0	décroît	$-\infty$.

La droite ayant pour équation $y=-2x+7$ (*fig.* 19) permet de suivre la variation.

193. En résumé, *la fonction linéaire est une fonction continue.*

Si le coefficient de x *est positif, elle est constamment croissante, elle devient égale à $-\infty$ quand la variable devient égale à $-\infty$,* et *à $+\infty$ quand la variable devient égale à $+\infty$.*

Si le coefficient de x *est négatif, elle est constamment décroissante, devient égale à $+\infty$ si la variable devient égale à $-\infty$, et à $-\infty$ si la variable devient égale à $+\infty$.*

V. Applications : Solutions graphiques de quelques questions.

194. *Graphique des chemins de fer.* — Les Compagnies de chemins de fer distribuent à leurs agents des graphiques représentant, sous une forme commode, la marche des trains. Nous en donnerons ici le principe dont la compréhension permettra de suivre facilement la marche des trains ainsi que leur horaire sur les graphiques des Compagnies.

Traçons deux axes de coordonnées rectangulaires $x'x$, $y'y$ (*fig.* 20). Sur l'axe des x, nous porterons les temps; sur l'axe des y, les distances parcourues. Prenons comme unité de temps une durée de 5m., pour unité de distance une longueur de 5 km. Choisissons nos unités de longueur pour les axes; portons, par exemple, des longueurs égales sur chacun des axes.

Un premier train part de O à l'origine des temps, son mouvement est uniforme, il arrive après 15 m. de marche à une station qui est à 15 km. du point de départ, il s'arrête pendant 5 m. et repart avec la vitesse qu'il avait primitivement, il s'arrête de nouveau après avoir parcouru 20 km., etc.

Le graphique correspondant est évidemment la ligne brisée OEFH, et FH est parallèle à OE, puisque la vitesse est restée la même.

Un second train est parti de O, suivant la même direction, 5 m. après le premier; son mouvement est uniforme, mais sa vitesse est plus petite; après un quart d'heure de marche, il s'arrête 15 m. à une station qui est à 15 km. du point de départ puis repart avec la même vitesse, s'arrête de nouveau 20 m. après, etc. Le graphique de ce mouvement est évidemment la ligne IBCD.

Un 3e train part d'une localité située à 50 km. du point O, 10 m. après le départ du premier des deux autres, il suit une voie parallèle, mais marche en sens inverse, c'est-à-dire qu'il vient en O, son mou-

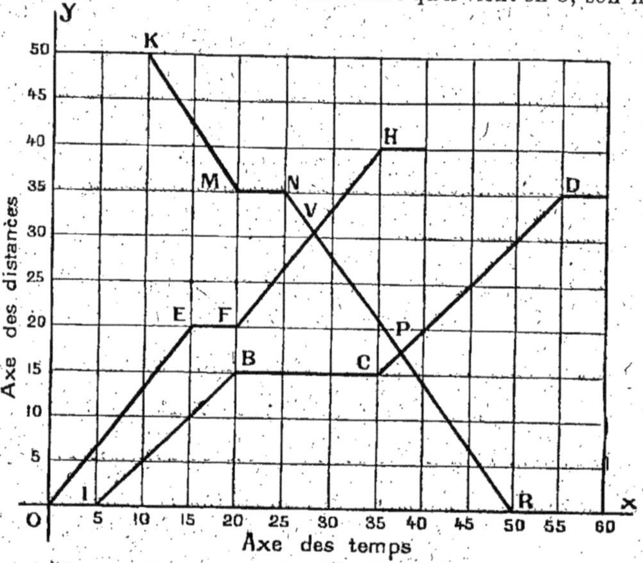

Fig. 26.

vement est uniforme; 10 m. après son départ il s'arrête après avoir parcouru 15 km., il stationne 5 m. puis repart avec la même vitesse jusqu'à ce qu'il arrive à O. Le graphique de ce mouvement est évidemment la ligne brisée KMNR.

Ces tracés nous permettent de faire de nombreuses remarques :

Le troisième train arrivera en O à une heure déterminée par l'abscisse OR que nous pouvons évaluer. Il croisera d'abord le premier train en un point représenté par V, l'abscisse de ce point nous donnera l'heure de la rencontre, son ordonnée nous donnera la distance de ce point de rencontre au point O ; il croisera le second train en un point représenté dans le graphique en P, les coordonnées de P nous donneront également l'heure de la rencontre et la distance du point de rencontre au point O.

A une époque déterminée, 25 minutes, par exemple, après le départ des deux premiers trains, le graphique nous donne la position relative des trois trains, l'un par rapport à l'autre et leurs distances respectives au point O, etc.

195. La compréhension du graphique donné ci-dessus permettra de résoudre graphiquement de nombreux problèmes relatifs aux courriers.

196. *Résolution graphique d'un système de deux équations du premier degré à deux inconnues.*

Soit à résoudre graphiquement le système $\begin{cases} 4x + 3y = 12, \\ 2x - y = 2. \end{cases}$

Nous construisons les droites ayant pour équations les deux équations données.

La première est déterminée par les points $\begin{cases} x = 0, \\ y = 4. \end{cases}$ $\begin{cases} y = 0, \\ x = 3. \end{cases}$

La seconde par les points $\begin{cases} x = 0, \\ y = -2; \end{cases}$ $\begin{cases} y = 0, \\ x = 1. \end{cases}$

Les deux droites obtenues (*fig.* 21) se coupent en un point M dont les

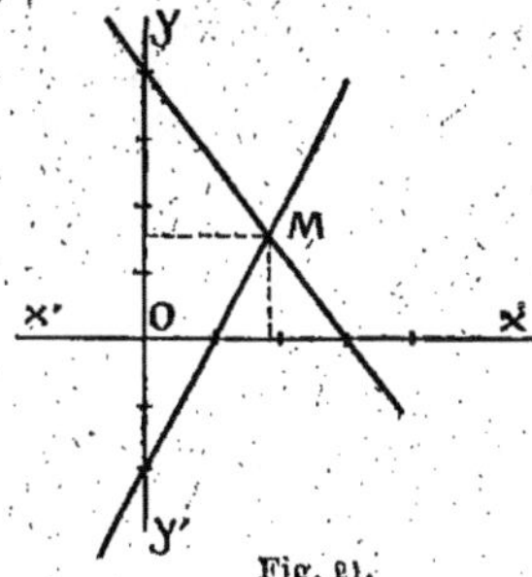

Fig. 21.

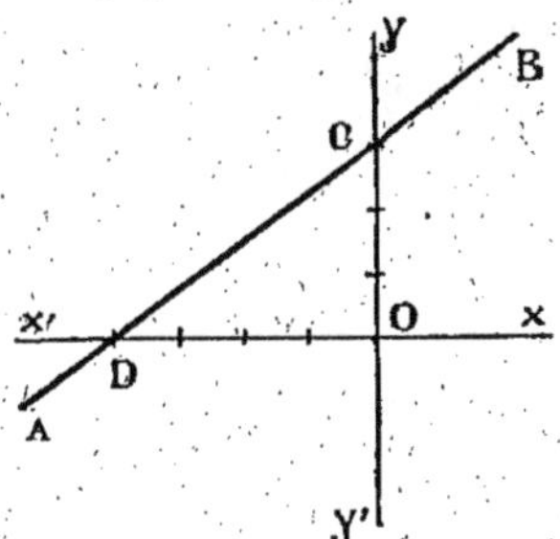

Fig. 22.

coordonnées vérifient les deux équations; par conséquent, il suffira de mesurer ces coordonnées pour avoir le système de solution $\begin{cases} x = 1{,}8, \\ y = 1{,}6. \end{cases}$

197. *Équation de la droite qui passe par deux points donnés.*

Nous avons vu que toute équation du premier degré est l'équation d'une droite ; inversement, une droite étant donnée, proposons-nous de trouver son équation.

Soient $x'x$, $y'y$ deux axes de coordonnées rectangulaires et DB la droite donnée (*fig.* 22).

Connaissant les coordonnées de deux points de la droite, celle-ci se trouve graphiquement déterminée ; or, si nous connaissons les coordonnées de deux points de la droite, nous pouvons aussi déterminer son équation.

Supposons, par exemple, que l'on connaisse les coordonnées des points où la droite AB rencontre les axes; soit pour le point C, $\begin{cases} x = 0, \\ y = 3, \end{cases}$

et pour le point D, $\begin{cases} y = 0, \\ x = -4. \end{cases}$

L'équation cherchée sera de la forme $y = mx + p$. Il nous faut déterminer m et p de façon que la droite passe par C et D.

Écrivons que l'équation est vérifiée par les coordonnées du point C et par celles du point D, nous avons :

$$\begin{cases} 3 = m \times 0 + p, \\ 0 = m(-4) + p; \end{cases} \quad \text{ou} \quad \begin{cases} p = 3, \\ p - 4m = 0. \end{cases}$$

On en déduit :

$$\begin{cases} p = 3, \\ m = \frac{3}{4}. \end{cases}$$

On a donc pour l'équation cherchée :

$$y = \frac{3}{4}x + 3 \text{ ou } 4y - 3x = 3.$$

198. Remarque. La méthode que nous venons d'indiquer est toujours applicable, lorsqu'on connaît les coordonnées de deux des points de la droite. On sera toujours ramené à résoudre un système de deux équations du premier degré à deux inconnues.

Problèmes.

191. Un élève qui est interrogé toutes les semaines a obtenu, pendant 10 semaines consécutives, les notes suivantes (le maximum étant 20) :

1re semaine 12,	6me semaine 13,
2me semaine 15,	7me semaine 14,
3me semaine 11,	8me semaine 17,
4me semaine 16,	9me semaine 15,
5me semaine 15,	10me semaine 16;

Faire le graphique correspondant.

192. On a mesuré directement le nombre de grammes de sucre pouvant être dissous dans 100 gr. d'eau, à différentes températures, on a trouvé :

Température :	0°	10°	20°	30°	40°.
Poids en grammes de sucre dissous :	179	190	204	219	238.

Construire la courbe de solubilité correspondante. (On choisira les unités de façon à avoir un graphique simple). Déterminer graphiquement la température minimum à laquelle il faut porter 100 gr. d'eau pour pouvoir y dissoudre 215 gr. de sucre.

193. Une personne doit 875 fr. : pour se libérer, elle verse tous les mois 125 fr. Combien devra-t-elle dans x mois ? (On ne tiendra pas compte des intérêts). Faire le graphique de la fonction obtenue.

194. Une barre de cuivre a 1m5 de longueur à 0°. Quel est son allon-

gement à x^o, le coefficient de dilatation linéaire du cuivre est 0m000017. On désignera par y cet allongement et on étudiera graphiquement la variation de la fonction y quand x varie entre 0° et 30°.

195. Construire les droites $y = x$ et $y = -x$. Quelle disposition ont-elles l'une par rapport à l'autre ?

196. Construire la droite $x + y = 2$. Quelle disposition a-t-elle par rapport aux axes des coordonnées ?

197. Etablir que la fonction $y = 2x$ est continue.

198. Etablir que la fonction $y = 3x + 7$ est continue.

199. Etablir que la fonction $y = 4x - 1$ est constamment croissante.

200. Etablir que la fonction $y = -x + 2$ est constamment décroissante.

201. Construire les droites ayant pour équations :

1°	$y = 4x + \frac{1}{2}$,	4°	$2x - 5y = 1$,
2°	$y = -x - 1$,	5°	$3x - 2y = -3$,
3°	$y = \frac{3x}{2} - 1$,	6°	$\frac{x}{3} - \frac{y}{4} = 1$.

202. Deux courriers A et B partent de deux points situés à 8 km. l'un de l'autre et se déplacent, sur la même droite, d'un mouvement uniforme, A avec une vitesse de 6 km. à l'heure, B avec une vitesse de 4 km. à l'heure. Déterminer graphiquement l'époque de leur rencontre et la distance de ce point de rencontre à l'un des points de départ. 1° S'ils vont à la rencontre l'un de l'autre ; 2° s'ils se déplacent ensemble suivant la direction AB.

203. Trouver l'équation de la droite passant par l'origine et par le point ayant pour coordonnées $\begin{cases} x = 1, \\ y = -2. \end{cases}$

204. Construire une droite passant par l'origine et ayant comme pente $\frac{1}{2}$ par rapport à l'axe des x.

205. Trouver l'équation de la droite qui passe par les points $\begin{cases} x = -1, \\ y = 2, \end{cases}$ $\begin{cases} x = 2, \\ y = -4. \end{cases}$

206. Résoudre graphiquement le système $\begin{cases} 3x - 2y = 8, \\ x + 2y = 8. \end{cases}$

207. Equation de la droite parallèle à l'axe des x et passant par le point $\begin{cases} x = 4, \\ y = 0. \end{cases}$

208. Un cycliste se meut d'un mouvement uniforme et parcourt 20 km. à l'heure. A midi, il se trouve à 10 km. d'une ville A et s'en

éloigne. Représenter graphiquement son mouvement entre 12 h. et 16 h. Prendre la rencontre de la droite obtenue avec l'axe des temps. Mesurer l'abscisse du point d'intersection ; que représente-t-elle ?

209. Un billet de 600 fr. est payable dans x jours. Montrer que sa valeur actuelle commerciale est fonction de x ; construire le graphique correspondant.

210. Un courrier part d'un point B à 4 h., il se déplace uniformément et dans la même direction. Il passe à 5 h. 1/2 en un point B, distant du premier de 6 km. A quelle distance de A se trouve-t-il à x heures. On désignera cette distance par y et on étudiera graphiquement, puis algébriquement, la variation de y entre 4 heures et 7 heures.

211. Les tables de mortalité dont font usage certaines compagnies d'assurances françaises sont établies d'après un grand nombre de moyennes et donnent le nombre des vivants qui restent chaque année, sur 100 naissances :

Age :	0	10	20	30	40	50	60	70	80	90
Vivants :	100	86	82	77	71	62	50	31	10	8

Construire et étudier le graphique correspondant.

212. Construire les droites $y = 2x - 1$ et $y = 2x + 3$. Quelle est la particularité qu'elles présentent ? En donner l'explication.

213. On mélange deux cafés de qualités différentes dans la proportion de 4 kg. de la première qualité pour 6 kg. de la seconde. Combien entre-t-il de café de chaque qualité dans 8 kg. du mélange ? Résoudre le problème graphiquement.

CHAPITRE X

ÉQUATION DU SECOND DEGRÉ A UNE INCONNUE

I. Ses différentes formes.

199. Problème I. *On considère un rectangle* ABCD (*fig.* 23) *dans lequel* AD = *8 m. et* AB = *3 m. On prend le milieu* E *de* AD *et on demande de déterminer sur* BC *un point* M *tel que l'on ait* : ME = 5 m.

Pour déterminer le point M, prenons pour inconnue la longueur BM, soit BM = x.

Abaissons MF perpendiculaire sur AD. Le triangle rectangle MFE nous donne (th. de Pythagore) :

$$\overline{ME}^2 = \overline{MF}^2 + \overline{FE}^2$$

Or, ME = 5 m., MF = BA = 3 m. et FE = AE — AF = $4 - x$.

On a donc :

$$25 = 9 + (4 - x)^2.$$

Si le point M était plus près de C que de B (faire la figure), on aurait FE = $x - 4$ et on serait conduit à la même équation.

L'équation trouvée s'écrit : $25 = 9 + 16 - 8x + x^2$, et après simplification : $x^2 - 8x = 0$.

Nous sommes ramenés à résoudre une équation du second degré dans laquelle il n'y a pas de terme connu.

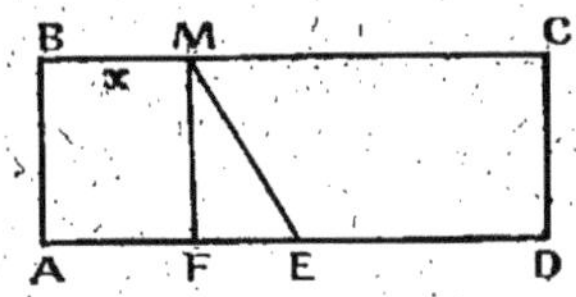

En mettant x en facteur commun, l'équation devient :

$$x(x - 8) = 0.$$

Fig. 23.

Le premier membre est un produit de deux facteurs, pour qu'il soit nul, il faut et il suffit que l'un des facteurs soit nul. Le premier facteur s'annule pour $x = 0$, le second pour $x = 8$.

L'équation admet donc comme racines 0 et 8. Voyons si elles conviennent au problème :

Pour $x = 0$, le point M est en B, la solution convient ; nous pouvons d'ailleurs vérifier immédiatement que BE = 5 (appliquer le th. de Pythagore au triangle rectangle ABE).

Pour $x = 8$ le point M est en C et la solution convient également.

200. Problème II. *On abandonne un corps à lui-même du sommet de la tour Eiffel (300 m.), combien mettra-t-il de temps pour parvenir à terre ?*

Soit x le temps cherché exprimé en secondes.

Nous savons que le corps qui tombe prend un mouvement uniformément accéléré dont la formule est $e = \frac{1}{2} g t^2$, g étant égal à 9 m. 81 par seconde. On a donc :

$$300 = 4{,}905\, x^2.$$

Nous sommes amenés à résoudre une équation du second degré dans laquelle il n'y a pas de terme du premier degré.

On écrira :
$$x^2 = \frac{300}{4{,}005},$$

d'où l'on tire
$$x = \sqrt{\frac{300}{4{,}905}}.$$

On peut aussi opérer comme précédemment et transformer le premier membre en produit de facteurs du premier degré.

Dans l'équation $x^2 - \frac{300}{4{,}905} = 0$, on peut considérer $\frac{300}{4{,}905}$ comme le carré de sa racine carrée et écrire l'équation

$$x^2 - \left(\sqrt{\frac{300}{4{,}905}}\right)^2 = 0.$$

Le premier membre est une différence de deux carrés, en le transformant en produit; on a :

$$\left(x - \sqrt{\frac{300}{4{,}905}}\right)\left(x + \sqrt{\frac{300}{4{,}905}}\right) = 0.$$

Le premier membre de l'équation est un produit de deux facteurs; pour qu'il soit nul, il faut et il suffit que l'un des facteurs soit nul; le premier s'annule pour

$$x = \sqrt{\frac{300}{4{,}905}} \text{ et le second pour } x = -\sqrt{\frac{300}{4{,}905}}.$$

Cette dernière racine ne convient évidemment pas au problème, le temps cherché devant être un nombre positif. On a donc, en définitive :

$x = \sqrt{\frac{300}{4{,}905}}$, soit 7 sec.,8 à un dixième de sec, près par défaut.

201. Problème III. *Calculer les trois côtés d'un triangle rectangle, sachant que leurs mesures sont trois nombres entiers consécutifs.*

Désignons par x le nombre qui exprime la mesure du plus petit côté, les deux autres côtés seront $x+1$ et $x+2$.

$x+2$ devra évidemment être l'hypoténuse.

Si le triangle est rectangle on a (th. de Pythagore) :

$$(x+2)^2=(x+1)^2+x^2;$$

ou $$x^2+4x+4=x^2+2x+1+x^2.$$

En simplifiant, il vient :

$$x^2-2x-3=0.$$

Le nombre x cherché est racine d'une équation du second degré. Pour la résoudre, nous allons transformer le premier membre en produit de facteurs du premier degré.

Remarquons que x^2-2x sont les deux premiers termes du développement de $(x-1)^2$, et l'on a : $x^2-2x=(x-1)^2-1$.

En remplaçant, l'équation devient :

$$(x-1)^2-1-3=0 \text{ ou } (x-1)^2-4=0.$$

Le premier membre est une différence de deux carrés, l'équation peut s'écrire :

$$(x-1+2)(x-1-2)=0 \text{ ou } (x+1)(x-3)=0.$$

Le premier membre de l'équation est un produit de deux facteurs, pour qu'il soit nul, il faut et il suffit qu'un des facteurs soit nul ; le premier facteur s'annule pour $x=-1$, l'autre pour $x=3$.

L'équation a donc deux racines, mais le nombre que nous cherchons doit être positif ; la racine $x=3$, seule, convient au problème et les mesures des trois côtés du triangle sont exprimées par les nombres 3, 4, 5.

202. Remarque. Dans deux des problèmes que nous venons de traiter, après avoir mis le problème en équation, nous avons été amenés à résoudre une équation du second degré admettant deux racines, dont l'une seulement répondait à la question. Ce résultat s'explique facilement. Le nombre x que l'on cherche, s'il existe, doit satisfaire à l'équation trouvée, mais la réciproque n'est pas forcément vraie. Toute racine de l'équation obtenue ne convient pas forcément au problème posé. Il importe donc, lorsqu'on aura mis un problème en équation, puis résolu celle-ci, de voir si les racines trouvées sont acceptables comme solutions du problème proposé.

203. Remarque. II. Les trois problèmes que nous venons de traiter nous ont amené à la résolution d'équations du second degré à une inconnue ; ces équations avaient des formes différentes. Nous allons, dans ce qui va suivre, étudier les différentes formes de l'équation du second degré à une inconnue et indiquer, dans chaque cas, la méthode de résolution.

204. *Les différentes formes de l'équation du second degré à une inconnue.*

Lorsque la solution d'un problème a conduit à une équation à une inconnue, on commence, en général, pour résoudre celle-ci, par chasser les dénominateurs; puis, on fait passer tous les termes dans le premier membre, par exemple ; on réduit les termes semblables et, si l'équation définitive est du second degré, c'est qu'elle renferme, comme terme du plus haut degré par rapport à l'inconnue, un terme du second degré ; elle peut aussi renfermer un terme du premier degré et un terme connu.

Une équation du second degré renferme donc, au plus, trois termes, elle est de la forme générale :

$$ax^2 + bx + c = 0,$$

a, b, c étant des coefficients connus.

Il peut arriver que l'un des termes bx ou c, ou tous les deux, manquent dans l'équation; on dit alors que l'équation du second degré est incomplète.

Ainsi :

$$7x^2 = 0,$$
$$3x^2 - 4 = 0,$$
$$5x^2 + 4x = 0,$$

sont des équations incomplètes du second degré ; nous nous occuperons d'abord de celles-ci.

II. Équations incomplètes du second degré.

205. 1° *Equation de la forme* $ax^2 = 0$.

Soit à résoudre l'équation $7x^2 = 0$.

On voit immédiatement que l'équation admet pour solution $x = 0$.

D'autre part, pour toute valeur de x différente de zéro, le produit $7x^2$ est différent de zéro. L'équation n'admet donc qu'une seule racine, $x = 0$.

Toutefois, pour rappeler la forme de l'équation $(7 \times x \times x = 0)$, nous dirons que la racine trouvée, zéro, est *double*, ou encore que l'équation a deux racines égales à zéro.

206. 2° *Equation de la forme* $ax^2 + bx = 0$.

Soit à résoudre $3x^2 + 5x = 0$.

Mettons x en facteur commun, l'équation s'écrit :

$$x(3x + 5) = 0.$$

Le premier membre est un produit de deux facteurs ; pour qu'il soit nul, il faut et il suffit que l'un des facteurs soit nul ; l'équation sera satisfaite lorsqu'on aura $x = 0$ ou $3x + 5 = 0$. Ce second facteur $3x + 5$ s'annule pour $x = -\frac{5}{3}$ et l'équation considérée admet deux racines.

$$x = 0, \quad x = -\frac{5}{3}.$$

L'équation incomplète du second degré, dans laquelle le terme manquant est le terme connu, admet toujours deux racines dont l'une est égale à zéro.

207. 3° *Equation de la forme* $ax^2 + c = 0$

Soit à résoudre $3x^2 + 5 = 0$.

Nous pouvons affirmer immédiatement que l'équation n'a pas de racine, car quelle que soit la valeur que l'on attribue à x, x^2 sera positif, puisque c'est un carré ; $3x^2$ sera également positif, et le premier membre est une somme de deux termes positifs qui ne saurait être nulle.

On verrait de même que $-3x^2 - 5 = 0$ n'a pas de racine.

En somme, si l'on a à résoudre une équation de la forme $ax^2 + c = 0$, c'est-à-dire une équation du second degré dans laquelle manque le terme en x, *elle n'admet pas de racine si* a *et* c *sont de même signe.*

— Proposons-nous maintenant de résoudre

$$3x^2 - 5 = 0.$$

Divisons par 3 les deux membres. L'équation s'écrit :

$$x^2 - \frac{5}{3} = 0$$

ou encore

$$x^2 - \left(\sqrt{\frac{5}{3}}\right)^2 = 0.$$

Le premier membre qui est une différence de deux carrés peut être remplacé par un produit de deux facteurs, et l'équation devient :

$$\left(x - \sqrt{\frac{5}{3}}\right)\left(x + \sqrt{\frac{5}{3}}\right) = 0.$$

Le premier membre est un produit de deux facteurs; pour qu'il soit nul, il faut et il suffit que l'un des facteurs soit nul, ce qui nous donne deux racines :

$$x = \sqrt{\frac{5}{3}}, \quad x = -\sqrt{\frac{5}{3}};$$

on écrit $$x = \pm\sqrt{\frac{5}{3}}.$$

— *En résumé*, si l'on a à résoudre une équation incomplète du second degré de la forme $ax^2 + c = 0$; deux cas peuvent se présenter.

1° a et c sont de même signe, l'équation n'a pas de racine;

2° a et c sont de signes contraires, l'équation a deux racines qui sont des nombres opposés.

208. Exemples I. *Résoudre l'équation* $4x^2 + 1 = 0$.

L'équation n'a pas de racine; quelle que soit la valeur attribuée à x, le premier membre de l'équation est une somme de deux nombres positifs, il ne peut être nul.

II. *Résoudre l'équation* $-x^2 - 5 = 0$.

L'équation n'a pas de racine; quelle que soit la valeur attribuée à x, le premier membre de l'équation est une somme de deux nombres négatifs, il ne peut être nul.

III. *Résoudre l'équation* $4x^2 - 25 = 0$.

L'équation s'écrit $x^2 - \frac{25}{4} = 0$,

ou $$\left(x - \frac{5}{2}\right)\left(x + \frac{5}{2}\right) = 0.$$

Le premier membre est un produit de deux facteurs, pour qu'il soit nul, il faut et il suffit que l'un des facteurs soit nul. L'équation a deux racines qui sont : $x = \pm\frac{5}{2}$.

— On peut opérer plus rapidement.

Écrivons l'équation $x^2 = \frac{25}{4}$.

On en déduit immédiatement :

$$x = \pm\sqrt{\frac{25}{4}} = \pm\frac{5}{2}.$$

IV. *Résoudre l'équation* $-3x^2 + 7 = 0$.

Ecrivons l'équation $3x^2 - 7 = 0$,

ou $$x^2 - \frac{7}{3} = 0.$$

$\frac{7}{3}$ est un nombre positif, on peut le considérer comme le carré de sa racine carrée et écrire l'équation :

$$x^2 - \left(\sqrt{\frac{7}{3}}\right)^2 = 0,$$

ou

$$\left(x - \sqrt{\frac{7}{3}}\right)\left(x + \sqrt{\frac{7}{3}}\right) = 0.$$

Le premier membre est un produit de deux facteurs, pour qu'il soit nul, il faut et il suffit que l'un des facteurs soit nul, ce qui nous donne pour racines :

$$x = \pm\sqrt{\frac{7}{3}}.$$

— Plus rapidement, on écrira l'équation :

$$x^2 = \frac{7}{3}, \quad \text{d'où } x = \pm\sqrt{\frac{7}{3}}.$$

III. Équation complète du second degré.

209. Prenons l'équation générale $ax^2 + bx + c = 0$;

a, b, c sont trois nombres et a est certainement différent de 0 car, s'il en était autrement, l'équation ne serait pas du second degré.

Divisons les deux membres de l'équation par a, elle devient :

$$x^2 + \frac{b}{a}x + \frac{c}{a} = 0. \qquad (1)$$

Nous allons nous proposer de transformer le premier membre en produit de facteurs.

$x^2 + \frac{b}{a}x$ sont les deux premiers termes du développement du carré d'une somme; le premier terme de cette somme est évidemment x, le second est tel que le produit de $2x$ par ce terme est égal à $\frac{b}{a}x$; c'est donc :

$$\frac{\frac{b}{a}x}{2x} = \frac{b}{2a}.$$

On a bien en effet :

$$\left(x + \frac{b}{2a}\right)^2 = x^2 + \frac{bx}{a} + \frac{b^2}{4a^2}.$$

Ajoutons et retranchons la quantité $\frac{b^2}{4a^2}$ au premier membre de l'équation (1), il vient :

$$x^2+\frac{bx}{a}+\frac{b^2}{4a^2}-\frac{b^2}{4a^2}+\frac{c}{a}=0;$$

ou :

$$\left(x+\frac{b}{2a}\right)^2-\left(\frac{b^2}{4a^2}-\frac{c}{a}\right)=0;$$

ou encore :

$$\left(x+\frac{b}{2a}\right)^2-\frac{b^2-4ac}{4a^2}=0. \qquad (2)$$

1° Si $b^2-4ac>0$, comme $4a^2$, carré parfait, est positif quel que soit a, l'expression $\frac{b^2-4ac}{4a^2}$ est positive; on peut la considérer comme le carré de sa racine carrée, et l'équation devient :

$$\left(x+\frac{b}{2a}\right)^2-\left(\sqrt{\frac{b^2-4ac}{2a}}\right)^2=0.$$

Le premier membre est une différence de deux carrés; transformons-le en produit; on a :

$$\left(x+\frac{b}{2a}+\sqrt{\frac{b^2-4ac}{4a^2}}\right)\left(x+\frac{b}{2a}-\sqrt{\frac{b^2-4ac}{4a^2}}\right)=0.$$

Le premier membre est un produit de deux facteurs ; pour qu'il soit nul, il faut et il suffit que l'un des facteurs soit nul. Les racines de l'équation sont donc les valeurs de x qui annulent chaque facteur; le premier nous donne :

$$x=-\frac{b}{2a}-\sqrt{\frac{b^2-4ac}{4a^2}}=-\frac{b}{2a}-\frac{\sqrt{b^2-4ac}}{2a}$$

$$=\frac{-b-\sqrt{b^2-4ac}}{2a};$$

le second donne :

$$x=-\frac{b}{2a}+\sqrt{\frac{b^2-4ac}{4a^2}}=-\frac{b}{2a}+\frac{\sqrt{b^2-4ac}}{2a}$$

$$=\frac{-b+\sqrt{b^2-4ac}}{2a}.$$

Il y a donc, dans ce cas, deux racines inégales qui sont données par la formule générale :

$$x = \frac{-b \pm \sqrt{b^2 - 4ac}}{2a}.$$

On désigne généralement les racines par x' et x'', x' étant la racine correspondante au radical pris avec le signe $+$, x'' désignant l'autre ;

2° Si $b^2 - 4ac = 0$, l'équation (2) devient

$$\left(x + \frac{b}{2a}\right)^2 = 0.$$

Pour que le premier membre soit nul, il faut et il suffit que

$$x + \frac{b}{2a} = 0, \text{ c'est-à-dire } x = -\frac{b}{2a}.$$

Dans ce cas, il n'y a qu'une seule racine.

Pour rappeler que le premier membre de l'équation s'écrit

$$\left(x + \frac{b}{2a}\right)\left(x + \frac{b}{2a}\right),$$

c'est-à-dire se décompose en un produit de deux facteurs égaux, on dit que, dans ce cas, l'équation admet une racine *double*, ou *deux racines égales*.

3° Si $b^2 - 4ac < 0$, l'équation (2) n'a pas de racine; en effet, $\frac{b^2 - 4ac}{4a^2}$ est négatif, car son dénominateur est positif quel que soit a. Donc $-\frac{b^2 - 4ac}{4a^2}$ est positif.

D'autre part, quelle que soit la valeur attribuée à x, $\left(x + \frac{b}{2a}\right)^2$, carré parfait, est positif et le premier membre de l'équation (2) qui est une somme de deux termes positifs, ne peut être nul.

210. Résumé. — Dans la résolution d'une équation de la forme $ax^2 + bx + c$, plusieurs cas peuvent donc se présenter :

1° $b^2 - 4ac > 0$, *l'équation a deux racines distinctes données par la formule* $x = \frac{-b \pm \sqrt{b^2 - 4ac}}{2a}$;

2° $b^2 - 4ac = 0$, *l'équation a une racine double donnée par la formule* $x = \frac{-b}{2a}$;

3° $b^2 - 4ac < 0$, *l'équation n'a pas de racine.*

L'expression $b^2 - 4ac$, que nous désignerons par D, est appelée *discriminant de l'équation.*

211. Remarque. Pour résoudre une équation du second degré à une inconnue, il faudra tout d'abord la comparer à l'équation générale.

Ainsi, soit l'équation $3x^2 - 5x + 2 = 0$.

On l'obtient en partant de l'équation générale $ax^2 + bx + c = 0$, à condition de prendre, dans cette dernière, $a = 3$, $b = -5$ et $c = 2$.

On formera l'expression D ou $b^2 - 4ac$ afin de savoir si l'équation a des racines. Nous avons :

$$D = 5^2 - 4 \times 3 \times 2 = 25 - 24 = 1.$$

Le discriminant étant positif, l'équation a deux racines distinctes (nº 210) que l'on obtiendra en appliquant la formule

$$x = \frac{-b \pm \sqrt{b^2 - 4ac}}{2a}.$$

On a :
$$x = \frac{5 \pm \sqrt{1}}{6} = \frac{5 \pm 1}{6}.$$

Les racines sont :

$$x' = \frac{5+1}{6} = 1 \quad \text{et} \quad x'' = \frac{5-1}{6} = \frac{2}{3}.$$

Vérification :

1° $3 \times 1^2 - 5 \times 1 + 2 = 3 - 5 + 2 = 0.$

2° $3 \times \left(\frac{2}{3}\right)^2 - 5\left(\frac{2}{3}\right) + 2 = \frac{3 \times 4}{9} - \frac{10}{3} + 2 = \frac{4}{3} - \frac{10}{3} + 2 = 0.$

— Donnons quelques exemples, en nous réservant d'indiquer plus loin comment, dans certains cas, la résolution peut se simplifier.

212. Applications. I. *Résoudre l'équation* $3x^2 + 4x - 132 = 0$.

Formons le discriminant :

$$D = 16 + 1584 = 1600.$$

D est positif; l'équation a donc deux racines distinctes et l'on a :

$$x = \frac{-4 \pm \sqrt{1600}}{6} = \frac{-4 \pm 40}{6};$$

$$\text{d'où } x' = \frac{-4 + 40}{6} = \frac{36}{6} = 6$$

$$\text{et } x'' = \frac{-4 - 40}{6} = \frac{-44}{6} = -\frac{22}{3}.$$

Vérification :

1° $3 \times 36 + 4 \times 6 - 132$ ou $132 - 132 = 0$.

2° $\frac{3 \times 484}{9} - \frac{4 \times 22}{3} - 132$ ou $\frac{484}{3} - \frac{484}{3} = 0$.

II. *Résoudre l'équation*

$$3x^2 - 50x + 187 = 0.$$

On a : $D = 2500 - 2244 = 256$.

D étant positif, l'équation a deux racines distinctes, et l'on a :

$$x = \frac{50 \pm \sqrt{256}}{6} = \frac{50 \pm 16}{6};$$

$$\text{d'où} \quad x' = \frac{50 + 16}{6} = \frac{66}{6} = 11$$

$$\text{et} \quad x'' = \frac{50 - 16}{6} = \frac{34}{6} = \frac{17}{3}.$$

Vérification : $3 \times 121 - 50 \times 11 + 187$ ou $550 - 550 = 0$.

$\frac{3 \times 289}{9} - \frac{50 \times 17}{3} + 187$ ou $\frac{850}{3} - \frac{850}{3} = 0$.

III. *Résoudre l'équation* $4x^2 + 3x + 5 = 0$.

$D = 9 - 80 = -71$. L'équation n'a pas de racine.

IV. *Résoudre l'équation* $4x^2 + 4x + 1 = 0$.

$D = 16 - 16 = 0$. L'équation a une racine double.

Appliquons la formule (n° 209) :

$$x = -\frac{4}{8} = -\frac{1}{2}.$$

Vérification : $4\left(-\frac{1}{2}\right)^2 + 4\left(-\frac{1}{2}\right) + 1 = \frac{4}{4} - \frac{4}{2} + 1 = 0$.

Nous avons vu, dans la résolution de l'équation générale, que si $D = 0$, le premier membre de l'équation est un carré parfait.

Ici l'équation s'écrit effectivement

$$(2x + 1)^2 = 0.$$

213. *Cas où la résolution de l'équation se simplifie.*

1° *L'équation est telle que le terme en x^2 et le terme connu son de signes contraires.*

Considérons l'équation $5x^2 - 3x - 2 = 0$.

Formons le discriminant : $D = (-3)^2 - 4(5)(-2) = 9 + 40$.

Le discriminant est une somme de deux nombres positifs, il est donc positif et, par suite, l'équation a deux racines distinctes.

Il en sera ainsi pour toutes les équations analogues :

En effet, le discriminant est l'expression $b^2 - 4ac$. Or, quel que soit le nombre b, positif ou négatif, b^2 est évidemment positif ; d'autre part, si le coefficient a du terme en x^2 et le terme connu c sont de signes contraires, le produit ac est négatif, et par suite, $-4ac$ est positif; le discriminant qui est la somme de deux nombres positifs est positif: Nous dirons pour simplifier :

Si dans une équation du second degré à une inconnue, les termes extrêmes sont de signes contraires, le discriminant est positif et l'équation a deux racines distinctes.

2° *Le coefficient de x dans l'équation est divisible par 2.*

Soit à résoudre l'équation $2x^2 - 4x - 3 = 0$.

Cette équation a deux racines distinctes puisque les termes extrêmes sont de signes contraires. Appliquons la formule de résolution

$$x = \frac{4 \pm \sqrt{16+24}}{4} = \frac{4 \pm \sqrt{40}}{4} = \frac{4 \pm 2\sqrt{10}}{4} = \frac{2 \pm \sqrt{10}}{2}.$$

Nous avons eu une simplification dans le calcul des racines.

— D'une façon générale, considérons l'équation $ax^2 + bx + c = 0$. Le coefficient de x étant divisible par 2, nous pouvons le désigner par $2b'$, b' sera alors la moitié du coefficient de x.

Proposons-nous donc de résoudre

$$ax^2 + 2b'x + c = 0.$$

Formons le discriminant : $D = 4b'^2 - 4ac = 4(b'^2 - ac)$.

Le discriminant est positif, nul ou négatif, suivant que $b'^2 - ac$ est positif, nul ou négatif. Or $b'^2 - ac$ est plus simple à former que $b^2 - 4ac$ et cela constitue déjà une simplification.

Examinons les différents cas :

1° $b'^2 - ac > 0$. L'équation a deux racines distinctes et la formule de résolution nous donne :

$$x = \frac{-2b' \pm \sqrt{4b'^2 - 4ac}}{2a} = \frac{-2b' \pm \sqrt{4(b'^2 - ac)}}{2a}.$$

Or la racine carrée d'un produit de facteurs est égale au produit des racines carrées de chacun des facteurs; on peut écrire :

$$x = \frac{-2b' \pm 2\sqrt{b'^2 - ac}}{2a} = \frac{-b' \pm \sqrt{b'^2 - ac}}{a}.$$

Cette formule est plus simple que la formule générale.

2° $b'^2 - ac = 0$. L'équation a une racine double et la formule (n° 210) nous donne :

$$x = -\frac{2b'}{2a} = -\frac{b'}{a}.$$

La formule générale se trouve encore simplifiée.

3° $b'^2 - ac < 0$. L'équation n'a pas de racine.

214. Résumé. Si dans l'équation du second degré, le coefficient de x est divisible par 2, on prendra pour discriminant $b'^2 - ac$, b' étant la moitié de b, et alors trois cas peuvent se présenter :

1° $b'^2 - ac > 0$, *l'équation a deux racines distinctes données par la formule :* $x = \frac{-b' \pm \sqrt{b'^2 - ac}}{a}$.

2° $b'^2 - ac = 0$, *l'équation a une racine double donnée par la formule :* $x = -\frac{b'}{a}$.

3° $b'^2 - ac < 0$, *l'équation n'a pas de racine.*

L'expression $b'^2 - ac$ sera encore appelée *discriminant de l'équation*, nous la désignerons par D'.

215. Applications. I. *Résoudre l'équation* $5x^2 + 8x - 1 = 0$.

Les termes extrêmes étant de signes contraires, le discriminant est positif et l'équation a deux racines distinctes.

Pour les trouver, le coefficient de x étant divisible par 2, appliquons la formule réduite :

$$x = \frac{-4 \pm \sqrt{16 + 5}}{5}.$$

On a donc : $x' = \frac{-4 + \sqrt{21}}{5}$ et $x'' = \frac{-4 - \sqrt{21}}{5}$.

II. *Résoudre l'équation* $x^2 - 4x + 4 = 0$.

Le coefficient de x est divisible par 2.

$$D' = 4 - 4 = 0.$$

L'équation a une racine double qui est $x = \frac{2}{1} = 2$.

L'équation proposée peut en effet s'écrire $(x - 2)^2 = 0$, elle admet la racine double $x = 2$.

III. *Résoudre l'équation* $2x^2 + 4x + 7 = 0$.

Le coefficient de x est divisible par 2.

$$D' = 4 - 14 = -12.$$

L'équation n'a pas de racine.

IV. Exercices et problèmes du second degré.

216. *Résoudre l'équation* $\frac{x-1}{x-2} + \frac{x-2}{x} = \frac{7}{3}$.

Chassons les dénominateurs, pour cela, multiplions tous les termes par le produit $3x(x-2)$, l'équation devient :

$$3x(x-1) + 3(x-2)^2 = 7x(x-2).$$

Effectuons :

$$3x^2 - 3x + 3x^2 - 12x + 12 = 7x^2 - 14x.$$

Faisons passer tous les termes dans le premier membre et réduisons les termes semblables, on a :

$$x^2 + x - 12 = 0.$$

Cette équation du second degré a deux racines distinctes qui sont :

$$x = \frac{-1 \pm \sqrt{1+48}}{2} = \frac{-1 \pm 7}{2}.$$

On en déduit $x' = 3$ et $x'' = -4$.

Ces deux valeurs, n'annulant pas le facteur $3x(x-2)$ par lequel on a multiplié les deux membres, sont acceptables.

Vérification : 1° $\frac{3-1}{3-2} + \frac{3-2}{3} = \frac{2}{1} + \frac{1}{3} = \frac{7}{3}.$

2° $\frac{-4-1}{-4-2} + \frac{-4-2}{-4} = \frac{5}{6} + \frac{6}{4} = \frac{10+18}{12} = \frac{28}{12} = \frac{7}{3}.$

217. *Résoudre le système* $\begin{cases} x^2 - 3y^2 + x = 8, \\ 2x + y = 10. \end{cases}$

L'une des équations du système est du second degré, nous dirons que c'est un système du second degré de deux équations simultanées à deux inconnues.

Nous procéderons par élimination.

De la seconde équation, qui est du prèmier degré, tirons la valeur de y et portons la valeur trouvée dans la première, nous constituerons le système.

$$\begin{cases} y = 10 - 2x, \\ x^2 - 3(10 - 2x)^2 + x = 8, \end{cases} \qquad (1)$$

équivalent au système proposé et dans lequel la seconde équation ne renferme plus *qu'une inconnue.*

Résolvons la deuxième équation, elle s'écrit :

$$x^2 - 300 + 120x - 12x^2 + x = 8,$$

ou

$$11x^2 - 121x + 308 = 0.$$

Divisons tous les termes par 11, il vient :

$$x^2 - 11x + 28 = 0.$$

$$D = 11^2 - 4 \times 28 = 121 - 112 = 9.$$

Le discriminant est positif, l'équation a deux racines distinctes qui sont:

$$x = \frac{11 \pm \sqrt{9}}{2} = \frac{11 \pm 3}{2};$$

soit

$$x' = 7 \text{ et } x'' = 4.$$

A chacune de ces valeurs correspondra une valeur de y donnée par la première équation du système (1).

Pour $x = 7$, on a : $y = 10 - 14 = -4$.

Pour $x = 4$, on a : $y = 10 - 8 = 2$.

Nous avons donc deux systèmes de solution :

$$\begin{cases} x = 7, \\ y = -4; \end{cases} \qquad \begin{cases} x = 4, \\ y = 2. \end{cases}$$

218. Problème. *Trouver un nombre dont les $\frac{2}{3}$ multipliés par les $\frac{4}{5}$ donnent 120.*

Solution. Soit x ce nombre. Nous avons l'équation :

$$\frac{2x}{3} \times \frac{4x}{5} = 120,$$

ou

$$\frac{8x^2}{15} = 120.$$

On en déduit : $8x^2 = 120 \times 15$

et

$$x^2 = \frac{120 \times 15}{8} = 225.$$

L'équation s'écrit :

$$x^2 - 225 = 0 \quad \text{ou} \quad (x - \sqrt{225})(x + \sqrt{225}) = 0.$$

On en déduit $x = \pm\sqrt{225} = \pm 15$.

Vérification : 1° $\frac{15 \times 2}{3} \times \frac{15 \times 4}{5} = 10 \times 12 = 120$.

2° $\frac{2}{3}(-15) \times \frac{4}{5}(-15) = (-10)(-12) = 120$.

Le problème a donc deux solutions. Les nombres opposés $+15$ et -15 répondent à la question.

219. Problème. *Dans un triangle rectangle, l'hypoténuse a pour longueur 10 m. et l'un des côtés de l'angle droit est les $\frac{3}{4}$ de l'autre. Calculer les côtés de l'angle droit.*

Solution. Désignons par x et y les deux côtés de l'angle droit. Le théorème de Pythagore nous donne $x^2 + y^2 = 100$.

D'autre part on a, d'après l'énoncé, $y = \frac{3}{4}x$.

Il nous reste donc à résoudre le système :

$$\begin{cases} x^2 + y^2 = 100, \\ y = \frac{3}{4}x. \end{cases} \qquad (1)$$

Remplaçons, dans la première équation, y par sa valeur prise dans la seconde, on a :

$$x^2 + \frac{9x^2}{16} = 100$$

ou $$16x^2 + 9x^2 = 1600.$$

On en déduit : $$25x^2 - 1600 = 0.$$

Divisons les deux membres par 25, il vient :

$$x^2 - 64 = 0 \quad \text{ou} \quad (x-8)(x+8) = 0.$$

L'équation admet pour racines $x = \pm 8$.

Le nombre cherché devant être positif, nous prendrons la solution $x = 8$ et, en remplaçant x par 8 dans la deuxième équation du système (1), $y = 6$.

Les côtés de l'angle droit ont donc pour longueurs 6 m. et 8m.

220. Problème. *Trouver deux nombres dont la somme soit 23 et le produit 120.*

Solution. Soient x et y les deux nombres, on doit avoir :

$$\begin{cases} x + y = 23, \\ xy = 120. \end{cases} \qquad (1)$$

Reste à résoudre ce système d'équations.

De la première, tirons la valeur de x et portons cette valeur dans la seconde, nous formons le système

$$\begin{cases} x = 23 - y, \\ (23 - y)\,y = 120, \end{cases}$$

équivalent au premier.

Résolvons la seconde équation, elle s'écrit :

$$y^2 - 23y + 120 = 0.$$

$D = 529 - 480 = 49$; l'équation a deux racines distinctes.

$$x = \frac{23 \pm \sqrt{49}}{2} = \frac{23 \pm 7}{2}.$$

On a donc : $x' = \frac{23+7}{2} = 15$ et $x'' = \frac{23-7}{2} = 8$.

Portons ces valeurs dans la première équation du système (1).

Pour $x = 15$, $y = 23 - 15 = 8$,

Pour $x = 8$, $y = 23 - 8 = 15$.

Le problème n'a qu'une solution : les deux nombres sont 15 et 8.

— Nous donnerons plus loin une méthode plus rapide pour résoudre le système (1).

221. Problème. *Un marchand de nouveautés a acheté une pièce de toile pour 400 francs. Il a revendu une partie de la pièce pour 462 francs, en gagnant 3 francs par mètre. Quelle était la longueur de la pièce, sachant qu'il en reste 8 mètres ?*

Solution. Soit x la longueur de la pièce; le prix d'achat d'un mètre est $\frac{400}{x}$; le prix de vente est $\frac{462}{x-8}$.

Le bénéfice par mètre étant 3 francs, nous avons l'équation :

$$\frac{462}{x-8}-\frac{400}{x}=3.$$

Multiplions tous les termes par le produit $(x-8)x$, il vient :

$$462x-400(x-8)=3x(x-8),$$

$$462x-400x+3\,200=3x^2-24x,$$

Ou enfin :

$$3x^2-86x-3\,200=0.$$

Nous avons là une équation du second degré. Les termes extrêmes étant de signes contraires, le discriminant est positif et l'équation a deux racines distinctes.

On a :
$$x=\frac{86\pm\sqrt{45\,796}}{6}=\frac{86\pm 214}{6};$$

d'où
$$x'=\frac{86+214}{6}=\frac{300}{6}=50,$$

et
$$x''=\frac{86-214}{6}=\frac{-128}{6}=\frac{-64}{3}.$$

La solution $x'=50$ convient seule à la question.

La pièce mesurait donc 50 mètres.

Vérification : Prix d'achat d'un mètre $=\frac{400}{50}$ fr. $=8$ fr.

Prix de vente d'un mètre $=\frac{462}{42}$ fr. $=11$ fr.

Bénéfice par mètre, 11 fr. $-$ 8 fr. $=$ 3 fr.

V. Relations entre les coefficients et les racines d'une équation du second degré.

222. Considérons l'équation générale

$$ax^2+bx+c=o.$$

Supposons le discriminant positif; l'équation admet alors deux racines distinctes qui sont :

$$x'=\frac{-b+\sqrt{b^2-4ac}}{2a},$$

$$x''=\frac{-b-\sqrt{b^2-4ac}}{2a},$$

1° SOMME DES RACINES. Faisons la somme des racines :

$$x' + x'' = \frac{-b + \sqrt{b^2 - 4ac}}{2a} + \frac{-b - \sqrt{b^2 - 4ac}}{2a} = \frac{-2b}{2a} = \frac{-b}{a}.$$

2° PRODUIT DES RACINES. Faisons le produit des racines :

$$x'x'' = \left(\frac{-b + \sqrt{b^2 - 4ac}}{2a}\right)\left(\frac{-b - \sqrt{b^2 - 4ac}}{2a}\right)$$

$$= \frac{\left(-b + \sqrt{b^2 - 4ac}\right)\left(-b - \sqrt{b^2 - 4ac}\right)}{4a^2}.$$

Au numérateur de la fraction, nous avons à effectuer le produit d'une somme de deux termes par leur différence.

$$x'x'' = \frac{(-b)^2 - (b^2 - 4ac)}{4a^2} = \frac{b^2 - b^2 + 4ac}{4a^2} = \frac{c}{a}.$$

223. En résumé, nous avons établi les relations

$$\begin{cases} x' + x'' = -\dfrac{b}{a}, \\ x'x'' = \dfrac{c}{a}. \end{cases}$$

EXEMPLE. L'équation

$$3x^2 - x - 2 = 0$$

admet deux racines distinctes, puisque ses termes extrêmes sont de signes contraires.

Nous avons :

$$\text{Somme des racines} = -\frac{b}{a} = \frac{1}{3};$$

$$\text{Produit des racines} = \frac{c}{a} = -\frac{2}{3}.$$

224. APPLICATIONS. I. ***Détermination du signe des racines, sans résoudre l'équation.***

1° Considérons l'équation $3x^2 - 8x + 5 = 0$.

Le discriminant $D' = 16 - 15 = 1$ est positif, l'équation a deux racines distinctes.

Le produit des racines $\frac{c}{a} = \frac{5}{3}$ est positif, donc les racines sont de même signe.

La somme des racines $-\frac{b}{a} = \frac{8}{3}$ est positive. Dans ces conditions, les deux racines ayant le même signe et une somme positive sont toutes deux positives ;

2° Considérons l'équation $x^2 + 3x - 40 = 0$.

Les termes extrêmes sont de signes contraires, l'équation a donc deux racines distinctes.

Le produit des racines est négatif, les racines sont donc de signes contraires.

La somme des racines est négative ; la plus grande des deux racines, en valeur absolue, est donc la racine négative.

— En résumé, *si une équation du second degré a deux racines distinctes, pour déterminer leurs signes, on formera leur produit, puis leur somme :*

Si le produit est positif, les deux racines ont le même signe et ce signe est celui de leur somme.

Si le produit est négatif, les deux racines sont de signes contraires et, dans ce cas, le signe de la somme donne le signe de la plus grande des deux racines en valeur absolue.

225. II. ***Former une équation du second degré admettant pour racines deux nombres donnés ou encore, deux nombres dont on connaît la somme et le produit.***

Exercice I. *Former une équation qui admette pour racines* 2 *et* $\frac{1}{3}$.

On peut évidemment écrire de suite cette équation qui est :

$$\left(x-2\right)\left(x-\frac{1}{3}\right)=0.$$

On peut encore opérer ainsi :

La somme des racines est $2+\frac{1}{3}=\frac{7}{3}$; leur produit $2\times\frac{1}{3}=\frac{2}{3}$.

L'équation cherchée est donc $x^2-\frac{7}{3}x+\frac{2}{3}=0$,

$$\text{ou } 3x^2-7x+2=0.$$

Dans cette équation, la somme des racines est bien $\frac{7}{3}$ et le produit $\frac{2}{3}$.

Exercice II. *Le périmètre d'un rectangle a pour mesure 28 m. et son aire 48 m². Quelles sont ses dimensions ?*

Solution. Soient x et y les deux dimensions du rectangle, son périmètre est $2x+2y$ et son aire xy. On doit avoir :

$$\begin{cases}2x+2y=28,\\ xy=48;\end{cases}\quad\text{ou}\quad\begin{cases}x+y=14,\\ xy=48.\end{cases}$$

Nous sommes ramenés à *trouver deux nombres connaissant leur somme et leur produit.*

Il nous faut résoudre un système du second degré de deux équations simultanées à deux inconnues. On pourrait éliminer une inconnue, en procédant par substitution. Nous pouvons opérer autrement :

Les nombres cherchés x et y peuvent être considérés comme les racines d'une équation du second degré que nous pouvons écrire immédiatement. La somme des racines devant être 14 et leur produit 48, l'équation correspondante est :

$$x^2 - 14\,x + 48 = 0.$$

Formons le discriminant : $D' = 49 - 48 = 1$.

Le discriminant est positif, l'équation a donc deux racines distinctes.

$$x = \frac{7 \pm \sqrt{1}}{1} = 7 \pm 1.$$

Les racines sont $x' = 8$ et $x'' = 6$.

Réponse : Les dimensions du rectangle sont 6 m. et 8 m.

226. Remarque. Le problème précédent a été ramené au problème général suivant :

Trouver deux nombres connaissant leur somme et leur produit :

Nous avons vu qu'on peut écrire immédiatement une équation du second degré admettant pour racines les deux nombres cherchés.

D'une façon générale, S étant la somme des deux nombres, P leur produit, les deux nombres sont racines de l'équation :

$$x^2 - S\,x + P = 0.$$

Cette remarque permet de résoudre facilement certains problèmes en simplifiant la résolution du système d'équations qui en donnent la solution.

227. Exercice. *Trouver deux nombres sachant que leur somme égale 5 et la somme de leurs carrés 73.*

Solution. Soient x et y les deux nombres cherchés. On doit avoir :

$$\begin{cases} x + y = 5, \\ x^2 + y^2 = 73. \end{cases}$$

On peut résoudre ce système en éliminant une inconnue par substitution. Opérons autrement.

Nous connaissons la somme des deux inconnues et il est facile de calculer leur produit.

Elevons les deux membres de la première équation au carré, il vient :

$$x^2 + y^2 + 2\,xy = 25.$$

En retranchant membre à membre, de cette équation, la deuxième équation du système, on a :

$$2\,xy = 25 - 73 = -48, \text{ d'où } xy = -\frac{48}{2} = -24.$$

Le système proposé peut être remplacé par le système suivant :

$$\begin{cases} x + y = 5, \\ xy = -24, \end{cases}$$

qui lui est équivalent.

Les nombres cherchés x et y sont donc racines de l'équation

$$x^2 - 5x - 24 = 0.$$

L'équation admet deux racines distinctes puisque ses termes extrêmes sont de signes contraires.

$$x = \frac{5 \pm \sqrt{25 + 96}}{2} = \frac{5 \pm \sqrt{121}}{2} = \frac{5 \pm 11}{2}.$$

On a donc $x' = 8$ et $x'' = -3$.

Réponse. Les nombres cherchés sont 8 et -3.

VI. Équation irrationnelle.

228. Problème. *Dans un cercle, une corde de 3 mètres a une flèche dont la longueur est 1 mètre. Quel est le rayon du cercle?*

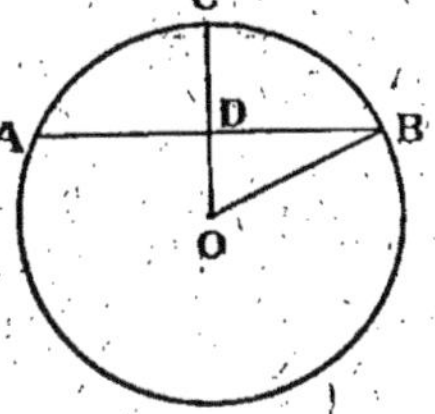

Fig. 24.

Soit x le rayon du cercle.

Cherchons la relation qui existe entre le rayon x du cercle, une corde AB et sa flèche CD (*fig.* 24).

On a : $CD = OC - OD$.

Or, dans le triangle rectangle ODB,

$$\overline{OD}^2 = \overline{OB}^2 - \overline{DB}^2, \text{ et par suite } OD = \sqrt{\overline{OB}^2 - \overline{DB}^2}.$$

Remplaçons dans l'expression de CD :

$$CD = OC - \sqrt{\overline{OB}^2 - \overline{DB}^2}$$

On a donc, en tenant compte des données :

$$1 = x - \sqrt{x^2 - \frac{9}{4}}.$$

L'équation que nous obtenons est *irrationnelle* puisque l'inconnue entre sous un radical.

Isolons le radical dans un membre, l'équation s'écrit :

$$\sqrt{x^2 - \frac{9}{4}} = x - 1. \qquad (1)$$

Elevons les deux membres au carré, il vient :

$$x^2 - \frac{9}{4} = x^2 - 2x + 1$$

ou, après simplification :

$$2x = 1 + \frac{9}{4} = \frac{13}{4} \text{ et } x = \frac{13}{8} = 1^{m},625.$$

Vérifions que $\frac{13}{8}$ est bien racine de l'équation (1) :

Le premier membre donne : $\sqrt{\frac{169}{64}-\frac{9}{4}}=\sqrt{\frac{25}{64}}=\frac{5}{8}$.

Le second membre donne : $\frac{13}{8}-1=\frac{5}{8}$.

Le rayon du cercle est bien $\frac{5}{8}$ ou $0^m,625$.

229. Remarque. Certains problèmes, comme on vient de le voir, conduisent à la résolution d'équations irrationnelles. Nous allons étudier rapidement cette forme d'équation.

Exercice I. *Résoudre l'équation* : $1-\sqrt{4x^2-x+2}=2x$.

Isolons le radical dans un membre, nous avons :

$$-\sqrt{4x^2-x+2}=2x-1. \qquad (1)$$

Élevons les deux membres de l'équation au carré, il vient :

$$4x^2-x+2=4x^2-4x+1$$

ou

$$3x=-1.$$

Cette dernière équation admet pour racine $x=-\frac{1}{3}$.

Vérifions si $-\frac{1}{3}$ est racine de l'équation; pour cela, remplaçons x par $-\frac{1}{3}$ dans les deux membres de l'équation.

Le premier membre donne : $-\sqrt{\frac{4}{9}+\frac{1}{3}+2}=-\sqrt{\frac{25}{9}}=-\frac{5}{3}$.

Le second membre donne : $2\left(-\frac{1}{3}\right)-1=-\frac{2}{3}-1=-\frac{5}{3}$.

$-\frac{1}{3}$ est racine de l'équation.

Exercice II. *Résoudre l'équation* $1+\sqrt{4x^2-x+2}=2x$.

Remarquons que cette équation ne diffère de la précédente que par le signe placé devant le radical. Opérons comme précédemment.

Isolons le radical dans un membre, nous avons :

$$+\sqrt{4x^2-x+2}=2x-1. \qquad (2)$$

Elevons les deux membres de l'équation au carré, il vient :

$$4x^2-x+2=4x^2-4x+1$$

ou

$$3x=-1$$

Cette équation qui est la même que dans le cas précédent, donne la racine $x = -\frac{1}{3}$.

Or, $-\frac{1}{3}$ n'est pas racine de l'équation (2) car si nous faisons la substitution, la valeur numérique prise par le premier membre est

$$+\sqrt{\frac{4}{9}+\frac{1}{3}+2}=\frac{5}{3}$$

et la valeur numérique prise par le second : $-\frac{2}{3}-1=-\frac{5}{3}$.

230. Remarque. Il résulte des exercices qui précèdent que si l'on élève les deux membres d'une équation au carré, toute racine de la nouvelle équation obtenue n'est pas forcément racine de l'équation proposée.

En somme, si l'on élève les deux membres d'une équation au carré, la nouvelle équation obtenue n'est pas équivalente à l'équation proposée. On peut démontrer que toute racine de l'équation proposée est racine de la nouvelle équation, mais qu'une racine quelconque de la nouvelle équation n'est pas forcément racine de l'équation proposée.

Dans ces conditions, *pour résoudre une équation irrationnelle, on commencera par isoler le radical dans un membre, puis on élèvera les deux membres de l'équation obtenue au carré. Si la nouvelle équation est rationnelle, on déterminera ses racines, et il sera nécessaire de vérifier ensuite si elles sont bien racines de l'équation proposée.*

L'équation proposée peut renfermer plusieurs radicaux portant sur l'inconnue, une seule élévation au carré sera alors insuffisante pour rendre l'équation rationnelle.

231. Exemple I. *Résoudre l'équation :* $x-\sqrt{x-1}-3=0$.

Isolons le radical, l'équation devient :

$$\sqrt{x-1}=x-3.$$

Elevons les deux membres au carré, nous avons :

$$x-1=x^2-6x+9 \quad \text{ou} \quad x^2-7x+10=0.$$

Formons le discriminant : $D = 49 - 40 = 9$.

L'équation a deux racines distinctes.

$$x=\frac{7\pm\sqrt{49-40}}{2}=\frac{7\pm 3}{2},$$

$$x' = 5 \text{ et } x'' = 2.$$

Remplaçons x par 5 dans l'équation proposée, les deux membres prennent la même valeur numérique 2.

Remplaçons x par 2, le premier membre prend la valeur numérique 1 et le second membre, la valeur -1.

L'équation proposée n'a qu'une racine, qui est $x=5$.

EXEMPLE II. *Résoudre l'équation :* $\sqrt{9-x}=5-\sqrt{4+x}$.

Elevons les deux membres de l'équation au carré, il vient :

$$9-x=25-10\sqrt{4+x}+4+x.$$

ou $$10\sqrt{4+x}=20+2x \quad \text{ou} \quad 5\sqrt{4+x}=10+x.$$

Elevons de nouveau les deux membres au carré, on a :

$$25(4+x)=100+20x+x^2$$

ou $$x^2-5x=0.$$

Nous obtenons une équation incomplète du second degré (nº 206). Elle s'écrit :

$$x(x-5)=0.$$

Le premier membre est un produit de deux facteurs; pour qu'il soit nul, il faut et il suffit que l'un des facteurs soit nul. Elle admet donc les racines :

$$x'=0,\ x''=5.$$

Remplaçons x par 0 dans les deux membres de l'équation proposée, les valeurs numériques obtenues sont égales, pour chaque membre, à 2.

Remplaçons x par 5, les valeurs numériques des deux membres sont encore égales.

L'équation proposée admet donc pour racines 0 et 5.

VII. Équation bicarrée.

232. PROBLÈME. *On considère un demi-cercle de diamètre AB (fig. 25) dont le rayon mesure 2 centimètres. On demande de mener une corde CD parallèle à AB et telle que si l'on abaisse des extrémités C et D des perpendiculaires CE et DF sur le diamètre AB, le rectangle formé $ECDF$ ait pour aire 2 cm².*

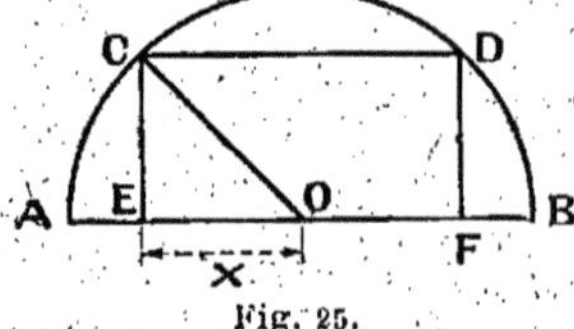

Fig. 25.

Prenons comme inconnue la distance $OE = x$.

Le triangle rectangle OEC nous donne :

$$\overline{EC}^2=\overline{OC}^2-\overline{OE}^2=4-x^2,$$

et, par suite, $$EC=\sqrt{4-x^2}.$$

La surface du rectangle est donc $2x\sqrt{4-x^2}$.

On doit avoir : $2x\sqrt{4-x^2}=2$ ou $x\sqrt{4-x^2}=1$.

Elevons les deux membres de l'équation au carré, il vient :

$$x^2(4-x^2)=1,$$

ou

$$x^4-4x^2+1=0.$$

Nous avons là *une équation du 4e degré à une inconnue; elle ne renferme ni terme du 3e degré, ni terme du 1er degré, nous dirons que c'est une équation bicarrée.*

Pour la résoudre, posons $x^2=y$. On en déduit $x^4=y^2$.

L'équation s'écrit : $y^2-4y+1=0$.

L'équation bicarrée pourra être remplacée par le système

$$\begin{cases} y^2-4y+1=0, \\ x^2=y. \end{cases}$$

La résolution de ce système se fera facilement, puisque la première des équations ne renferme qu'une inconnue.

Résolvons donc la première équation du système, puis portons dans la seconde équation les valeurs trouvées pour y.

L'équation $y^2-4y+1=0$ est du second degré.

Formons le discriminant : $D'=4-1=3$.

Le discriminant étant positif, l'équation a deux racines distinctes qui sont :

$$y=2\pm\sqrt{3} \quad \text{d'où } y'=2+\sqrt{3} \quad \text{et } y''=2-\sqrt{3}.$$

Portons successivement ces valeurs de y dans la seconde équation du système.

La valeur y' nous donne :

$$x^2=2+\sqrt{3}, \quad \text{d'où } x=\pm\sqrt{2+\sqrt{3}}.$$

Ces deux valeurs de x ne constituent qu'une solution du problème et cette solution est acceptable, car $\sqrt{2+\sqrt{3}}$ est un nombre inférieur au rayon qui est égal à 2.

La valeur y' nous donne : $x^2=2-\sqrt{3}$.

Le second membre étant positif, on a :

$$x=\pm\sqrt{2-\sqrt{3}}.$$

Ces deux valeurs de x ne nous donnent qu'une solution et elle est également acceptable.

En somme, le problème a deux solutions qui sont données par

$$x=\sqrt{2+\sqrt{3}} \quad \text{et } x=\sqrt{2-\sqrt{3}}.$$

On pourra calculer ces valeurs de x et construire les parallèles CD correspondantes.

233. Remarque. La méthode que nous venons d'indiquer pour la résolution d'une équation bicarrée est toujours applicable. Les racines seront données par la résolution de l'équation $x^2=y$, où y est remplacée successivement par les racines d'une équation du second degré.

Remarquons que l'équation $x^2 = y$ *ne donnera des racines que si la valeur de* y *est positive.*

Examinons les différents cas qui peuvent se présenter :

234. Exercice I. *Résoudre l'équation* $x^4 - x^2 - 12 = 0$.

L'équation est bicarrée.

Posons $x^2 = y$; on en déduit $x^4 = y^2$.

Remplaçons l'équation bicarrée par le système suivant :

$$\begin{cases} y^2 - y - 12 = 0, \\ x^2 = y. \end{cases}$$

Résolvons la première des équations du système; c'est une équation du second degré qui a deux racines distinctes car ses termes extrêmes sont de signes contraires.

$$y = \frac{1 \pm \sqrt{1 + 48}}{2} = \frac{1 \pm 7}{2}$$

d'où $$y' = 4 \text{ et } y'' = -3.$$

Portons ces valeurs de y dans la seconde équation du système ;

Pour $y' = 4$, on a $x^2 = 4$ et $x = \pm 2$.

Pour $y'' = -3$, on a $x^2 = -3$; cette équation (v. n° 208) n'a pas de solution car, quelle que soit la valeur attribuée à x, le premier membre est positif.

En somme, l'équation bicarrée a deux racines qui sont $+2$ et -2.

235. Exercice II. *Résoudre l'équation* $3x^4 + 5x^2 + 2 = 0$.

En faisant la même transformation que précédemment, on remplacera l'équation proposée par le système :

$$\begin{cases} 3y^2 + 5y + 2 = 0, \\ x^2 = y. \end{cases}$$

L'équation en y a deux racines distinctes, car son discriminant est positif ($D = 25 - 24 = 1$).

Mais ces deux racines sont négatives, on le voit de suite. En effet, le produit des racines (n° 224) est $\frac{2}{3}$, nombre positif, et par suite les deux racines sont de même signe; leur somme $-\frac{5}{3}$ étant négative, les deux racines sont négatives, on peut d'ailleurs le vérifier en résolvant l'équation ; il résulte de là que l'une ou l'autre des valeurs de y portées dans la deuxième équation du système ne donnera pas de solution.

L'équation proposée n'a pas de racine.

236. Exercice III. *Résoudre l'équation* $x^4 - 18x^2 + 81 = 0$.

En faisant la même transformation que précédemment, on remplacera l'équation par le système :

$$\begin{cases} y^2 - 18y + 81 = 0, \\ x^2 = y. \end{cases}$$

Résolvons l'équation $y^2 - 18y + 81 = 0$.
Formons le discriminant $D' = 81 - 81 = 0$.
L'équation a une racine double qui est $y = \frac{9}{1} = 9$.
Portons cette valeur de y dans la seconde équation du système, on a :

$$x^2 = 9, \text{ d'ou } x = \pm 3.$$

L'équation a deux racines qui sont des nombres opposés $+3$ et -3.

237. Remarque. L'équation proposée $x^4 - 18x^2 + 81 = 0$ peut s'écrire :

$$(x^2 - 9)^2 = 0 \text{ ou } (x^2 - 9)(x^2 - 9) = 0.$$

Pour rappeler que le premier membre, dans ce cas, est un produit de deux facteurs égaux, nous dirons que *les racines trouvées sont doubles*.

238. Nous pouvons résumer facilement tous les cas susceptibles de se présenter dans la résolution de l'équation bicarrée.
Considérons une équation bicarrée quelconque :

$$a x^4 + b x^2 + c = 0;$$

a, b, c étant trois facteurs numériques.
Pour la résoudre, nous posons $x^2 = y$; on en déduit $x^4 = y^2$ et nous remplacerons l'équation bicarrée par le système :

$$\begin{cases} a y^2 + b y + c = 0, & (1) \\ x^2 = y. & (2) \end{cases}$$

Résolvons l'équation $ay^2 + by + c = 0$, puis portons dans l'équation (2), les valeurs trouvées comme racines.
Plusieurs cas peuvent se présenter :
1° *L'équation* (1) *a deux racines distinctes*
Si ces deux racines sont positives, l'équation bicarrée aura quatre racines qui sont des nombres opposés deux à deux.
Si l'une des racines est positive et l'autre négative, l'équation bicarrée a deux racines qui sont des nombres opposés.
Si les deux racines sont négatives, l'équation bicarrée n'a pas de racines.
2° *L'équation* (1) *a une racine double.*
Si cette racine est positive, l'équation bicarrée a deux racines doubles qui sont des nombres opposés.
Si cette racine est négative, l'équation bicarrée n'a pas de racine.
3° *L'équation* (1) *n'a pas de racine.*
L'équation bicarrée, dans ce cas, n'a pas de racine.

Exercices et problèmes.

Résoudre les équations suivantes :

214. $3x^2 - 5x = 0;$
215. $x^2 + 7x = 0;$
216. $7x^2 - 252 = 0;$
217. $64 - x^2 = -7;$
218. $x^2 + 12x - 133 = 0;$
219. $x^2 + 10x - \frac{64}{9} = 0;$
220. $x^2 - 15x + 50 = 0;$
221. $x^2 - 11x + 18 = 0;$
222. $x^2 - 2x - 24 = 0;$
223. $x^2 - 4x - 77 = 0;$
224. $x^2 - \frac{2}{3}x - \frac{1}{5} = 0;$
225. $x^2 + 6x + 9 = 0;$
226. $x^2 + 11x + 15 = 0;$
227. $x^2 + 4x + 1 = 0;$
228. $5x + 3x - 54 = 0;$
229. $7x^2 + 11x - 666 = 0;$
230. $2x + 6x - \frac{320}{81} = 0;$
231. $4x^2 - 25x + 36 = 0;$
232. $10x^2 - 7x + 1 = 0;$
233. $7x^2 - 4x - 960 = 0;$
234. $5x^2 - 3x - 140 = 0;$
235. $6x^2 + 30x + 24 = 0;$
236. $2x^2 + 11x + 15 = 0;$
237. $x - \frac{1}{x-5} = \frac{5}{6};$
238. $(x+5)(x-5) = \frac{15x}{2};$
239. $\frac{x-1}{x-1} + \frac{x+1}{x-1} = \frac{34}{15};$
240. $\frac{2x-1}{x+1} = \frac{x+1}{x-2};$
241. $x(x^2-1)(3x^2-x-1) = 0.$

242. Discuter le signe des racines, puis résoudre s'il y a lieu, les équations suivantes :

1° $2x - 1 = \frac{1}{x};$
2° $3x^2 + 7x + 4 = 0;$
3° $x^2 - x + 1 = 0;$
4° $5x^2 - x - 1 = 0;$
5° $2x^2 - 5x + 1 = 0;$
6° $3x^2 + 12x + 9 = 0.$

243. Résoudre les systèmes suivants :

1° $\begin{cases} x - y = 2, \\ xy - 2x = 5; \end{cases}$

2° $\begin{cases} 2x - 3y = 4, \\ 3x^2 - 4y^2 = 2x + 8. \end{cases}$

244. Etant donnée l'équation $x^2 - ax + 16 = 0$, quelle valeur faut-il attribuer à a pour qu'elle admette une racine double?

245. Etant donnée l'équation $3x^2 - (a-5)x + 12 = 0$, quelle valeur faut-il attribuer à a pour qu'elle admette une racine double?

246. Etant donnée l'équation $(a-1)x^2 + 8x - 2 = 0$,

1° Quelle valeur faut-il attribuer à a pour que l'équation ait une racine double?

2° Entre quelles limites peut varier a pour que l'équation ait deux racines distinctes?

247. Etant donnée l'équation $x^2 - ax + 16 = 0$, déterminer a pour que l'une des racines soit double de l'autre.

248. Etant donnée l'équation $x^2 + ax - 15 = 0$, déterminer a pour qu'entre les racines x' et x'' existe la relation $5x' + 3x'' = 0$.

249. Résoudre les équations suivantes :

1° $x - 2 + \sqrt{x^2 - 1} = 1$;

2° $3 - \sqrt{x - 1} = 0$;

3° $3x - \sqrt{4x^2 - x + 2} = x - 2$;

4° $\sqrt{x^2 - 9} + \sqrt{2x^2 - 14} = 10$.

250. Résoudre les équations suivantes :

1° $x^4 - 1 = 0$;

2° $2x^4 + 3x^2 + 4 = 0$;

3° $4x^4 - x^2 = 0$:

4° $x^4 - 13x^2 + 36 = 0$;

5° $4x^4 + x^2 - 14 = 0$;

6° $16x^4 - 8x^2 + 1 = 0$.

251. Quel est le nombre dont les $\frac{3}{5}$ multipliés par les $\frac{3}{4}$ donnent 40 500?

252. Calculer un nombre, sachant que si on l'augmente de 3 d'une part, si on le diminue de 2 d'autre part, on obtient deux nombres dont le produit est 50.

253. La somme d'un nombre et de son inverse égale $\frac{13}{6}$. Quel est le nombre ?

254. Trouver un nombre sachant que son carré le surpasse de 132.

255. Trouver deux nombres sachant qu'ils diffèrent de 4 et que la somme de leurs carrés est 346.

256. Calculer un nombre sachant que si on l'ajoute à son carré on obtient $\frac{4}{9}$.

257. Calculer un nombre sachant que si on l'ajoute à deux fois son inverse on a pour somme $\frac{27}{5}$.

258. Trouver deux nombres pairs consécutifs dont le produit soit 624.

259. Trouver deux nombres entiers consécutifs, tels que la somme de leurs carrés soit 113.

260. Trouver un nombre tel que, si on l'ajoute à sa racine carrée, on ait pour somme 42.

261. Calculer les dimensions d'un rectangle dont l'aire mesure 500^{m^2}, sachant que la longueur diffère de la largeur de 5 m.

262. Calculer les dimensions d'un rectangle dont l'aire mesure 300^{m^2}, et dont la hauteur soit les $\frac{3}{4}$ de la base.

263. Quelles sont les dimensions d'un rectangle dont le périmètre mesure 32 m. et la surface 63^{m^2}?

264. Calculer l'aire d'un rectangle sachant que le nombre qui mesure son périmètre est les $\frac{2}{3}$ du nombre qui exprime sa surface et que sa longueur est triple de sa largeur.

265. Calculer les côtés d'un triangle rectangle, dont l'hypoténuse mesure $11^m,18$ et le périmètre $26^m,18$.

266. Un groupe de jeunes gens part en voyage. Ils ont à payer une somme de 100 francs. Au moment de régler, quatre d'entre eux sont dispensés de payer; la part de chacun des autres se trouve ainsi augmentée de 12 fr. 50. Combien y a-t-il de jeunes gens dans le groupe?

267. Dans une société de secours mutuels, la cotisation annuelle des femmes dépasse de 10 fr. celle des hommes. La somme des cotisations est de 4 800 fr. Déterminer combien il y a d'hommes et de femmes, sachant que le montant des cotisations des hommes est égal à celui des femmes et qu'il y a en tout 108 sociétaires.

268. Une personne charitable destine une somme de 12 000 fr. à partager entre un certain nombre de ses protégés. Deux de ces derniers étant décédés, la part de chacun des autres se trouve augmentée de 1 600 fr. Combien la personne avait-elle de protégés?

269. Un fermier achète un lot de moutons pour 18 000 fr. Il en perd 6 de maladie. Il vend les autres en faisant un bénéfice de 25 fr. par tête et un bénéfice total de 5 400 fr. Quel était le prix de chaque mouton?

270. Une personne, ayant placé un certain capital à un taux déterminé, a un revenu annuel de 1 200 fr. L'année suivante, elle ajoute 3000 fr. à son capital et place le tout à un taux moins élevé de 1 pour 100. Son revenu annuel est alors de 990 fr. Trouver le capital et le taux primitifs.

271. Une personne place 60 000 fr. à un certain taux. Au bout d'un an, elle retire son capital et ses intérêts et place le tout à un taux supérieur au premier de 1 pour 100. Son revenu annuel est alors de 2 472 fr. Quel était le premier taux?

CHAPITRE XI

ÉTUDE DE QUELQUES FONCTIONS

239. *Etude de la fonction $y = x^2$.*

I. Représentation graphique. Traçons deux axes de coordonnées rectangulaires $x'x$ et $y'y$ (*fig.* 26) et choisissons une unité de longueur, OA par exemple, pour les abscisses, et prenons la même unité pour les ordonnées.

Remarquons d'abord que, quelle que soit la valeur positive ou négative, attribuée à x, y sera toujours positif et par suite, *la courbe se trouvera tout entière du même côté que* Oy *par rapport à* x'x.

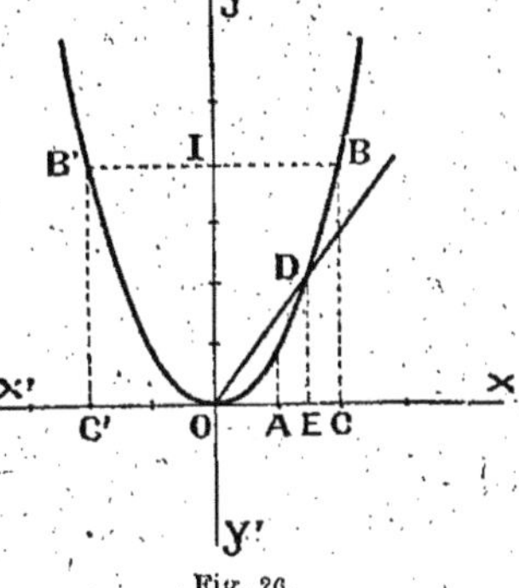

Fig. 26.

La courbe a un axe de symétrie. Donnons à x la valeur 2 par exemple, nous avons $y = 4$. Prenons OC = 2 et soit B le point ayant pour abscisse 2 et pour ordonnée 4.

Pour $x = -2$, on a encore $y = 4$; soit B' le point correspondant.

Le quadrilatère CBB'C' qui a deux côtés CB et C'B' égaux et parallèles est un parallélogramme et comme il a un angle droit, c'est un rectangle. Il résulte de là que BB', parallèle à $x'x$, est perpendiculaire sur $y'y$ et IB = IB', car ces deux segments sont respectivement égaux à OC et OC'.

Le point B' est donc symétrique de B par rapport à $y'y$.

Nous pouvons faire la même remarque pour un point quelconque de la courbe.

En somme, tous les points de la courbe sont symétriques deux à deux par rapport à $y'y$ et par suite *$y'y$ est un axe de symétrie de la courbe.*

Ces remarques faites, nous pouvons construire autant de points de la courbe que nous voudrons, en remarquant que chaque point construit nous en donnera immédiatement un autre, son symétrique par rapport à $y'y$.

En joignant tous les points obtenus par un trait continu, nous aurons la courbe cherchée.

Nous pouvons nous rendre compte facilement de l'allure de la courbe :

Donnons à x les valeurs $0, \frac{1}{2}, \frac{3}{4}, 1, \frac{3}{2}, 2$;

Les valeurs correspondantes de y sont : $0, \frac{1}{4}, \frac{9}{16}, 1, \frac{9}{4}, 4$.

Pour les valeurs de x inférieures à 1, les valeurs de y sont inférieures aux valeurs de x; au contraire, pour les valeurs de x supérieures à 1, les valeurs de y sont supérieures aux valeurs de x.

TANGENTE A LA COURBE EN O. Il est facile de voir que la courbe est tangente à $x'x$ au point O.

Prenons un point quelconque D (*fig.* 26) sur la courbe, soient x_1 et y_1 ses coordonnées; nous avons $y_1 = x_1^2$.

Abaissons DE perpendiculaire sur Ox, la droite OD a pour pente, par rapport à Ox, $\frac{ED}{OE}$ ou encore $\frac{y_1}{x_1}$; or, $\frac{y_1}{x_1} = x_1$. Supposons que le point D, variable sur la courbe, se rapproche de plus en plus du point O; x, qui varie en même temps, devient de plus en plus petit, la droite OD se rapproche de plus en plus de sa position limite qui est la tangente au point O et sa pente qui est égale à x_1 tend vers zéro; à la limite, cette pente est nulle et la tangente au point O est confondue avec $x'x$.

II. VARIATION DE LA FONCTION.

Quelle que soit la valeur, positive ou négative, attribuée à x, y est positif.

Si l'on donne à x deux valeurs opposées, les valeurs correspondantes de y sont égales.

Donnons à x une valeur négative infiniment grande en valeur absolue, y est positif et infiniment grand; nous traduisons ce résultat en disant que pour $x = -\infty$, on a $y = +\infty$.

Si nous donnons à x des valeurs négatives croissantes à partir de $-\infty$, y décroît constamment à partir de $+\infty$. Ainsi par exemple,

pour les valeurs de x suivantes : $-1\,000$, -100, -10,
y prend les valeurs $1\,000\,000$, $10\,000$, 100.

Pour $x = 0$, on a $y = 0$.

Quand x croît par valeurs positives, à partir de zéro, y croît également à partir de 0 et si x devient infiniment grand, y le devient également.

Dans ces conditions, nous pouvons former le tableau suivant:

x	$-\infty$	croît	0	croît	$+\infty$
y	$+\infty$	décroît	0	croît	$+\infty$

La fonction $y = x^2$ est donc *décroissante* quand x varie de $-\infty$ à 0 et *croissante* quand x varie de 0 à $+\infty$. Nous pourrions l'établir plus rigoureusement en opérant comme nous avons fait au n° 190; de même, on pourrait établir que la fonction $y = x^2$ est *continue* (V. n° 189) pour toutes les valeurs de la variable.

La fonction présente un minimum pour $x = 0$.

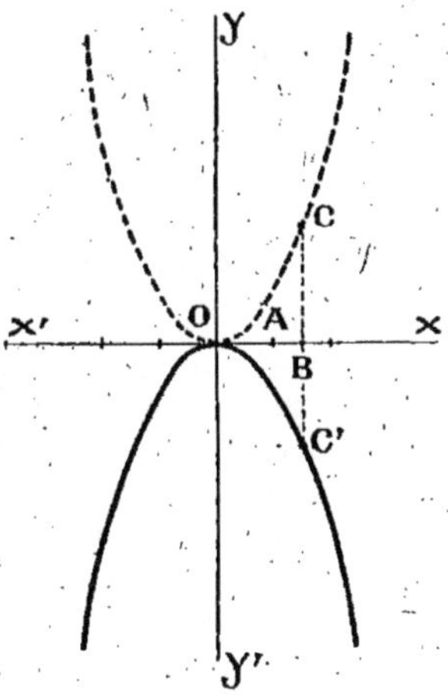

240. La courbe que nous avons construite et que l'on étudie complètement en géométrie est une *parabole*.

$y = x^2$ est l'équation d'une parabole.

241. *Etude de la fonction $y = -x^2$.*

Nous pourrions opérer, pour la fonction $y = -x^2$, comme nous avons fait pour $y = x^2$; la remarque suivante va nous permettre de simplifier cette étude.

Fig. 27.

Considérons, en même temps, les deux fonctions

$$y = x^2 \quad (1) \qquad \text{et} \qquad y = -x^2 \quad (2).$$

Prenons deux axes de coordonnées rectangulaires $x'x$, $y'y$ (*fig.* 27) et soit OA l'unité de longueur.

Donnons à x la valeur $\frac{3}{2}$, par exemple; soit $OB = \frac{3}{2}$.

La courbe (1) donne $y = \frac{9}{4}$; la courbe (2), $y = -\frac{9}{4}$; soient C et C' les points correspondants.

On a $BC = BC'$ et, par suite, les points C et C' sont symétriques par rapport à $x'x$.

A toute valeur attribuée à x correspondent, pour les deux fonctions, des valeurs de y qui sont des nombres opposés et, par suite, les points correspondants sont symétriques par rapport à $x'x$.

Les deux courbes correspondant aux fonctions considérées sont donc symétriques par rapport à $x'x$.

On établira facilement le tableau de variation pour la fonction $y = -x^2$.

x	$-\infty$	croît	0	croît	$+\infty$
y	$-\infty$	croît	0	décroît	$-\infty$

La fonction $y = -x^2$ est croissante quand x varie de $-\infty$ à 0 et décroissante quand x varie de 0 à $+\infty$. Elle présente un maximum pour $x = 0$.

$y = -x^2$ est encore l'équation d'une parabole.

242. *Etude de la fonction* $y = \frac{2}{3}x^2$.

Prenons deux axes de coordonnées rectangulaires $x'x$, $y'y$ (*fig.* 28) et choisissons une unité de longueur, OA par exemple pour les abscisses et la même unité pour les ordonnées.

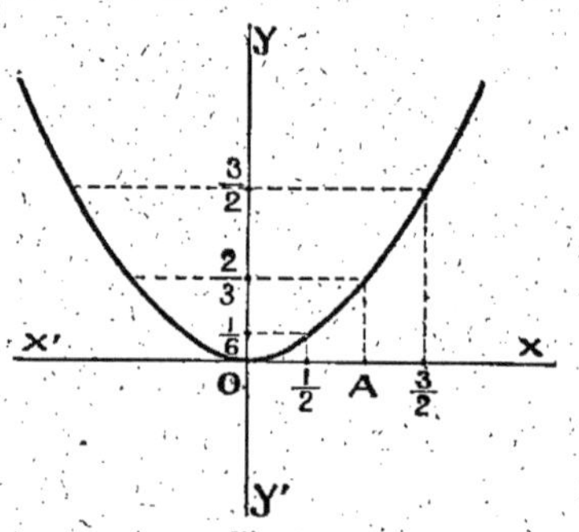

Fig. 28.

Les remarques faites pour les courbes précédentes sont encore applicables ici :

1° Quelle que soit la valeur attribuée à x, y est positif ;

2° Si l'on attribue à x deux valeurs opposées, y prend la même valeur.

La courbe est donc située tout entière, par rapport à $x'x$, du côté de Oy et, de plus, cette courbe est symétrique par rapport à l'axe des y.

Pour $x = 0$ on a $y = 0$, la courbe passe par l'origine et on montrera comme précédemment que la tangente à la courbe au point O est $x'x$.

Donnons à x un certain nombre de valeurs numériques :

$$\frac{1}{2},\ 1,\ \frac{3}{2},\ 2\ldots$$

Les valeurs correspondantes de y sont :

$$\frac{2}{3}\left(\frac{1}{2}\right)^2,\quad \frac{2}{3}(1)^2,\quad \frac{2}{3}\left(\frac{3}{2}\right)^2,\quad \frac{2}{3}(2)^2\ldots$$

ou

$$\frac{1}{6},\quad \frac{2}{3},\quad \frac{3}{2},\quad \frac{8}{3}\ldots\ldots$$

En joignant les points obtenus par un trait continu, on obtiendra la courbe.

Cette courbe a la même forme que celle obtenue pour $y = x^2$.

On peut même aller plus loin et dire que les deux fonctions peuvent être représentées par la même courbe, à condition de choisir convenablement, sur chacun des axes, l'unité de segment.

— On établira facilement la variation de la fonction $y = \frac{2}{3}x^2$, en opérant comme nous avons fait pour la fonction $y = x^2$.

x	$-\infty$	croît	0	croît	$+\infty$
y	$+\infty$	décroît	0	croît	$+\infty$

Comme pour $y = x^2$, la fonction est décroissante quand x varie de $-\infty$ à 0 et croissante quand x varie de 0 à $+\infty$. Elle présente un minimum pour $x = 0$.

243. *Etude de la fonction* $y = -\frac{2}{3}x^2$.

La représentation graphique de la variation de cette fonction est la courbe symétrique, par rapport à $x'x$, de la courbe correspondant à $y = \frac{2}{3}x^2$. On l'établira immédiatement en procédant comme nous avons fait précédemment pour les courbes $y = x^2$ et $y = -x^2$.

244. *Etude de la fonction* $y = ax^2$.

L'étude des deux dernières fonctions se généralise facilement.

Quelle que soit la valeur numérique de a, toutes les courbes représentées par $y = ax^2$ admettent l'axe des y comme axe de symétrie, car si l'on donne à x deux valeurs opposées quelconques, les valeurs correspondantes de y sont les mêmes.

Si *a est positif*, la courbe est tout entière du même côté que Oy par rapport à $x'x$, car, quelle que soit la valeur positive ou négative attribuée à x, la valeur correspondante de y est toujours positive.

Si *a est négatif*, la courbe est tout entière du même côté que Oy' par rapport à $x'x$, car quelle que soit la valeur positive ou négative attribuée à x, la valeur correspondante de y est toujours négative.

Quelle que soit la valeur de a, la courbe passe par l'origine et la tangente à la courbe en ce point est $x x$, car si M est un point de la courbe de coordonnées x_1 et y_1, la pente de la droite qui joint l'origine à ce point est $\frac{y_1}{x_1}$ et comme $y_1 = a x_1^2$.

On a :

$$\text{Pente de OM} = \frac{y_1}{x_1} = a x_1.$$

Cette pente tend bien vers 0 quand le point M se rapproche indéfiniment du point O.

Toutes les courbes représentées par l'équation générale $y = a x^2$ sont des *paraboles*.

Enfin, la variation de la fonction $y = a x^2$ s'établit comme nous l'avons déjà fait précédemment.

Si $a > 0$, on a le tableau suivant :

x	$-\infty$	croît	0	croît	$+\infty$
y	$+\infty$	décroît	0	croît	$+\infty$

La fonction est décroissante quand x varie de $-\infty$ à 0 et croissante quand x varie de 0 à $+\infty$. Elle présente un minimum pour $x = 0$.

Si $a < 0$, le tableau de variation de la fonction est alors le suivant :

x	$-\infty$	croît	0	croît	$+\infty$
y	$-\infty$	croît	0	décroît	$-\infty$

La fonction est croissante quand x varie de $-\infty$ à 0 et décroissante quand x varie de 0 à $+\infty$. Elle présente un maximum pour $x = 0$.

245. ***Application à l'étude de la chute des corps.***

On démontre en physique que tous les corps tombent également vite dans le vide. Pour étudier les lois de cette chute, on opère dans l'air; en ayant soin de prendre un corps très dense et de limiter l'étude aux premières secondes de chute, quand le corps n'a pas encore acquis une grande vitesse, on pourra négliger la résistance de l'air. A l'aide de procédés particuliers donnés dans le cours de physique, on démontre que *les espaces parcourus par un corps qui tombe dans le vide, en chute libre, sont proportionnels au carré des temps mis pour les parcourir.*

D'autre part, *les vitesses acquises par le corps qui tombe sont proportionnelles aux temps de chute* ou, ce qui revient au même, *les vitesses acquises par le corps qui tombe s'accroissent de quantités égales en des temps égaux.*

En désignant par g l'accroissement de la vitesse dans l'unité de temps *(accélération)*, par e l'espace parcouru au bout du temps t, par v la vitesse acquise, on a les formules :

$$\begin{cases} e = \frac{1}{2} g t^2, \\ v = g t. \end{cases}$$

L'accélération g de la pesanteur, à Paris, est égale approximativement à 981 cm. et elle est dirigée, sur la verticale, de haut en bas.

Proposons-nous de représenter graphiquement la variation de la fonction $e = \frac{981}{2} t^2$.

Traçons deux axes de coordonnées rectangulaires $x' x$, $y' y$ (*fig.* 29), prenons $x' x$ comme axe des temps, $y' y$ comme axe des espaces. Prenons comme sens positif des espaces le sens donné par la direction de l'accélération, c'est-à-dire le sens oy'. Soit OA le segment choisi pour unité de temps et, pour simplifier la construction, prenons comme unité de longueur sur oy un segment OB qui représentera conventionnellement la longueur $\frac{981}{2}$ cm.

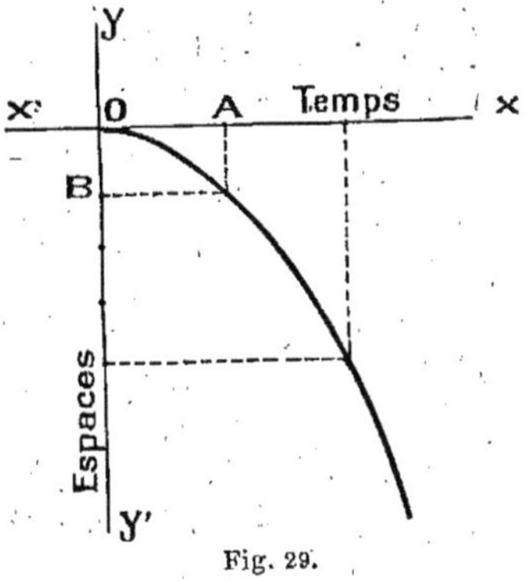

Fig. 29.

Le graphique représentant la variation de la fonction est, nous l'avons vu précédemment, une parabole. Comme les valeurs attribuées à t sont positives, nous ne prendrons que la partie correspondante de la parabole, c'est-à-dire celle qui est comprise dans l'angle xoy'.

Représentation graphique de la vitesse. — Rappelons d'abord quelques définitions.

Imaginons un mobile animé d'un mouvement quelconque; prenons un point fixe sur sa trajectoire comme origine des espaces parcourus.

Supposons qu'au temps t, le mobile ait parcouru l'espace e et qu'au temps $t+h$, il ait parcouru l'espace e'.

Le mobile aura donc parcouru l'espace $e'-e$ pendant le temps h. On appelle *vitesse moyenne du mobile pendant l'espace de temps h, le rapport* $\frac{e'-e}{h}$.

Cette vitesse moyenne est, en somme, la vitesse qu'aurait le mobile s'il parcourait, d'un mouvement uniforme, le même espace $e'-e$, pendant le même temps h. Ainsi un train qui parcourt 120 kilomètres en 3 heures a comme vitesse moyenne à l'heure $\frac{120}{3}=40$ kilomètres.

Supposons maintenant que l'intervalle du temps h tende vers zéro, $e'-e$ tend également vers 0, les deux termes du rapport $\frac{e'-e}{h}$ tendent vers 0, mais le rapport tend vers une limite que l'on appelle vitesse du mobile au temps t. Ainsi,

La vitesse du mobile au temps t est la limite vers laquelle tend le rapport $\frac{e'-e}{h}$ quand l'intervalle de temps h tend vers zéro.

Prenons un exemple :

L'équation du mouvement de la chute des corps est $e=\frac{1}{2}g\,t^2$

Calculons la vitesse du mobile au temps t.

Au temps t, l'espace parcouru a sa mesure e donnée par la formule $e=\frac{1}{2}g\,t^2$.

Au temps $t+h$, l'espace parcouru a sa mesure e' donnée par la formule $e'=\frac{1}{2}g\,(t+h)^2$.

Pendant le temps h, le corps a donc parcouru l'espace

$$e'-e=\frac{1}{2}g\,(t+h)^2-\frac{1}{2}g\,t^2,$$

ou

$$e'-e=g\,h\,t+\frac{1}{2}g\,h^2.$$

On a donc pour la vitesse moyenne pendant l'intervalle de temps h

$$\frac{e'-e}{h}=g\,t+\frac{1}{2}\,g\,h;$$

et par suite :

Vitesse au temps $t=\lim.\left(\frac{e'-e}{h}\right)$ quand h tend vers zéro $=g$.

Si l'on appelle v cette vitesse, on a la formule $v = g\ t$.

Reprenons maintenant l'arc de parabole (*fig.* 30) représentant la variation de la fonction $e = \frac{1}{2}\ g\ t^2$.

Au temps t, l'espace parcouru est e; soit M le point correspondant.

Au temps $t + h$, l'espace parcouru est e'; soit M' le point correspondant.

La vitesse moyenne du mobile dans l'intervalle de temps h est $\frac{e' - e}{h}$.

Mais $e' - e = \text{HM}'$, $h = \text{MH}$ et, par suite :

Vitesse moyenne pendant l'intervalle de temps $h = \frac{\text{HM}'}{\text{MH}}$.

$$\text{Or, } \frac{\text{HM}'}{\text{MH}} = tg\ \widehat{\text{HMM}'} = tg\ \widehat{\text{MI}x}.$$

Si l'intervalle de temps h tend vers 0, MH tend vers 0, HM' tend également vers 0, le point M' se rapproche indéfiniment du point M.

A la limite, la droite MM' devient la tangente MT (*fig.* 31) à la parabole, et l'angle MIx a pour limite l'angle α qui fait cette tangente avec la direction

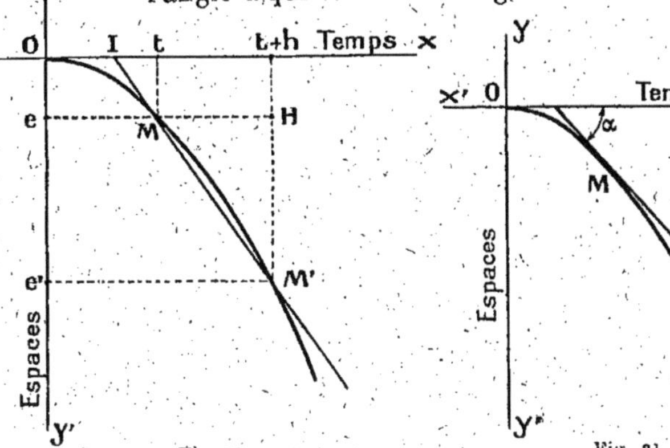

Fig. 30.

Fig. 31.

Ox. Si v est la vitesse au temps t, on a :

$$v = \lim \frac{\text{HM}'}{\text{MH}} = \text{tg}\alpha.$$

Ainsi, *au temps* t, *le point représentatif correspondant étant* M, *la vitesse du mobile est égale à la tangente trigonométrique de l'angle aigu α que fait avec l'axe des* x *la tangente en* M *à la parabole.*

246. *Etude de la fonction* $y = \frac{1}{x}$.

I. Représentation graphique. Prenons deux axes de coordonnées rectangulaires $x'x$, $y'y$ (*fig.* 32) et soit OA l'unité de longueur choisie pour les abscisses et les ordonnées.

1° Quelle que soit la valeur attribuée à x, y a toujours le même signe que x. Il n'y aura pas de points de la courbe dans l'angle $x'oy$ ni dans l'angle xoy'.

2° La valeur absolue de y est d'autant plus grande que la valeur absolue de x est plus petite et inversement.

Donnons à x les valeurs successives :

$$-2, -1, -\frac{1}{2}, -\frac{1}{4}, +\frac{1}{4}, +\frac{1}{2}, +1, +2;$$

Les valeurs correspondantes de y sont ;

$$-\frac{1}{2}, -1, -2, -4, +4, +2, +1, +\frac{1}{2}.$$

Construisons les points ainsi déterminés; nous pouvons d'ailleurs en construire autant que nous voudrons; en les joignant par un trait continu, nous obtiendrons la courbe cherchée.

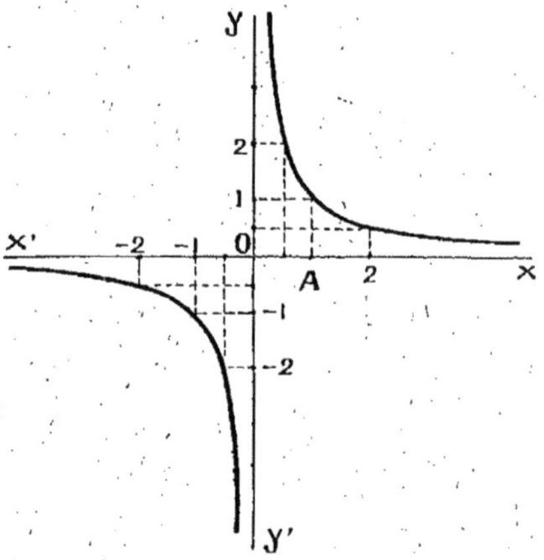

On voit déjà que cette courbe est formée par un ensemble de deux branches; l'une située dans l'angle xoy, l'autre dans l'angle $x'oy'$, on l'appelle *hyperbole équilatère*.

Fig. 32.

Les branches qui constituent la courbe sont illimitées. Donnons à x des valeurs de plus en plus grandes, les valeurs correspondantes de y vont être de plus en plus petites; quand x devient infiniment grand, y devient infiniment petit; l'une des branches se rapproche donc indéfiniment de Ox.

Si nous donnons à x des valeurs positives de plus en plus

petites, y est positif et de plus en plus grand; la branche déjà considérée se rapproche donc indéfiniment de Oy.

De même, si nous donnons à x des valeurs négatives de plus en plus petites, c'est-à-dire de plus en plus grandes en valeur absolue, les valeurs correspondantes de y sont négatives et deviennent de plus en plus petites en valeur absolue; l'autre branche se rapproche donc indéfiniment de Ox'.

Enfin, si nous donnons à x des valeurs négatives de plus en plus petites en valeur absolue, y est négatif et de plus en plus grand en valeur absolue, la seconde branche se rapproche indéfiniment de l'axe Oy'.

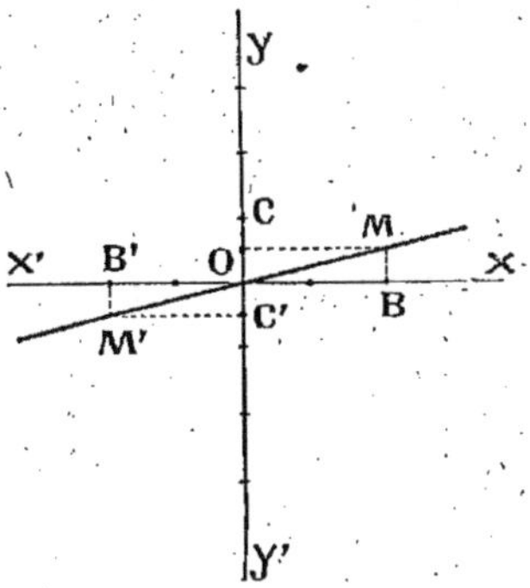

Fig. 33.

En géométrie, on dit qu'une droite est *asymptote* à une branche infinie de courbe, lorsque la distance d'un point de la courbe à la droite tend vers zéro quand le point s'éloigne à l'infini sur la courbe.

Nous pouvons donc dire que *la courbe considérée admet les deux axes comme asymptotes.*

— *L'origine est centre de la courbe.* Donnons à x la valeur 2 par exemple, nous avons $y = \frac{1}{2}$. Déterminons le point M pour lequel $x = OB = 2$ et $y = OC = \frac{1}{2}$ (*fig.* 33).

Donnons maintenant à x la valeur -2, on a $y = -\frac{1}{2}$; soient $OB' = -2$, $OC' = -\frac{1}{2}$ et M′ le point correspondant. Joignons OM et OM′ Les deux triangles rectangles OMB et OM′B′ sont égaux comme ayant les deux côtés de l'angle droit égaux; il en résulte que les angles en O sont égaux et par suite MOM′ est une ligne droite; de plus OM = OM′ et les deux points M et M′ sont symétriques par rapport au point O.

A tout point de la courbe en correspond donc un autre symétrique du premier par rapport au point O.

Dans ces conditions *le point O est centre de la courbe.*

— *La courbe a deux axes de symétrie.* Remarquons que les

valeurs de x et de y correspondant à un même point sont inverses l'une de l'autre.

Donnons à x la valeur 2, par exemple, nous avons $y = \frac{1}{2}$; soit M (*fig.* 34) le point ayant pour abscisse $OB = 2$ et pour ordonnée $OC = \frac{1}{2}$.

Donnons maintenant à x la valeur $\frac{1}{2}$, nous avons $y = 2$. Soit M′ le point ayant pour abscisse $OB' = \frac{1}{2}$ et pour ordonnée $OC' = 2$.

Traçons la droite MM′.

Le triangle MHM′ est isocèle car $MH = M'H = 2 - \frac{1}{2} = \frac{3}{2}$. D'autre part OCHB′ est un carré, la diagonale OH qui est bissectrice de l'angle H du carré, l'est également de l'angle MHM′ qui lui est opposé par le sommet et par suite, elle est perpendiculaire au milieu de I de MM′ et $IM = IM'$. Les deux points M et M′ sont symétriques par rapport à la bissectrice DD′ de l'angle xoy.

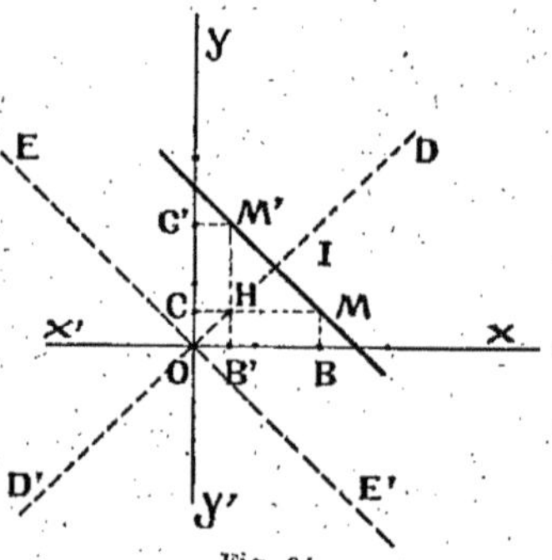

En somme, à chaque point de la courbe en correspond un autre, symétrique du premier par rapport à D′D.

La bissectrice de l'angle xOy est un axe de symétrie de la courbe.

Fig. 34.

— La courbe qui a un axe de symétrie et un centre possède forcément un second axe de symétrie passant par le centre et perpendiculaire au premier. Cette propriété est générale et s'établit immédiatement. D'ailleurs on pourra démontrer directement que la bissectrice de l'angle $x'oy$ est encore un axe de symétrie de la courbe; on prendra, par exemple, le point d'abscisse $\frac{1}{2}$ et, par suite, d'ordonnée 2, puis le point d'abscisse -2 et par suite, d'ordonnée $-\frac{1}{2}$; on montrera, comme nous avons fait plus haut, que ces points sont symétriques par rapport à la bissectrice E′E de l'angle $x'oy$. En résumé, *la courbe a deux axes de symétrie qui sont les bissectrices des axes de coordonnées.*

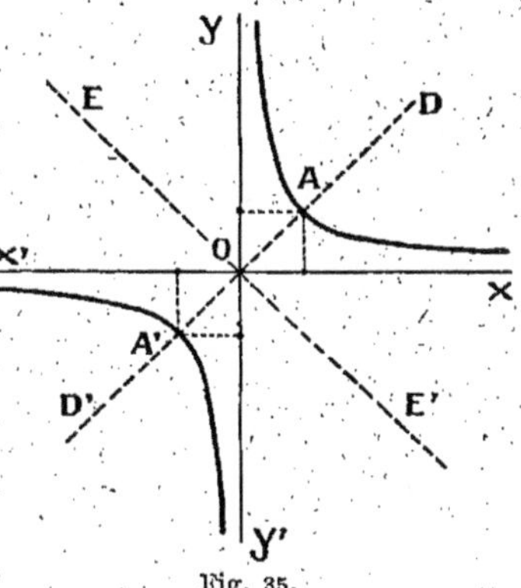

Fig. 35.

L'axe de symétrie qui est la bissectrice de l'angle xoy rencontre la courbe, l'autre ne la rencontre pas, le premier est dit *axe transverse*, l'autre *axe non transverse.*

— *Sommets de la courbe.* Les sommets sont les points où l'axe transverse rencontre la courbe. On obtient facilement leurs coordonnées :

Un sommet doit se trouver à la fois sur la courbe et sur l'axe D′D (*fig.* 35), ses coordonnées doivent vérifier, à la fois l'équation $y = \frac{1}{x}$ qui est l'équation de la courbe et l'équation $y = x$ qui est l'équation de la droite D′D, puisque, pour un point quelconque de cette droite, l'abscisse est égale à l'ordonnée. Résolvons donc le système :

$$\left\{\begin{array}{l} y = \dfrac{1}{x}, \\ y = x. \end{array}\right.$$

On en déduit immédiatement en remplaçant y par x dans la première équation,

$$x^2 = 1 \text{ d'où } x = \pm 1.$$

Le système admet donc pour solution :

$$\left\{\begin{array}{l} x = 1, \\ y = 1; \end{array}\right. \quad \left\{\begin{array}{l} x = -1, \\ y = -1. \end{array}\right.$$

Ce sont les coordonnées des sommets A et A′ de la courbe.

II. Variation de la fonction.

Faisons varier x de $-\infty$ à $+\infty$.

Quand on donne à x des valeurs négatives de plus en plus grandes en valeur absolue, y est négatif et devient de plus en petit en valeur absolue ; on peut donner à x une valeur suffisamment grande en valeur absolue pour que la valeur absolue de y soit plus petite que toute quantité donnée à l'avance, aussi petite que l'on voudra.

Dans ces conditions, nous dirons que pour $x = -\infty$, on a $y = 0$.

Quand x croît d'une façon continue à partir de $-\infty$, c'est-à-dire décroît en valeur absolue, y qui est négatif, croît en valeur absolue et, par suite, décroît d'une façon continue.

Quand x restant négatif continue à croître, y continue à décroître et devient d'autant plus petit que x est plus voisin de zéro. On peut d'ailleurs calculer une valeur négative de x, suffisamment voisine de zéro, pour que la valeur de y correspondante soit plus petite que toute quantité donnée à l'avance aussi petite que l'on voudra.

Dans ces conditions, nous dirons que quand x tend vers 0 par valeurs négatives, y tend vers $-\infty$.

Faisons maintenant varier x de 0 à $+\infty$.

Quand on donne à x des valeurs positives voisines de 0, y est d'autant plus grand que x est plus petit et on peut donner à x une valeur positive suffisamment petite pour que y soit plus grand que toute quantité donnée à l'avance, nous dirons que y devient infiniment grand, quand x tend vers 0 par valeurs positives.

Quand x croît à partir de 0, y décroît, et quand x prend des valeurs de plus en plus grandes, y prend des valeurs de plus en plus petites. Quand x devient infiniment grand, y tend vers zéro.

Nous résumerons cette étude dans le tableau suivant :

x	$-\infty$	croît	0		croît	$+\infty$
y	0	décroît	$-\infty$	$+\infty$	décroît	0

La fonction est constamment décroissante, elle ne présente ni maximum ni minimum. Quand x, variant d'une façon continue, passe par la valeur 0, y passe de $-\infty$ à $+\infty$; pour la valeur 0 elle-même, la fonction prend la valeur $\frac{1}{0}$ qui n'a aucune signification, nous dirons, dans ces conditions, que *la fonction est discontinue pour* $x = 0$.

247. *Etude de la fonction* $y = -\frac{1}{x}$.

On procèdera comme pour la fonction que nous venons d'étudier.

Dans la fonction $y = -\frac{1}{x}$ la valeur de y est toujours de signe contraire à la valeur de x, de sorte qu'il n'y a aucun point de la courbe dans les angles $x0y$ et $x'0y'$. On établira que cette courbe a encore deux asymptotes qui sont les axes de coordonnées, deux axes de symétrie qui sont les bissectrices des angles formés par les axes de coordonnées et un centre de symétrie qui est l'origine (V. *fig.* 36) ; toutefois, ici, l'axe de symétrie transverse sera la bissectrice de l'angle $x'0y$.

D'ailleurs, on peut établir que la courbe $y = -\frac{1}{x}$ est symétrique de la courbe $y = \frac{1}{x}$ par rapport à l'axe $x'x$. En effet, donnons la même valeur à x, 4 par exemple, dans les deux équations, la première donne $y = -\frac{1}{4}$, la seconde $y = \frac{1}{4}$; les deux points correspondants ayant pour coordonnées $\begin{cases} x = 4, \\ y = -\frac{1}{4}, \end{cases}$ $\begin{cases} x = 4, \\ y = \frac{1}{4}, \end{cases}$ sont symétriques par rapport à l'axe $y'y$. A tout point pris sur l'une des courbes correspond, sur l'autre courbe, un point symétrique du premier par rapport à l'axe $y'y$. Les deux courbes sont bien symétriques par rapport à $y'y$.

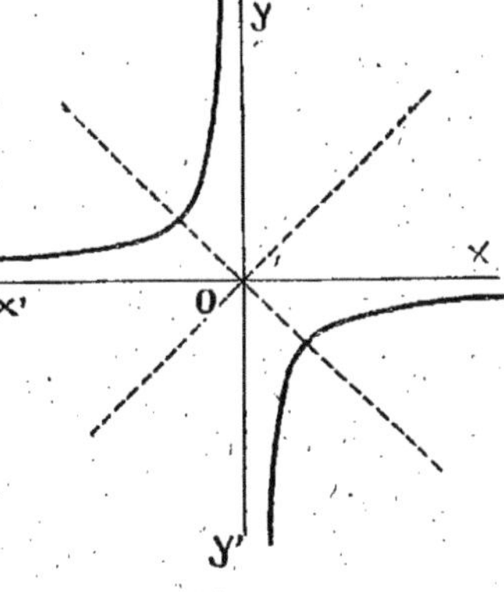

Fig. 36.

248. *Etude de la fonction* $y = \frac{3}{x}$.

On étudiera cette fonction comme on a fait pour la fonction $y = \frac{1}{x}$, on peut répéter exactement ce qui a été dit pour cette dernière.

La courbe $y = \frac{3}{x}$ admet les deux axes de coordonnées comme asymptotes.

L'origine est centre de la courbe.

Les bissectrices des axes de coordonnées sont des axes de symétrie de la courbe et on obtiendra pour les coordonnées des sommets : $\begin{cases} x = \sqrt{3}, \\ y = \sqrt{3}; \end{cases}$ $\begin{cases} x = -\sqrt{3}, \\ y = -\sqrt{3}. \end{cases}$

Cette courbe présente une analogie complète avec la courbe $y = \frac{1}{x}$ et, avec un choix convenable d'unités pour les axes, on peut rendre les représentations identiques ; c'est encore une *hyperbole équilatère.*

La variation de la fonction s'établira par analogie avec ce qui a été fait pour $y = \frac{1}{x}$; on obtiendra le tableau suivant :

x	$-\infty$	croît	0		croît	$+\infty$
y	0	décroît	$-\infty$	$+\infty$	décroît	0

249. *Etude de la fonction* $y = -\frac{3}{x}$.

La courbe ayant pour équation $y = -\frac{3}{x}$ est symétrique de celle que nous venons d'étudier et qui a pour équation $y = \frac{3}{x}$ puisque pour une même valeur de x, les valeurs correspondantes de y sont opposées (V. n° 247). C'est encore une hyperbole équilatère.

250. *Etude de la fonction* $y = \frac{a}{x}$.

Il résulte de ce que nous avons dit précédemment que toutes les courbes représentées par la fonction $y = \frac{a}{x}$ sont des hyperboles équilatères. Quelle que soit la valeur de a, la courbe correspondante admet pour asymptotes les deux axes de coordonnées et l'origine est un centre de symétrie.

Si *a est positif*, la courbe est tout entière située dans les angles $x\,O\,y$ et $x'\,O\,y'$, puisque y est toujours de même signe que x ; elle admet deux axes de symétrie qui sont les bissectrices des angles formés par les axes de coordonnées, la bissectrice de l'angle $x\,O\,y$ étant l'axe transverse.

Si *a est négatif*, la courbe est tout entière située dans les angles $x'\,O\,y$ et $x\,O\,y'$ puisque y est toujours de signe contraire à x ; elle admet les deux mêmes axes de symétrie, mais l'axe transverse est la bissectrice de l'angle $x'\,O\,y$.

La variation de la courbe $y = \frac{a}{x}$ s'établira comme nous avons fait précédemment.

Si a est positif on a le tableau suivant :

x	$-\infty$	croît	0		croît	$+\infty$
y	0	décroît	$-\infty$	$+\infty$	décroît	0

Si a est négatif on a :

x	$-\infty$	croît	0		croît	$+\infty$
y	0	croît	$+\infty$	$-\infty$	croît	0

Toutes ces courbes présentent une discontinuité pour $x = 0$.

251. *Application à la loi de Mariotte.*

La loi de Mariotte, établie en physique relativement à la compressibilité des gaz, s'énonce ainsi :

A une même température, les volumes occupés par une même masse gazeuse sont inversement proportionnels aux pressions qu'elle supporte.

Supposons par exemple qu'une masse gazeuse occupe un volume de 1 l. sous la pression de 1 atmosphère, la température restant invariable, faisons varier la pression par exemple :

Si la pression devient 2 atmosphères, le volume sera $\frac{1}{2}$ litre.

Si la pression devient $\frac{1}{4}$ d'atmosphère, le volume sera 4 litres, etc.

D'une façon générale, soit une masse gazeuse occupant un volume V sous la pression H, la température restant invariable ; si la pression devient H′, le volume de la masse gazeuse devient V′ et l'on a, d'après la loi de Mariotte :

$$\frac{V}{V'} = \frac{H'}{H} \quad \text{ou} \quad VH = V'H'$$

Nous pouvons donc dire, qu'*à une même température, le produit du volume d'une masse gazeuse par la pression qu'elle supporte est un nombre constant.*

La loi de Mariotte est donc représentée par la relation

$$V\,H = \text{Constante}.$$

La valeur de cette constante, pour une masse gazeuse déterminée, s'obtiendra en mesurant le volume qu'elle occupe sous une pression connue. Ainsi, par exemple, prenons comme unité de volume le litre, pour unité de pression l'atmosphère, et supposons que la masse gazeuse, sous la pression de $\frac{1}{2}$ atmosphère, occupe un volume de 4 litres, on aura alors :

$$VH = 4 \times \frac{1}{2} \quad \text{ou} \quad VH = 2.$$

Considérons par exemple H comme une fonction de V, nous écrirons :

$$H = \frac{2}{V}.$$

Nous pouvons représenter par un graphique la variation de la fonction.

Prenons deux axes de coordonnées rectangulaires $x'x$, $y'y$ (*fig.* 37).

Portons en abscisses les volumes et, en ordonnées, les pressions correspondantes.

Choisissons les unités ; sur l'axe des abscisses, le segment OA par exemple, représentera un litre ;

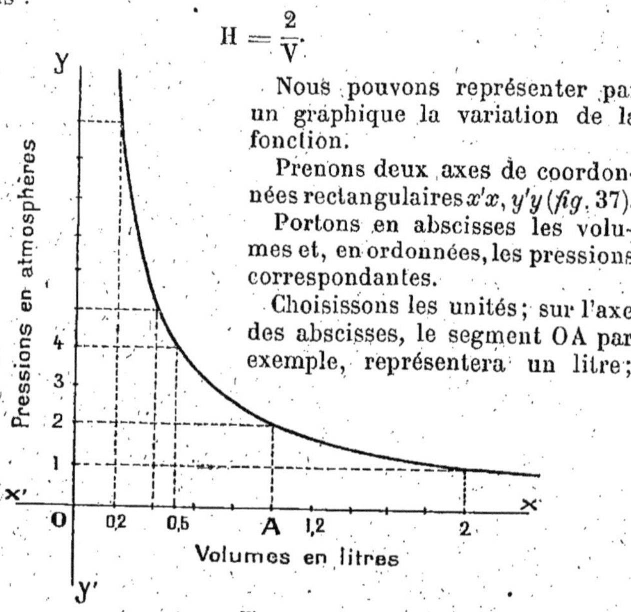

Fig. 37.

sur l'axe des ordonnées, prenons un segment cinq fois plus petit que OA, par exemple, pour représenter 1 atmosphère.

La courbe représentative de la fonction est une hyperbole équilatère ; comme nous n'avons à considérer pour V que des valeurs positives, le graphique se trouve réduit à une seule des branches de l'hyperbole, celle qui est située dans l'angle x O y.

Problèmes.

272. Etablir que la fonction $y = x^2$ est continue (V. n° 189).

273. Etablir que la fonction $y = x^2$ est décroissante quand x varie de $-\infty$ à 0 et croissante quand x varie de 0 à $+\infty$. (V. n° 190.)

274. Etablir que la fonction $y = -x^2$ est croissante quand x varie de $-\infty$ à 0 et décroissante quand x varie de 0 à $+\infty$.

275. Construire la parabole $y = x^2$ et la droite $y = 2x$, en prenant la même unité de longueur, le centimètre, par exemple, pour représenter les abscisses et les ordonnées ; mesurer l'abscisse et l'ordonnée de chacun des points d'intersection et vérifier qu'elles constituent les solutions du système formé par les deux équations.

276. Etablir que la fonction $y = 3x^2$ est décroissante pour toutes les valeurs de x comprises entre $-\infty$ et 0.

277. Etablir que la fonction $y = -\frac{2}{5}x^2$ est décroissante pour toutes les valeurs de x comprises entre 0 et $+\infty$.

278. On considère les courbes $y = x^2$ et $y = \frac{1}{10}x^2$, faire un choix convenable d'unités pour les abscisses et les ordonnées de façon que les deux représentations soient identiques.

279. Etant donnée la fonction $y = \frac{4}{x}$, montrer : 1° Qu'elle est continue pour toute valeur de x, sauf pour la valeur $x = 0$; 2° Qu'elle est décroissante pour toutes les valeurs de x, sauf pour $x = 0$.

280. Démontrer que les deux courbes $y = \frac{1}{2x}$ et $y = -\frac{1}{2x}$ sont symétriques par rapport à l'axe des x.

281. Représenter par un graphique la variation de la fonction $H = \frac{1}{V}$ (Loi de Mariotte). On représentera 1 litre par 10 cm. et 1 atmosphère par 1 cm.

282. Représenter par un graphique la variation de la fonction $H = \frac{3}{4V}$.

CHAPITRE XII

LES PROGRESSIONS

I. Progressions arithmétiques.

252. Problème. *Un bûcheron a disposé 20 fagots en ligne droite à une même distance de 4 m. les uns des autres? Il se propose de les réunir en un point situé sur le prolongement de cette ligne droite et à 5 m. du premier fagot. Pour cela, il part de ce dernier point, va chercher le premier fagot et le rapporte, puis le second et ainsi de suite. Quel chemin aura-t-il parcouru quand son travail sera terminé?*

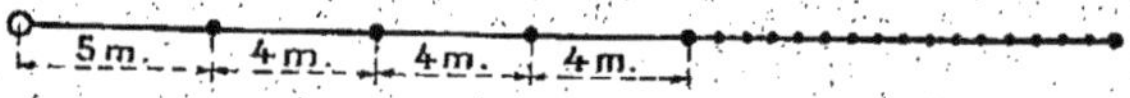

Fig. 38.

Solution.

Pour rapporter le 1er fagot, (*fig.* 38) il parcourt :

$$5\text{ m.} \times 2 \text{ soit } 10\text{ m.}$$

Pour rapporter le 2e fagot, il parcourt :

$$10\text{ m.} + 4\text{ m.} \times 2 \text{ soit } 10\text{ m.} + 8\text{ m.}$$

Pour rapporter le 3e fagot, il parcourt :

$$10\text{ m.} + 4\text{ m.} \times 2 \times 2 \text{ soit } 10\text{ m.} + 16\text{ m.}$$

Pour rapporter le 4e fagot, il parcourt :

$$10\text{ m.} + 4\text{ m.} \times 2 \times 3 \text{ soit } 10\text{ m.} + 24\text{ m.}$$

et ainsi de suite.

Pour rapporter le 20e fagot, il parcourt :

$$10\text{ m.} + 4\text{ m.} \times 2 \times 19 \text{ soit } 10\text{ m.} + 152\text{ m.}$$

Il aura donc parcouru en tout :

$$10\text{ m.} \times 20 + (8 + 16 + 24 + \ldots + 152)\text{ m.};$$

ou encore :

$$10\text{ m.} \times 20 + 8\text{ m.}\,(1 + 2 + 3 + \ldots 19) =$$
$$200\text{ m.} + 8\text{ m.} \times 190 = 1\,720\text{ m.}$$

Réponse : Le chemin parcouru sera 1 720 m.

Remarque. Nous avons rencontré dans ce problème une somme de nombres

$$8 + 16 + 24 + 32 + \ldots$$

Chacun des nombres de cette somme s'obtient en ajoutant le nombre 8 à celui qui le précède. On dit que ces nombres sont en *progression arithmétique.*

Nous allons étudier les propriétés d'une suite de nombres en progression arithmétique et montrer qu'on peut calculer rapidement leur somme.

253. Définitions. *On appelle progression arithmétique une suite de nombres tels que chacun d'eux est égal au précédent augmenté d'un nombre constant appelé* ***raison.***

La raison d'une progression arithmétique peut être positive et alors la progression est dite ***croissante***, ou négative et alors la progression est dite ***décroissante*** :

La suite naturelle des nombres entiers est une progression arithmétique croissante dont la raison est 1.

$$3, \quad 7, \quad 11, \quad 15, \quad 19, \quad 23$$

est une progression arithmétique croissante de raison 4.

$$8, \quad 5, \quad 2, \quad -1, \quad -4, \quad -7, \quad -10$$

est une progression décroissante de raison de -3.

Chaque nombre qui entre dans une progression est appelé ***terme*** de la progression.

Une progression arithmétique peut avoir un nombre fini de termes, on dit alors que la progression est ***limitée;*** dans le cas contraire, elle est ***illimitée.***

Pour indiquer qu'un certain nombre de termes $a, b, c \ldots h. k. l$ sont en progression arithmétique, on utilise la notation suivante :

$$\div\ a.\ b.\ c \ldots h.\ k.\ l.$$

Cette notation représente une progression arithmétique limitée *quelconque*. Son premier terme est a, son dernier l, la raison *est la différence entre un terme quelconque et celui qui le précède;* on désigne généralement la raison par r et le nombre des termes de la progression par n.

Propriétés des progressions arithmétiques.

254. Problème. *Connaissant le premier terme d'une progression arithmétique et la raison, calculer la valeur d'un terme de rang donné, le douzième terme par exemple.*

Considérons une progression dont le premier terme est 4 et la raison 3.

Proposons-nous de calculer le douzième terme.

D'après la définition de la progression, on a :

Second terme $= 4 + 3 = 4 +$ une fois la raison.

Troisième terme $= (4 + 3) + 3 = 4 + 3 + 3 = 4 + 3 \times 2 =$ $4 + 2$ fois la raison.

Quatrième terme $= (4 + 3 \times 2) + 3 = 4 + 3 \times 3 =$
$4 + 3$ fois la raison.

. . . .

On voit aisément la loi qui permettra de calculer un terme quelconque.

Le douzième terme $= 4 + 3 \times 11 = 37$.

On peut, par suite, énoncer le théorème suivant :

255. Théorème. *Un terme quelconque d'une progression arithmétique limitée est égal au premier terme augmenté d'autant de fois la raison qu'il y a de termes avant lui.*

256. D'une façon générale, si nous considérons la progression

$$\div\ a.\ b.\ c. \ldots\ h.\ k.\ l.$$

En désignant par r la raison, si l est le n^{e} terme, on a la formule :

$$l = a + (n - 1)\,r.$$

Dans cette formule entrent 4 grandeurs, on pourra calculer l'une de ces grandeurs quand on connaîtra les trois autres.

Application. *Insertion de moyens arithmétiques entre deux nombres donnés.*

257. Exercice. *Former une progression arithmétique ayant pour premier terme 11, pour dernier terme 115 et comprenant en tout 14 termes.*

Le problème sera résolu si l'on connaît la raison de la progression ; 115 sera le 14e terme de la progression, il y a 13 termes avant lui et si r est la raison cherchée, on doit avoir (n° 256)

$$115 = 11 + 13\,r ;$$

d'où $$13\,r = 115 - 11 = 104 \quad \text{et} \quad r = \frac{104}{13} = 8.$$

La progression cherchée est donc :

$$11.\ \ 19.\ \ 27.\ \ 35.\ \ 43 \ldots 115.$$

258. Définition. *Insérer* n *moyens arithmétiques entre deux nombres A et B, c'est former une progression arithmétique ayant pour premier terme A, pour dernier terme B et comprenant en tout* n + *2 termes.*

La progression sera connue si l'on détermine sa raison.

Or, le terme B a $(n + 1)$ termes avant lui et, par suite, r étant la raison cherchée :

$$B = A + (n + 1)\,r$$

d'où $$r = \frac{B - A}{n + 1}.$$

259. Exercice. *Insérer 10 moyens arithmétiques entre 8 et 63.*

Si r est la raison de la progression on a :

$$63 = 8 + 11\,r;$$

d'où

$$r = \frac{63 - 8}{11} = 5.$$

La progression cherchée est :

$$\div\ 8.\ \ 13.\ \ 18.\ \ 23.\ \ 28 \ldots 63.$$

260. Remarque I. Dans une progression arithmétique croissante, les termes successifs vont en croïssant; d'autre part, il est facile de montrer qu'*ils croissent au delà de toute limite*, c'est-à-dire qu'ils peuvent devenir supérieurs à toute quantité donnée à l'avance, aussi grande que l'on veut.

Ainsi, par exemple, considérons la progression ayant pour premier terme 3 et pour raison $\frac{1}{2}$.

Le n^{me} terme de la progression est (n° 256) :

$$3 + (n - 1)\,\frac{1}{2}.$$

Or, étant donné un nombre A aussi grand que l'on veut, on pourra toujours déterminer n de façon que l'on ait :

$$3 + (n - 1)\,\frac{1}{2} > A.$$

Il suffira pour cela de satisfaire à l'inégalité $(n - 1)\,\frac{1}{2} > A - 3$ ou $n - 1 > 2\,(A - 3)$.

Le terme de la progression considérée ayant pour rang n déterminé par l'égalité précédente est supérieur à A.

261. Remarque II. Si l'on considère une progression arithmétique et qu'entre les termes successifs on insère le même nombre de moyens, on forme une seule et même progression.

En effet, considérons la progression :

$$\div\ 2.\ \ 5.\ \ 8.\ \ 11 \ldots$$

Entre les termes consécutifs, insérons 6 moyens; nous constituerons ainsi une suite de progressions.

Or, toutes ces progressions ont même raison car, pour la première, la raison est $\frac{5 - 2}{5} = \frac{3}{5}$; pour la seconde, $\frac{8 - 5}{5} = \frac{3}{5}$;

cette raison commune est $\frac{3}{5}$ (3 est la raison de la progression considérée). De plus, le dernier terme de chaque progression est le premier terme de la progression suivante.

262. Remarque III. Entre deux nombres positifs donnés, on peut toujours insérer un nombre de moyens suffisamment grand pour que la différence entre deux termes consécutifs de la nouvelle progression soit plus petite que toute quantité donnée à l'avance aussi petite que l'on veut.

Considérons les nombres 10 et 15, par exemple; insérons n moyens entre ces nombres, la différence entre deux termes consécutifs de la progression obtenue (raison de cette progression) est $\frac{15-10}{n+1}$; ε étant un nombre aussi petit que l'on veut, on pourra prendre n suffisamment grand pour que l'on ait :

$$\frac{15-10}{n+1} < \varepsilon.$$

Il suffira de prendre $n+1 > \frac{15-10}{\varepsilon}$ et $n > 1 + \frac{15-10}{\varepsilon}$.

263. Remarque IV. Considérons la progression :

$$\div 4.\ 9.\ 14.\ 19.\ 24.\ 29.$$

C'est une progression croissante ayant pour premier terme 4, pour raison 5.

En lisant la progression de droite à gauche, on a une progression décroissante ayant pour premier terme 29 et pour raison — 5. Le théorème que nous avons établi précédemment (n° 255) est évidemment applicable à cette dernière.

Le terme de la progression donnée qui a 4 termes après lui par exemple, est égal à $29 - 5 \times 4$.

On peut donc énoncer le théorème suivant :

264. Théorème. *Dans une progression arithmétique limitée, un terme de rang quelconque est égal au dernier diminué d'autant de fois la raison qu'il y a de termes après lui.*

265. Application. *Dans une progression arithmétique limitée, le dernier terme est — 19, et la raison — 3; calculer le terme qui a 5 termes après lui.*

En appliquant le théorème précédent, on a, pour le terme cherché :

$$-19 - (-3) \times 5 = -19 + 15 = -4.$$

266. Théorème. *Dans une progression arithmétique limitée, la* *somme de deux termes équidistants des extrêmes est constante et égale à la somme des extrêmes.*

Considérons la progression :

$$\div 5.\ 8.\ 11.\ 14.\ 17.\ 20.\ 23.\ 26.\ 29.\ 32.\ 35.$$

de raison 3.

Le terme qui a 4 termes avant lui, par exemple, est égal à $5 + 3 \times 4$ (n° 255).

Le terme qui a 4 termes après lui est égal à $35 - 3 \times 4$ (n° 264).

La somme de ces deux termes est :

$$5 + 3 \times 4 + 35 - 3 \times 4 = 5 + 35. \qquad \text{C. Q. F. D.}$$

— Ce théorème s'établirait de la même façon en considérant une progression arithmétique quelconque.

267. Remarque. Quand une progression arithmétique a un nombre impair de termes, celui du milieu est égal à la demi-somme des extrêmes.

En effet, reprenons la progression précédente qui a 11 termes ; soit i, le terme du milieu, il a 5 termes avant lui et 5 termes après lui.

On a donc : $\quad i = 5 + 3 \times 5, \ i = 35 - 3 \times 5.$

On en déduit : $\quad 2i = 5 + 35$ et $i = \dfrac{5 + 35}{2} = 20.$

Somme des termes d'une progression arithmétique limitée.

268. Théorème IV. *La somme des termes d'une progression arithmétique limitée est égale au produit de la demi-somme des termes extrêmes par le nombre des termes.*

Considérons la progression :

$$\div 2.\ 5.\ 8.\ 11.\ 14.\ 17.\ 20.\ 23.$$

dont la raison est 3 et comprenant 8 termes.

S étant la somme cherchée, on a :

$$S = 2 + 5 + 8 + 11 + 14 + 17 + 20 + 23.$$

On peut intervertir l'ordre des termes et écrire :

$$S = 23 + 20 + 17 + 14 + 11 + 8 + 5 + 2.$$

Ajoutons ces deux égalités membre à membre. Remarquons que, dans les deux sommes, deux termes qui occupent le même rang, sont deux termes équidistants des extrêmes. Groupons, dans la somme obtenue, les termes deux à deux, ainsi qu'il suit :

$$2S = (2+23) + (5+20) + (8+17) + \ldots\ldots + (23+2).$$

Chaque somme placée entre parenthèses étant la somme de deux termes équidistants des extrêmes est égale à la somme des extrêmes et comme le nombre de parenthèses est égal au nombre des termes de la progression, c'est-à-dire 8, on a :

$$2S = (2+23)8,$$

d'où
$$S = \frac{(2+23)8}{2},$$
C. Q. F. D.

269. Le raisonnement que nous venons de faire est général, si nous considérons la progression

$$\div a.\ b.\ c.\ \ldots\ldots h.\ k.\ l.$$

de raison r et comprenant n termes, la somme des termes est donnée par la formule

$$S = \frac{(a+l)n}{2}.$$

270. Remarque. Les deux formules générales établies relativement aux progressions arithmétiques :

$$\begin{cases} l = a + (n-1)r, \\ S = \dfrac{(a+l)n}{2}, \end{cases}$$

constituent deux relations entre les 5 grandeurs a, l, r, n, S; elles permettront donc de calculer deux de ces grandeurs quand les trois autres seront connues. Les combinaisons possibles de ces lettres deux à deux sont au nombre de 10, les deux formules précédentes permettent donc de résoudre 10 problèmes différents. Chacun de ces problèmes se ramènera à la résolution d'une équation du premier degré, sauf si a et n sont les inconnues; dans ce dernier cas, on aura à résoudre une équation du second degré.

271. Exercice. *Une suite de nombres forme une progression arithmétique, leur somme est — 660, le dernier terme de la progression est — 71 et la raison — 4. Quel est le premier terme et le nombre de termes de la progression?*

En désignant par n le nombre des termes et par a le premier, on a (n° 270) :

$$\begin{cases} -71 = a + (n-1)(-4), \\ -660 = \dfrac{a-71}{2} \times n; \end{cases} \quad \text{ou} \quad \begin{cases} a - 4n = -75, \\ -660 = \dfrac{a-71}{2} \times n. \end{cases}$$

Eliminons a; tirons la valeur de a de la première équation et remplaçons, dans la seconde, a par la valeur trouvée, on a :

$$\left\{\begin{array}{l} a = 4n - 75, \\ -660 = \dfrac{4n - 146}{2} \times n. \end{array}\right.$$

La seconde équation s'écrit :

$$-660 = (2n - 73)n \quad \text{ou} \quad 2n^2 - 73n + 660 = 0$$

Nous avons à résoudre une équation du second degré; formons le discriminant :

$$D = 5329 - 5280 = 49.$$

L'équation a deux racines distinctes, et on a :

$$n = \frac{73 \pm \sqrt{49}}{4} = \frac{73 \pm 7}{4}, \quad \text{d'où} \quad n' = \frac{80}{4} = 20 \quad \text{et} \quad n'' = \frac{66}{4}.$$

La racine n'' n'étant pas un nombre entier n'est pas acceptable

On a donc $n = 20$ et par suite $a = 4 \times 20 - 75 = 5$.

Réponse. Le premier terme est 5 et la progression a 20 termes.

272. Applications. — *Somme des* n *premiers nombres entiers.*

Les n premiers nombres entiers :

$$1. \quad 2. \quad 3. \quad 4 \ldots\ldots \quad n.$$

forment une progression arithmétique de raison 1, le premier terme est 1, le dernier n, on a donc pour la somme :

$$S = \frac{n(n+1)}{2}.$$

Exemple : La somme des 100 premiers nombres entiers est :

$$\frac{100 \times 101}{2} = 50 \times 101 = 5050.$$

273. *Somme des* n *premiers nombres pairs.*

Les n premiers nombres pairs forment une progression arithmétique de raison 2. Le premier terme est 2 et le n^{me} (n° 256) est égal à $2 + (n - 1)2 = 2n$. On a la progression :

$$2, \; 4. \; 6 \ldots\ldots \; 2n.$$

Donc $$S = \frac{(2 + 2n)n}{2} = n(n+1).$$

Exemple : La somme des 20 premiers nombres pairs est $20 \times 21 = 410$.

274. *Somme des* n *premiers nombres impairs.*

Les n premiers nombres impairs forment une progression arithmétique de raison 2. Le premier terme est 1 et le n^{me} est égal (n° 256) à : $1 + (n - 1)2 = 2n - 1$.

On a donc la progression :

$$1.\ 3.\ 5.....\ (2n-1).$$

Donc $$S = \frac{1 + 2n - 1}{2} n = n^2.$$

EXEMPLE : La somme des 9 premiers nombres impairs est 81.

Problèmes.

283. Dans une progression arithmétique, le premier terme est 15, la raison 8 et le nombre de termes 12. Quel est le dernier terme ?

284. Dans une progression arithmétique, le dernier terme est 70, la raison 8 et le nombre de termes 9. Quel est le premier terme ?

285. Dans une progression arithmétique, le premier terme est 1, le dernier $-\frac{130}{9}$, la raison $-\frac{1}{9}$. Quel est le nombre de termes ?

286. Dans une progression arithmétique, le premier terme est 11, le nombre de termes 8 et le dernier 95. Quelle est la raison ?

287. Une progression arithmétique quelconque a un nombre impair de termes, montrer que le terme du milieu est la demi-somme des termes extrêmes.

288. Dans une progression arithmétique, le premier terme est 5, la raison 7, le nombre 341 fait-il partie de la progression ?

289. Insérer 3 moyens arithmétiques entre 0 et 1.

290. Insérer 4 moyens arithmétiques entre 4 et 18.

291. Une progression arithmétique a pour premier terme 5, pour raison $-\frac{1}{4}$ et elle possède 18 termes. Quelle est la somme des termes ?

292. Une progression arithmétique a pour raison $\frac{2}{5}$, elle possède 16 termes dont la somme est 176. Calculer le premier terme.

293. Le premier terme d'une progression arithmétique est 3, le nombre des termes 15 et leur somme 435. Calculer la raison.

294. Le premier terme d'une progression arithmétique est 3, la raison 7 et la somme des termes 279. Calculer le nombre de termes.

295. Trouver la somme des 15 nombres pairs consécutifs qui suivent le nombre 99.

296. Trouver la somme des 8 nombres impairs consécutifs qui suivent le nombre 200.

297. Les angles d'un triangle rectangle sont en progression arithmétique et le périmètre est 40 m. Calculer les côtés.

298. Si les trois côtés d'un triangle et le demi-périmètre sont en progression arithmétique, le triangle est rectangle.

299. Calculer les côtés d'un triangle rectangle sachant qu'ils sont en progression arithmétique de raison 15.

300. Même question en supposant que la raison de la progression est a.

301. La somme de 5 nombres en progression arithmétique est égale à 5 fois le terme du milieu. Généraliser.

302. Dans une progression arithmétique, le premier terme est 5, la raison $-\frac{1}{8}$ et la somme des termes $\frac{817}{8}$. Calculer le nombre des termes.

303. Une horloge sonne toutes les heures de la journée depuis une jusqu'à 24. Combien sonne-t-elle de coups par jour?

304. Un cantonnier a pris sur un dépôt de sable successivement 25 brouettées et les a déposées le long de la route à 8 mètres les unes des autres. Le plus proche des tas qu'il a ainsi formés est à 18 mètres du dépôt. Quel chemin a-t-il parcouru?

305. Un employé reçoit 2 400 fr. la première année, 2 600 fr. la deuxième et ainsi de suite, son traitement augmentant de 200 fr. tous les ans, quelle somme a-t-il reçue au bout de 18 ans?

306. Dans une progression arithmétique, la somme des termes est 418, le nombre des termes est 11 et la différence des termes extrêmes 70. Quel est le premier terme de la progression?

II. Progressions géométriques.

275. Problème. *Un puisatier se charge de creuser un puits de 8 m. de profondeur, à condition qu'on lui donne 5 fr. pour le premier mètre, 10 fr. pour le second et ainsi de suite en doublant jusqu'au sixième. Quelle somme recevrait-il?*

Solution. Il recevrait :

$$5 + 5 \times 2 + 5 \times 2^2 \times 5 \times 2^3 + 5 \times 2^4 + 5 \times 2^5$$
$$= 5 + 5 \times 2\ (1 + 2 + 2^2 + 2^3 + 2^4) = 315 \text{ francs.}$$

Remarque. Les nombres 5, 5×2, 5×2^3, etc., dont il faut calculer la somme dans l'exercice précédent constituent une suite de nombres en progression géométrique. Nous allons étudier les propriétés d'une telle suite.

276. Définitions. *On dit qu'une suite de nombres positifs forme une progression géométrique ou progression par quotient, quand l'un quelconque d'entre eux est égal au précédent multiplié par un nombre constant positif appelé raison.*

Ainsi : 4, 12, 36, 108;

$$5,\ \frac{5}{2},\ \frac{5}{4},\ \frac{5}{8},\ \frac{5}{16}$$

sont des progressions géométriques; dans la première, la raison est 3, dans la seconde $\frac{1}{2}$.

— Si la raison est plus grande que 1, les nombres successifs de la progression vont en croissant, la progression est dite ***croissante***.

— Si la raison est plus petite que 1, les nombres successifs de la progression vont en décroissant, la progression est dite ***décroissante***.

— On indique qu'une suite de nombres a, b, c... forme une progression géométrique par la notation suivante :

$$\div\div a : b : c : d \ldots$$

a, b, c, d... sont appelés les ***termes*** de la progression.

— Une progression géométrique est ***limitée*** quand elle a un nombre fini de termes; dans le cas contraire, elle est ***illimitée***.

— La raison d'une progression géométrique est évidemment le quotient de la division d'un terme quelconque de la progression par celui qui le précède immédiatement.

— Une progression géométrique quelconque dont le premier terme est a et la raison q peut évidemment s'écrire :

$$\div\div a : aq : aq^2 : aq^3 : \ldots$$

Propriétés des progressions géométriques.

277. Problème. *Une progression géométrique a pour premier terme 2, pour raison 3. Quel est le huitième terme?*

Le premier terme est 2.

Le deuxième terme est 2×3.

Le troisième terme est 2×3^2.

Le quatrième terme est 2×3^3.

. . . .

On voit immédiatement la loi de formation des termes.

Le huitième terme (qui en a 7 avant lui) est $2 \times 3^7 = 3174$.

— Si le premier terme de la progression est a et la raison q, les termes successifs de la progression sont :

$$a, \quad aq, \quad aq^2, \quad aq^3 \ldots$$

Le n^e sera aq^{n-1}.

Nous pouvons donc énoncer le théorème suivant :

278. Théorème. *Dans toute progression géométrique, un terme de rang quelconque est égal au produit du premier terme par la* *raison élevée à une puissance égale au nombre des termes qu'il y a avant le terme considéré.*

279. Remarque. Il résulte du théorème précédent que si l désigne le n^e terme d'une progression géométrique dont le premier terme est a et la raison q, on a la formule :

$$l = aq^{n-1}.$$

Cette formule constitue une relation entre les 4 grandeurs a, q, n, l. elle permettra donc de calculer une de ces dernières quand les trois autres seront connues.

280. Exercices I. *Calculer le 7me terme de la progression géométrique qui a pour premier terme 5 et pour raison 3.*

Le 7me terme est égal à $5 \times 3^6 = 5 \times 27^2 = 3\,645$.

II. *Une progression géométrique a pour premier terme 4, pour dernier terme $\frac{64}{81}$, elle renferme 5 termes, quelle est la raison?*

Si q est la raison cherchée, on a :

$$\frac{64}{81} = 4 \times q^4, \quad \text{d'où } q^4 = \frac{16}{81}$$

et

$$q = \sqrt[4]{\frac{16}{81}} = \frac{2}{3}.$$

Application. *Insertion de moyens géométriques entre deux nombres donnés.*

281. Le problème qui précède montre qu'on peut calculer la raison d'une progression géométrique connaissant le premier terme, le dernier, et le nombre de termes; on pourra donc former cette progression, c'est ce qu'on appelle insérer un nombre déterminé de moyens géométriques entre deux nombres donnés.

Définition. *Insérer* n *moyens géométriques entre deux nombres donnés* A *et* B, *c'est former une progression géométrique ayant pour premier terme* A, *pour dernier* B *et comprenant en tout* n + 2 *termes.*

Cette progression sera déterminée si on connaît la raison; or, B aura $n + 1$ termes avant lui et si q est la raison cherchée on a (n° 279) : $B = A \times q^{n+1}$;

d'où

$$q^{n+1} = \frac{B}{A} \quad \text{et} \quad q = \sqrt[n+1]{\frac{B}{A}}.$$

282. Exercice. *Insérer 3 moyens géométriques entre $\frac{1}{2}$ et $\frac{1}{162}$.*

Si q est la raison cherchée, on a :

$$\frac{1}{162}=\frac{1}{2}\times q^4.$$

On en déduit : $$q^4=\frac{1}{81}.$$

et $$q=\sqrt[4]{\frac{1}{81}}=\frac{1}{\sqrt[4]{81}}=\frac{1}{3}.$$

La progression cherchée est donc :

$$\div\!\div\ \frac{1}{2}:\frac{1}{6}:\frac{1}{18}:\frac{1}{54}:\frac{1}{162}.$$

283. Remarque I. Proposons nous d'insérer un moyen géométrique entre 5 et 11, le terme 11 aura 2 termes avant lui et si q est la raison de la progression cherchée, on a :

$$11=5\times q^2;\qquad \text{d'où}\qquad q^2=\frac{11}{5}.$$

q devant être positif, on a : $q=\sqrt{\frac{11}{5}}$.

Le moyen inséré sera

$$5\times\sqrt{\frac{11}{5}}\quad \text{ou}\quad \sqrt{\frac{5^2\times 11}{5}}=\sqrt{5\times 11}.$$

Ce sera la *moyenne proportionnelle* entre 5 et 11, c'est pourquoi la moyenne proportionnelle entre deux nombres s'appelle encore *moyenne géométrique.*

284. Remarque II. Si l'on considère une progression géométrique et qu'entre les termes successifs on insère le même nombre de moyens, on forme une seule et même progression ; en effet, considérons la progression :

$$\div\!\div\ 3:6:12:24:\ldots$$

Insérons 5 moyens entre les termes successifs, nous constituerons ainsi une suite de progressions telles que le dernier terme de l'une est le premier terme de la progression suivante, Or, toutes ces progressions ont la même raison qui est $\sqrt[6]{2}$ (2 étant la raison de la progression considérée).

285. Remarque III. Nous admettrons qu'entre deux nombres positifs donnés on peut insérer un nombre de moyens suffisamment grand pour que la différence entre deux termes consécutifs de la nouvelle progression soit aussi petite que l'on voudra.

Somme des termes d'une progression géométrique limitée.

286. Considérons une progression géométrique ayant pour premier terme a, pour raison q et comprenant n termes. On peut évidemment l'écrire :

$$\div\div a : aq : aq^2 : aq^3 : \ldots : aq^{n-1}.$$

Désignons par S la somme des termes de la progression, on a :

$$S = a + aq + aq^2 + \ldots + aq^{n-1}.$$

Multiplions par q les deux membres de l'égalité, il vient :

$$Sq = aq + aq^2 + aq^3 + \ldots + aq^n.$$

Retranchons membre à membre les deux égalités, la première de la seconde, on a, après simplification :

$$Sq - S = aq^n - a$$

ou

$$(q - 1)\, S = a\,(q^n - 1).$$

Nous pouvons supposer $q \neq 1$, car s'il en était autrement tous les termes de la progression considérée seraient évidemment égaux et leur somme serait na.

En divisant les deux membres de l'égalité précédente par $q - 1$, on a :

$$S = \frac{a\,(q^n - 1)}{q - 1}. \qquad (1)$$

287. Remarque. La raison q peut être inférieure ou supérieure à 1, la formule que nous venons d'établir est évidemment toujours applicable; toutefois, dans le cas d'une progression décroissante, c'est-à-dire si $q < 1$, pour avoir une fraction dont les termes sont positifs, on change les signes des termes et on écrit :

$$S = \frac{a\,(1 - q^n)}{1 - q}$$

288. Si l'on désigne le n^e et dernier terme de la progression par l, on sait (n° 279) que $l = aq^{n-1}$ et la formule (1) peut s'écrire : $S = \dfrac{aq^n - a}{q - 1}$

ou

$$S = \frac{lq - a}{q - 1} \qquad (2).$$

289. EXERCICES I. *Trouver la somme des dix premières puissances de 2.*
Soit $S = 2 + 2^2 + 2^3 + ... + 2^{10}$.

Nous avons à effectuer la somme des termes d'une progression géométrique de raison 2. La formule nous donne :

$$S = \frac{2(2^{10} - 1)}{2 - 1} = 2 \times 1\,023 = 2\,046.$$

II. *Trouver la somme des termes de la progression* $\div\div \frac{2}{5} : \frac{2}{15} ......$ *qui comprend 6 termes.*

La raison de la progression est $\frac{2}{15} : \frac{2}{5} = \frac{1}{3}$. On a donc :

$$S = \frac{\frac{2}{5}\left(1 - \frac{1}{3^6}\right)}{1 - \frac{1}{3}} = \frac{3}{5}\left(1 - \frac{1}{729}\right) = \frac{728}{1215}.$$

290. REMARQUE. Les deux formules précédemment établies

$$\left\{\begin{array}{l} l = aq^{n-1}, \\ S = \dfrac{a(q^n - 1)}{q - 1}. \end{array}\right.$$

fournissent deux relations entre les cinq grandeurs a, q, n, l, S; elles permettront de calculer deux d'entre elles quand on connaîtra les trois autres. Toutefois si n est inconnue, on ne pourra pas, en général, résoudre le système avec les procédés connus.

291. EXERCICE. *Une progression géométrique comprend 6 termes dont la somme est* $\frac{1365}{256}$, *la raison est* $\frac{1}{4}$. *Calculer le premier terme et le dernier.*

Solution. Soient a le premier terme et l le dernier.

Appliquons les formules précédentes :

$$\left\{\begin{array}{l} l = a \times \left(\dfrac{1}{4}\right)^5, \\ \dfrac{1365}{256} = \dfrac{a\left(1 - \dfrac{1}{4^6}\right)}{1 - \dfrac{1}{4}}. \end{array}\right.$$

La seconde nous donne :

$$\frac{1365}{256} = a \times \frac{4095}{4096} \times \frac{4}{3}.$$

En divisant les deux membres par $\frac{1365}{256}$, il vient :

$$1 = \frac{3}{16} \times \frac{4}{3} \times a, \quad \text{d'où } a = 4.$$

La première des formules donne :

$$l = 4 \times \left(\frac{1}{4}\right)^5 = \frac{1}{4^4} = \frac{1}{256}.$$

Cas où le nombre des termes de la progression est infini.

292. Si la progression est croissante, les termes successifs vont en croissant et on démontre qu'ils croissent indéfiniment. Dans ce cas, la somme des termes de la progression est infinie.

— Considérons maintenant une progression décroissante illimitée, nous allons voir que la somme des termes a une valeur parfaitement déterminée.

Soit la progression géométrique $\div\div a : b : c : \ldots\ldots$ dont la raison q est inférieure à l'unité. Supposons-la limitée à ses n premiers termes ; la somme de ces termes est

$$S' = \frac{a(1-q^n)}{1-q} = \frac{a - aq^n}{1-q} = \frac{a}{1-q} - \frac{aq^n}{1-q}.$$

S' est la différence de deux fractions dont l'une $\frac{a}{1-q}$ est indépendante du nombre n de termes que l'on a pris dans la progression.

Supposons que n augmente indéfiniment ; q étant plus petit que 1, on vérifiera facilement que q^n diminue constamment à mesure que n augmente, (si $q = \frac{1}{10}$, par exemple, les puissances successives de q sont $\frac{1}{10}, \frac{1}{100}, \frac{1}{1000}$, etc.) et deviendra plus petit que toute quantité donnée quand n augmentera indéfiniment. La fraction $\frac{aq^n}{1-q}$ tend donc vers 0 et si le nombre des termes de la progression est infini, on a :

$$S = \frac{a}{1-q}.$$

293. Exercice. *Trouver la somme des nombres* $1, \frac{1}{2}, \frac{1}{4}, \frac{1}{8}, \ldots$, *cette suite étant prolongée à l'infini.*

Ces nombres forment une progression géométrique illimitée de raison $\frac{1}{2}$, leur somme est donc :

$$S = \frac{1}{1-\frac{1}{2}} = 2.$$

Application à la théorie des fractions décimales périodiques.

294. Problème I. *Trouver la fraction génératrice de la fraction décimale périodique simple* 0,252525...

La fraction décimale peut s'écrire :

$$\frac{25}{100} + \frac{25}{100^2} + \frac{25}{100^3} + \ldots\ldots$$

On a à effectuer la somme des termes d'une progression géométrique décroissante, de raison $\frac{1}{100}$ et dont le nombre des termes est illimité. On a donc :

$$S = \frac{\frac{25}{100}}{1-\frac{1}{100}} = \frac{25}{99}.$$

Nous retrouvons un résultat établi en arithmétique.

295. Problème II. *Trouver la fraction génératrice de la fraction décimale périodique mixte* 0,85454...

La fraction décimale peut s'écrire :

$$\frac{8}{10} + \frac{54}{1000} + \frac{54}{1000 \times 100} + \ldots\ldots$$

Cette somme est composée de la fraction $\frac{8}{10}$ et d'une somme de termes qui forment une progression géométrique illimitée de raison $\frac{1}{100}$. Cette dernière somme a pour valeur :

$$\frac{\frac{54}{1000}}{1-\frac{1}{100}} = \frac{54}{990}.$$

Le nombre cherché est donc :

$$\frac{8}{10}+\frac{54}{990}=\frac{8\times 99+54}{990}=\frac{8(100-1)+54}{990},$$

ou, en définitive, $\frac{854-8}{990}$,

résultat conforme à la règle établie en arithmétique.

Problèmes.

307. Dans une progression géométrique, le premier terme est 3, la raison 4. Calculer le cinquième terme.

308. Dans une progression géométrique, la raison est 3 et le septième terme est 1 458. Calculer le premier terme.

309. Dans une progression géométrique, le premier terme est $\frac{1}{2}$, la raison $\frac{1}{3}$. Calculer le huitième terme.

310. Dans une progression géométrique, le premier terme est 3, le dernier 6561, le nombre de termes 9. Calculer la raison.

311. Insérer 3 moyens géométriques entre 3 et $\frac{3}{16}$.

312. Insérer 3 moyens géométriques entre 59049 et 144.

313. Trouver 3 termes en progression géométrique sachant que le premier surpasse le second de 72 et que le troisième surpasse le second de 360.

314. Partager 465 en 3 parties formant une progression géométrique et telles que la dernière surpasse la première de 360.

315. Trouver 4 nombres en progression géométrique sachant que la somme des extrêmes est 140 et la somme des moyens 60.

316. Dans une progression géométrique, le premier terme est 5, la raison 4 et le nombre de termes 7. Calculer la somme des termes.

317. Dans une progression géométrique, le premier terme est 15, la raison $\frac{1}{5}$ et le nombre de termes 6. Calculer la somme des termes.

318. Calculer la somme : $-\frac{1}{4}-\frac{1}{2}-1-2-4-8-16$.

319. Dans une progression géométrique, le premier terme est 156 250, la raison $\frac{1}{5}$, le dernier 10. Calculer la somme des termes.

320. Dans une progression géométrique, la raison est $\frac{1}{4}$ et la somme des termes $\frac{341}{3}$. Calculer le premier terme.

321. Un maquignon propose de vendre son cheval aux conditions suivantes : sachant que chacun des fers du cheval est fixé par cinq clous, on lui donnerait $\frac{1}{2}$ centime pour le premier clou, 1 centime pour le suivant, 2 pour le troisième et ainsi de suite pour l'ensemble des clous. Quel prix recevrait-il ?

322. Calculer la somme $\frac{1}{3} + \left(\frac{1}{3}\right)^2 + \left(\frac{1}{3}\right)^3$..... dont le nombre des termes est illimité.

323. On considère un carré de côté 1 m, on joint consécutivement les milieux de ses côtés, on obtient un second carré et ainsi de suite indéfiniment. Calculer : 1° la somme des périmètres des carrés ainsi obtenus ; 2° la somme de leurs aires.

324. Trouver la fraction ordinaire génératrice de la fraction décimale périodique simple 0,421 421 421.....

325. Trouver la fraction ordinaire génératrice de la fraction décimale périodique mixte 0,47835835.....

CHAPITRE XIII

LOGARITHMES

296. Définition. Considérons deux progressions croissantes et illimitées, l'une géométrique ayant pour premier terme 1 et pour raison 10, l'autre arithmétique ayant pour premier terme 0, pour raison 1, et faisons correspondre les termes de même rang :

$$\div\div 1 : 10 : 10^2 : 10^3 : \ldots : 10^n \ldots\ldots$$
$$\div 0 . 1 . 2 . 3 \ldots\ldots\ldots n \ldots\ldots$$

Chaque terme de la progression arithmétique est dit le logarithme du terme correspondant de la progression géométrique.

Prolongeons les deux progressions dans le sens décroissant. Pour la progression géométrique, prenons comme raison $\frac{1}{10}$, pour la progression arithmétique — 1, nous obtenons :

$$\ldots \frac{1}{10^3} : \frac{1}{10^2} : \frac{1}{10} : 1 : 10 : 10^2 : 10^3 \ldots : 10^n \ldots\ldots$$
$$\ldots -3 . -2 . -1 . 0 . 1 . 2 . 3 \ldots\ldots n \ldots\ldots$$

Les deux suites se correspondant terme à terme de façon que 0 corresponde à 1 ; chaque terme de la progression arithmétique est dit le *logarithme* du terme correspondant de la progression géométrique.

Ainsi 2 est le logarithme de 10^2, — 3 est le logarithme de $\frac{1}{10^3}$.

On écrit :

$$\log 10^2 = 2, \quad \log \frac{1}{10^3} = -3.$$

— Les logarithmes des nombres qui font partie de la progression géométrique se trouvent ainsi parfaitement définis. Nous allons maintenant définir le logarithme d'un nombre quelconque.

Entre les termes consécutifs de l'une et de l'autre progression, insérons le même nombre de moyens. Nous avons vu qu'on forme ainsi une seule et même progression géométrique, ainsi qu'une seule et même progression arithmétique. Soit q la raison de la nouvelle progression géométrique, r la raison de la nouvelle progression arithmétique, nous avons :

$$\ldots : \frac{1}{10^2} : \ldots \frac{1}{10} : \ldots : \frac{1}{q^2} : \frac{1}{q} . 1 : q : q^2 : \ldots : 10 \cdot 10q : \ldots : 10^2 : \ldots$$
$$\ldots -2 \ldots -1 \ldots -2r . -r . 0 . r . 2r . \ldots 1 . (1+r) \ldots 2 . \ldots$$

Désignons par A un nombre quelconque et proposons-nous de définir son logarithme.

Ou bien A fait partie de la nouvelle progression géométrique et alors son logarithme est le nombre correspondant de la progression arithmétique; ou bien A ne fait pas partie de la progression géométrique et alors il se trouve compris entre deux termes successifs de cette progression; son logarithme sera lui-même compris entre les deux termes correspondants de la progression arithmétique; or, le nombre des moyens que nous avons inséré entre les termes des progressions peut être suffisamment grand pour que la différence entre deux termes consécutifs de la progression arithmétique soit aussi petite que l'on veut; le logarithme de A se trouve donc compris entre deux nombres qui diffèrent entre eux d'aussi peu que l'on veut. On prendra l'un d'eux pour logarithme de A. En somme, le logarithme de A se trouve défini avec une approximation aussi grande que l'on voudra.

297. Remarque. I. Considérons les deux progressions complètes qui nous ont servi pour définir le logarithme d'un nombre. La progression géométrique est infiniment croissante et, en partant de 1, les termes successifs, à droite, puisque $q > 1$, croissent au delà de toute limite, les termes successifs, à gauche, en les prenant dans le sens décroissant, deviennent de plus en plus petits et tendent vers zéro. Pour la progression arithmétique, on a $r > 0$, les termes successifs situés à droite de zéro sont positifs et croissent au delà de toute limite, les termes situés à gauche, considérés dans le sens décroissant, sont négatifs et leur valeur absolue croît au delà de toute limite; ils tendent vers $-\infty$.

De la définition donnée, il résulte que :

1° *Tout nombre plus grand que 1 a un logarithme positif;*

2° *Tout nombre positif plus petit que 1 a un logarithme négatif;*

3° *Les logarithmes des nombres positifs sont dans le même ordre de grandeur que ces nombres eux-mêmes. Le logarithme d'un nombre très grand est lui-même très grand et positif.*

Le logarithme d'un nombre positif très petit est très grand en valeur absolue, mais négatif.

4° *Le logarithme de 1 est 0.*

5° *Un nombre négatif n'a pas de logarithme.*

Inversement, en partant des deux progressions qui nous ont servi à définir le logarithme d'un nombre, nous pourrions montrer qu'*un nombre quelconque, positif, nul ou négatif peut toujours être considéré comme le logarithme d'un nombre positif supérieur, ou égal, ou inférieur à l'unité.*

298. Remarque. II. Les logarithmes que nous venons de définir s'appellent *logarithmes décimaux* ou *vulgaires*, à cause des progressions qui nous ont servi à les définir. On peut définir, de la même façon, une infinité de systèmes de logarithmes, en partant de deux progressions croissantes quelconques. On les distingue les uns des autres par la considération du nombre qui a pour logarithme l'unité ; ce nombre s'appelle *base du système.* Comme dans tous les systèmes de logarithmes, 1 a toujours pour logarithme 0, la connaissance de la base du système permettra d'écrire les deux progressions qui déterminent le système correspondant.

Propriétés des logarithmes

299. Théorème I. *Le logarithme d'un produit de facteurs est égal à la somme des logarithmes de chacun des facteurs du produit.*

Considérons le produit $a\,b\,c$.

Reportons-nous aux progressions qui ont servi à définir les logarithmes, deux cas peuvent se présenter :

1° *Les facteurs a, b, c, font partie de la progression géométrique.*

Supposons, par exemple, que l'on ait :

$$a = q^m, \quad b = q^n, \quad c = q^p.$$

Leurs logarithmes sont mr, nr, pr.

Dans ces conditions, $a\,b\,c = q^{m+n+p}$.

Le produit $a\,b\,c$ est un des termes de la progression géométrique, puis qu'il est égal à une puissance de q, et son logarithme est évidemment $(m+n+p)\,r$.

On a donc : $\log a\,b\,c = (m+n+p)\,r$
$= mr + nr + pr.$

Ou enfin $\log a\,b\,c = \log a + \log b + \log c$ C. Q. F. D.

— Les facteurs considérés pourraient être de la forme

$\dfrac{1}{10^m}, \dfrac{1}{10^n}, \dfrac{1}{10^p}$, on ferait une démonstration analogue.

2° *Les facteurs a, b, c ne font pas partie de la progression géométrique.*

Nous savons que la progression géométrique peut être formée de telle façon que chacun des nombres a, b, c soit aussi rapproché que l'on veut de termes de la progression. Le théorème est donc vrai pour des nombres aussi voisins que l'on veut des facteurs a, b, c. Nous admettrons qu'il est également vrai pour les facteurs considérés.

300. Remarque. Le théorème que nous venons d'établir est fondamental relativement aux propriétés des logarithmes. Il permet *d'effectuer simplement la multiplication de plusieurs nombres en remplaçant celle-ci par une addition.* On le comprendra facilement : imaginons que l'on ait calculé une fois pour toutes une table (table de logarithmes) comprenant dans une colonne A tous les nombres et, en face de chacun d'eux, dans une colonne B, les logarithmes correspondants.

Supposons qu'on veuille effectuer le produit

$$3\,457 \times 7\,834 \times 436.$$

On a :

$$\log 3\,457 \times 7\,834 \times 436 = \log 3\,457 + \log 7\,834 + \log 436.$$

Une simple lecture nous donnera, dans la table, les logarithmes des nombres 3457, 7834 et 436, leur somme sera le logarithme du produit cherché. Connaissant le logarithme du produit, une simple lecture dans la table donnera celui-ci immédiatement.

301. Corollaire. *Le logarithme d'une puissance d'un nombre est égal au produit du logarithme du nombre par l'exposant de la puissance.*

Désignons par N, la 4e puissance, par exemple, du nombre a.

On a : $N = a^4 = a \times a \times a \times a.$

Le théorème I nous permet d'écrire :

$$\log N = \log a + \log a + \log a + \log a\,;$$

c'est-à-dire $\log N = 4 \log a$ C. Q. F. D.

302. Théorème II. *Le logarithme d'un quotient est égal au logarithme du dividende diminué du logarithme du diviseur.*

Considérons deux nombres positifs quelconques a et b et leur quotient $\frac{a}{b}$.

Posons : $\frac{a}{b} = q.$

On en déduit $a = bq.$

Les deux nombres a et $b\,q$ étant égaux, leurs logarithmes le sont également, $\log a = \log b\,q$.

Le théorème I permet d'écrire :

$$\log a = \log b + \log q.$$

On en déduit : $\log q = \log a - \log b$; C. Q. F. D.

303. Théorème III. *Le logarithme d'une racine d'un nombre positif est égal au quotient du logarithme du nombre par l'indice du radical.*

Désignons par N la racine 5e du nombre positif a.

On a : $N = \sqrt[5]{a}$

On en déduit, en élevant les deux membres de l'égalité à la puissance 5 : $N^5 = a$.

Les deux nombres, qui sont égaux, ont leurs logarithmes égaux, donc $5 \log N = \log a$,

d'où $\log N = \frac{1}{5} \log a$. C. Q. F. D.

304. Remarque. Nous avons vu (n° 300) que la théorie des logarithmes permet de remplacer une multiplication par une addition. On comprendra aisément que le théorème II permettra de remplacer une division par une soustraction et le théorème III l'extraction d'une racine par une division.

Si l'on a à calculer un nombre N défini par

$$N = \frac{34{,}85 \sqrt[3]{2{,}72}}{38{,}4^2},$$

on écrira, en appliquant les théorèmes précédents :

$$\log N = \log 34{,}85 + \frac{1}{3} \log 2{,}72 - 2 \log 38{,}4.$$

Pour calculer N, il suffira de calculer le second membre, ce qui se fait rapidement ; on obtient ainsi le logarithme de N, l'on en déduira immédiatement le nombre N luimême.

Tables de logarithmes. — Calculs logarithmiques.

305. Reportons-nous aux progressions qui nous ont servi à définir les logarithmes.

$$\ldots : \frac{1}{10^n} : \ldots : \frac{1}{10^2} : \frac{1}{10} : 1 : 10 : 10^2 : 10^3 : \ldots : 10^n : \ldots$$

$$\ldots . -n . \ldots . -2 . -1 . 0 . 1 . 2 . 3 . \ldots . n . \ldots$$

Toutes les puissances de 10 et les inverses des puissances de 10 font partie de la progression géométrique, leurs logarithmes décimaux sont des nombres entiers.

Tout nombre qui ne fait pas partie de la progression géométrique a un logarithme décimal que nous avons défini et *qui est un nombre décimal.*

306. THÉORÈME. *Tout nombre positif quelconque, non compris entre 1 et 10, admet un logarithme décimal qui est égal au logarithme décimal d'un nombre compris entre 1 et 10, augmenté d'un nombre entier positif ou négatif.*

1° Considérons d'abord un nombre plus grand que 1, soit 3842,5, par exemple.

Nous pouvons écrire : $3842{,}5 = 3{,}8425 \times 10^3$.

On en déduit :

$$\log 3842{,}5 = \log 3{,}8425 + 3 \log 10.$$

Or, $\log 10 = 1$, par conséquent

$$\log 3842{,}5 = \log 3{,}8425 + 3.$$

2° Considérons maintenant un nombre plus petit que 1, soit 0,000427, par exemple.

Nous pouvons écrire : $0{,}000427 = \dfrac{4{,}27}{10^4}$.

On en déduit :

$$\log 0{,}000427 = \log 4{,}27 - 4 \log 10$$

ou

$$\log 0{,}000427 = \log 4{,}27 - 4.$$

307. DÉFINITION. *Mantisse, caractéristique.* Le logarithme d'un nombre positif quelconque peut donc être considéré comme la somme de deux parties : l'une qui est le logarithme d'un nombre compris entre 1 et 10 et, par suite, *qui est un nombre décimal positif plus petit que 1*, on l'appelle la *mantisse* du logarithme considéré; l'autre qui est un *nombre entier positif, nul ou négatif*, on l'appelle la *caractéristique* du logarithme considéré.

D'après le théorème qui précède nous pouvons dire que *si l'on multiplie ou si l'on divise un nombre positif par une puissance quelconque de 10, le logarithme décimal du nombre obtenu a même mantisse que celui du logarithme décimal du nombre considéré; seule, la caractéristique change.*

Pour obtenir le logarithme d'un nombre positif quelconque, il faut donc connaître sa caractéristique et sa mantisse; la caractéristique s'obtient immédiatement ainsi que nous allons le montrer, la mantisse est donnée par des tables.

308. *Détermination de la caractéristique.* Considérons un nombre plus grand que 1, par exemple 4832,5, et reportons-nous au théorème précédent.

$$4832,5 = 4,8325 \times 10^3;$$

La caractéristique du logarithme est 3.

De même $387,41 = 3,8741 \times 10^2$;

La caractéristique du logarithme est 2.

Prenons des nombres positifs plus petits que 1 :

$$0,0724 = \frac{7,24}{10^2};$$

La caractéristique du logarithme est — 2.

$$0,000548 = \frac{5,48}{10^4};$$

La caractéristique du logarithme est — 4.

En somme, on déplacera la virgule, par la pensée, dans le nombre considéré de façon à la porter après le premier chiffre significatif; si le déplacement ainsi opéré est de n rangs vers la gauche, la caractéristique est $+ n$, s'il est de n rangs vers la droite, la caractéristique est $- n$, s'il n'y a pas lieu à déplacement, la caractéristique est 0.

On peut encore énoncer les règles suivantes :

1° *La caractéristique du logarithme d'un nombre quelconque plus grand que 1 est un nombre positif ou nul égal au nombre des chiffres entiers que renferme le nombre considéré, moins un.*

2° *La caractéristique du logarithme d'un nombre positif plus petit que 1 est un nombre négatif égal en valeur absolue au rang du premier chiffre significatif après la virgule, dans le nombre considéré.*

Ainsi, la caractéristique de 231,72 est 2;

la caractéristique de 3,17 est 0;

la caractéristique de 0.17 est — 1;

la caractéristique de 0,0041 est — 3.

— Si un nombre est plus grand que 1, la caractéristique et la mantisse du logarithme sont positifs, le logarithme s'écrit comme un nombre décimal ordinaire. Ainsi

$$\log 241,7 = 2,38328.$$

Si un nombre positif est plus petit que 1, la caractéristique de son logarithme est négative, la mantisse est positive. Ainsi

$$\log 0,0259 = -2 + 0,41330.$$

On écrit, pour simplifier

$$\log 0{,}0259 = \bar{2}.41330$$

Retenons que, dans ce cas, la caractéristique seule est négative. La mantisse qui est 0,41330 est positive et le logarithme lui-même est toujours égal à la somme de sa mantisse et de sa caractéristique.

309. ***Détermination de la mantisse.*** Les mantisses des logarithmes des nombres positifs se trouvent consignées dans les *Tables de logarithmes*. Nous décrirons ici les *Tables du Service géographique de l'armée*, dont nous reproduisons une des pages ci-dessous, et qui donne les mantisses des logarithmes des nombres avec une approximation de un cent-millième.

310. Problème I. *Trouver le logarithme d'un nombre donné.*

Remarquons d'abord que la position de la virgule dans le nombre n'influe pas sur la mantisse; pour trouver cette dernière, nous ferons abstraction de la virgule dans le nombre, si celui-ci est décimal. Deux cas peuvent alors se présenter :

1° *Le nombre considéré, abstraction faite de la virgule, est plus petit que 10000.* Soit, par exemple, le nombre 24,61. La caractéristique du logarithme est 1 ; pour trouver sa mantisse, on cherche dans la table des nombres, à la colonne intitulée N, le nombre 2461 (voir la page ci-jointe); en face du nombre dans la colonne intitulée Log se trouve la mantisse de son logarithme. Ainsi, on a :

$$\log 2\,461 = 1{,}39111.$$

En réalité, en face du nombre 2461 nous trouvons simplement 111, il faut avoir soin de rétablir les deux premiers chiffres de la mantisse qui se trouvent indiqués à l'une des mantisses précédentes qui correspondent à un nombre plus petit que le nombre considéré. Ainsi, dans l'exemple précédent, les deux premiers chiffres 39 se trouvent indiqués à la mantisse qui précède immédiatement la mantisse considérée.

Si le nombre donné n'a qu'un, ou deux, ou trois chiffres, on procédera de la même façon. Remarquons d'ailleurs que si l'on a à prendre le logarithme de 8, sa caractéristique est 0 et sa mantisse se trouvera soit au nombre 8 lui-même, soit au nombre 80, soit au nombre 800, soit au nombre 8000.

Exemples :

$$\log 2\,599 = 3{,}41481.$$
$$\log 2{,}409 = 0{,}38184.$$
$$\log 0{,}247 = \bar{1}{,}39270.$$
$$\log 0{,}0025 = \bar{3}{,}39794.$$

N. 2400 - 2600 L. ·38 - ·41

N	Log	D	N	Log	D	N	Log	D	N	Log	D
2400	·38021	18	2450	·38917	17	2500	·39794	17	2550	·40654	17
01	039	18	51	934	18	01	811	18	51	671	17
02	057	18	52	952	18	02	829	17	52	688	17
03	075	18	53	970	17	03	846	17	53	705	17
04	093	19	54	38987	18	04	863	18	54	722	17
05	·38112	18	55	·39005	18	05	·39881	17	55	·40739	17
06	130	18	56	023	18	06	898	17	56	756	17
07	148	18	57	041	17	07	915	18	57	773	17
08	166	18	58	058	18	08	933	17	58	790	17
09	184	18	59	076	18	09	950	17	59	807	17
2410	·38202	18	2460	·39094	17	2510	·39967	18	2560	·40824	17
11	220	18	61	111	18	11	39985	17	61	841	17
12	238	18	62	129	17	12	40002	17	62	858	17
13	256	18	63	146	18	13	019	18	63	875	17
14	274	18	64	164	18	14	037	17	64	892	17
15	·38292	18	65	·39182	17	15	·40054	17	65	·40909	17
16	310	18	66	199	18	16	071	17	66	926	17
17	328	18	67	217	18	17	088	18	67	943	17
18	346	18	68	235	17	18	106	17	68	960	16
19	364	18	69	252	18	19	123	17	69	976	17
2420	·38382	17	2470	·39270	17	2520	·40140	17	2570	40993	17
21	399	18	71	287	18	21	157	18	71	41010	17
22	417	18	72	305	17	22	175	17	72	027	17
23	435	18	73	322	18	23	192	17	73	044	17
24	453	18	74	340	18	24	209	17	74	061	17
25	·38471	18	75	·39358	17	25	·40226	17	75	41078	17
26	489	18	76	375	18	26	243	18	76	095	16
27	507	18	77	393	17	27	261	17	77	111	17
28	525	18	78	410	18	28	278	17	78	128	17
29	543	18	79	428	17	29	295	17	79	145	17
2430	·38561	17	2480	·39445	18	2530	·40312	17	2580	·41162	17
31	578	18	81	463	17	31	329	17	81	179	17
32	596	18	82	480	18	32	346	18	82	196	16
33	614	18	83	498	17	33	364	17	83	212	17
34	632	18	84	515	18	34	381	17	84	229	17
35	·38650	18	85	·39533	17	35	·40398	17	85	41246	17
36	668	18	86	550	18	36	415	17	86	263	17
37	686	17	87	568	17	37	432	17	87	280	16
38	703	18	88	585	17	38	449	17	88	296	17
39	721	18	89	602	18	39	466	17	89	313	17
2440	·38739	18	2490	·39620	17	2540	·40483	17	2590	·41330	17
41	757	18	91	637	18	41	500	18	91	347	16
42	775	17	92	655	17	42	518	17	92	363	17
43	792	18	93	672	18	43	535	17	93	380	17
44	810	18	94	690	17	44	552	17	94	397	17
45	·38828	18	95	·39707	17	45	·40569	17	95	·41414	16
46	846	17	96	724	18	46	586	17	96	430	17
47	863	18	97	742	17	47	603	17	97	447	17
48	881	18	98	759	18	48	620	17	98	464	17
49	899	18	99	777	17	49	637	17	99	481	16
2450	·38917		2500	·39794		2550	·40654		2600	41497	
N	Log	D	N	Log	D	N	Log	D	N	Log	D

P. P.

	19		18		17		16
1	2	1	2	1	2	1	2
2	4	2	4	2	3	2	3
3	6	3	5	3	5	3	5
4	8	4	7	4	7	4	6
5	10	5	9	5	9	5	8
6	11	6	11	6	10	6	10
7	13	7	13	7	12	7	11
8	15	8	14	8	14	8	13
9	17	9	16	9	15	9	14

2° *Le nombre considéré, abstraction faite de la virgule, est plus grand que 10000.*

Soit à chercher le logarithme de 254,97.

La caractéristique est 2.

Pour trouver la mantisse, nous prendrons la mantisse pour le nombre 2549; nous trouvons, pour la partie décimale, 40637; pour calculer la partie complémentaire, nous admettrons que dans l'intervalle de deux nombres consécutifs, l'accroissement du logarithme est proportionnel à l'accroissement du nombre; l'erreur que l'on commet en appliquant ce principe n'affecte pas la cinquième décimale du logarithme. Pour les nombres 2549 et 2550 les parties décimales des mantisses sont respectivement 40637 et 40654, elles diffèrent de 17.

Quand le nombre augmente de 1, la mantisse augmente de 17, quand le nombre augmente de 0,7 la mantisse augmente de $17 \times 0,7 = 11,9$.

La partie décimale de la mantisse est donc $40\,637 + 11,9$. Dans ces sommes, on ne conserve que 5 chiffres à la mantisse; on augmente le dernier de 1, si la partie qui suit la virgule est égale ou supérieure à 5.

La différence entre le logarithme d'un nombre et celui du nombre immédiatement supérieur s'appelle *différence tabulaire* et se désigne par D; elle est d'ailleurs indiquée dans la Table, aux colonnes intitulées D.

On dispose le calcul de la façon suivante :

log	254,97 =	2,40649	
pour	2549	40 637	D = 17
pour	7	11.9	

Usage des petites tables. Dans le calcul que nous venons de faire, nous avons eu à effectuer la multiplication de la différence tabulaire 17 par un certain nombre de dixièmes. Pour éviter ces calculs, les multiplications de 17 par les différents nombres de dixièmes ont été effectuées à l'avance et consignées dans de petites tables placées dans les colonnes intitulées P. P. (parties proportionnelles). Ainsi prenons la petite table intitulée 17.

Elle comprend deux colonnes, dans celle de gauche se trouvent les dixièmes du nombre, dans celle de droite les produits correspondants de chaque nombre de dixièmes par 17. Ainsi, $17 \times 0,1 = 1,7$ ou 2, $17 \times 2 = 3,4$ ou 3, etc.

Pour le nombre 0,7 de l'exercice précédent, on a 12.

Exercice. *Trouver le logarithme de 0,25194.*

log 0,25194 =	$\overline{1}$,4013 0		
pour 2519	4012 3	D = 17	
pour 4	7		

311. Problème II. — *Trouver le nombre correspondant à un logarithme donné.*

C'est le problème inverse. Si la mantisse se trouve dans les tables, nous pourrons écrire immédiatement le nombre.

Ainsi, le logarithme donné étant 3,40637, à la mantisse qui se trouve dans les tables correspond le nombre 2549 et la caractéristique du logarithme étant 3, le nombre doit avoir 4 chiffres entiers, le nombre est donc 2549.

La caractéristique du logarithme ne sert qu'à placer la virgule dans le nombre donné par la table.

On écrit : 3,40637 = log 2549.

De même $\overline{2}$,38525 = log 0,02428.

Soit maintenant 2,39718 le logarithme donné.

La mantisse 39718 ne se trouve pas dans la table. Nous prendrons alors la mantisse qui se rapproche le plus, par défaut, de la mantisse donnée, nous trouvons ici 39707 à laquelle correspond le nombre 2495.

La mantisse considérée est trop faible de 11, nous chercherons donc de combien il faut augmenter le nombre, quand la mantisse augmente de 11.

La différence tabulaire étant 17, nous ferons le raisonnement suivant :

Quand la mantisse augmente de 17, le nombre augmente de 1,

Quand la mantisse augmente de 1, le nombre augmente de $\frac{1}{17}$,

Quand la mantisse augmente de 11, le nombre augmente de

$$\frac{11}{17} = 0{,}6 \text{ par défaut.}$$

Nous disposerons le calcul ainsi qu'il suit :

	2,39718 = log	249,56	
pour	39707	2495	D = 17
pour	11	6	

On peut encore utiliser les tables des parties proportionnelles, ainsi :

	0,038893 = log	0,024487	
pour	38881.......	2448	D = 18
pour	11.......	. 6	
pour	1.......	. 05	

Dans la table 18, nous n'avons pas trouvé le complément 12 qu'il nous fallait ajouter à la mantisse 38881, nous avons pris dans la colonne de droite (mantisses) le nombre 11 qui se rapproche le plus, par défaut, de 12 ; le nombre de dixièmes correspondant est 6. Il nous restait encore à tenir compte du supplément 1, comme il ne se trouve pas dans la colonne de droite, nous avons divisé tous les nombres de la table par 10; dans la nouvelle table, nous prenons le nombre 5 centièmes correspondant à la mantisse 9 dixièmes qui se rapproche le plus de 1 par défaut.

Exemple. *Trouver le nombre qui admet pour logarithme 0,41493.*

Nous avons 0,41493 = log 2,5998

pour	41481......	2599	D = 16
pour	11......	. 7	
pour	1......	. 05.	

Opérations sur les logarithmes.

312. Dans les calculs logarithmiques, les opérations à effectuer sur les logarithmes sont, d'après ce que nous avons vu : une addition de logarithmes, une soustraction de logarithmes, une multiplication et une division d'un logarithme par un nombre entier.

313. Addition. L'addition des logarithmes se fait comme celle des nombres décimaux ordinaires; il suffit d'observer que toutes les mantisses sont positives, tandis que les caractéristiques sont positives ou négatives.

Exemple :

$$\begin{array}{r} 2,54209 \\ \bar{1},05875 \\ \bar{2},72426 \\ \hline 0,32510 \end{array}$$

314. Soustraction. Si l'on effectuait la soustraction directement, elle pourrait, dans certains cas, présenter quelques difficultés ; on la remplace par une addition, en utilisant une règle que nous allons établir :

On appelle **cologarithme d'un nombre**, le logarithme de l'inverse du nombre.

Ainsi : $\text{Colog}\ a = \log \frac{1}{a}$.

Or, $\log \frac{1}{a} = \log 1 - \log a = - \log a$, puisque $\log 1 = 0$.

On a donc : $\text{colog}\ a = - \log a$.

Dans ces conditions, nous écrirons :

$$\log \frac{a}{b} = \log a + \text{colog}\ b.$$

— Nous allons maintenant montrer comment on peut mettre le cologarithme d'un nombre sous la forme d'un logarithme ordinaire, c'est-à-dire comprenant une partie décimale positive et une partie entière, positive, négative ou nulle.

Considérons le logarithme d'un nombre quelconque a ; désignons par c sa caractéristique, par m sa mantisse ;

On a :

$$\log a = c + m.$$

On en déduit :

$$\text{colog}\ a = -\log a = -(c + m),$$

On peut écrire :

$$\text{colog}\ a = - c - m = - c - 1 + 1 - m,$$

ou encore :

$$\text{colog}\ a = -(c + 1) + (1 - m).$$

$1 - m$ est une partie décimale qui sera positive, puisque l'on a $m < 1$; ce sera la mantisse du cologarithme ; $-(c + 1)$ sera sa caractéristique. Le cologarithme se présentera, dans ces conditions, comme un logarithme ordinaire.

En somme, pour retrancher un logarithme, on ajoute le cologarithme que l'on forme d'après la règle suivante :

Pour obtenir le **cologarithme d'un nombre**, *on forme d'abord le logarithme du nombre ; à la caractéristique de celui-ci, on ajoute une unité positive, on change le signe de la somme obtenue et on obtient ainsi la caractéristique du cologarithme ; on obtient la mantisse en retranchant de l'unité la mantisse du logarithme du nombre.*

Exemples :

Si $\log a = 2{,}14717$, on a $\text{colog}\ a = \overline{3}{,}85213$;
Si $\log a = 0{,}31460$, on a $\text{colog}\ a = \overline{1}{,}68540$;
Si $\log a = \overline{2}{,}41312$, on a $\text{colog}\ a = 1{,}58688$.

Pour effectuer la transformation plus rapidement, on remarque que pour retrancher de l'unité la partie décimale du logarithme, il suffit de retrancher, à partir de la virgule, chacun des chiffres de la mantisse du nombre 9, sauf pour le dernier chiffre significatif de droite que l'on retranche de 10.

315. *Multiplication d'un logarithme par un nombre entier.* — On opèrera comme pour les nombres décimaux, en tenant compte de ce fait que dans certains logarithmes, la caractéristique est négative.

Exemples :

$$\begin{array}{r} 0{,}41312 \\ 3 \\ \hline 1{,}23936 \end{array} \qquad \begin{array}{r} \overline{1}{,}72841 \\ 4 \\ \hline \overline{2}{,}91364 \end{array}$$

316. *Division d'un logarithme par un nombre entier.* — Si la caractéristique du logarithme est positive, la division s'effectuera comme pour un nombre décimal ordinaire.

Supposons la caractéristique négative. Soit à effectuer $\frac{\overline{2}{,}41315}{3}$.

Nous ajouterons à la caractéristique un nombre négatif suffisant pour donner une somme divisible par 3 et nous ajouterons le nombre opposé à la mantisse, nous écrirons le quotient $\frac{(-2-1)+1{,}41315}{3}$ ce qui donne $\overline{1}{,}47105$.

Exemples : $\frac{2{,}72413}{3} = 0{,}90804$; $\frac{\overline{2}{,}41314}{5} = \overline{1}{,}68263$.

Exercices de calculs logarithmiques.

I. *Calculer* $\sqrt[5]{321{,}42}$.

Soit $$x = \sqrt[5]{321{,}42}.$$

On a $$\log x = \frac{1}{5} \log 321{,}42.$$

Calculons le second membre :

$$\begin{array}{lll} \log 321{,}42 = 2{,}50708 & & \\ \text{pour } 3214 & 50705 & D = 13 \\ \text{pour } \quad .2 & 3 & \end{array}$$

On a donc : $$\log x = 0{,}50142.$$

Calculons x :

$$0{,}50142 = \log 3{,}1727$$

pour	50133	3172	D = 14
pour	8	.6	
pour	1	.06	

Réponse : $x = 3{,}1727$.

II. *Calculer les dimensions du double-décalitre en bois.*

Le double décalitre a la forme d'un cylindre dont le diamètre de base est égal à la hauteur.

Désignons par x le diamètre de la base exprimé en décimètres.

La surface de base est $\pi\left(\frac{x}{2}\right)^2$ ou $\frac{\pi x^2}{4}$.

On a donc : $\frac{\pi x^2}{4} \times x = 20.$

On en déduit $x^3 = \frac{80}{\pi}$ et $x = \sqrt[3]{\frac{80}{\pi}}.$

Prenons les logarithmes des deux membres :

$$\log x = \frac{1}{3}(\log 80 + \text{colog } \pi).$$

Or, $\log 80 = 1{,}90309.$

Si nous prenons $\pi = 3{,}1416$, on a :

$$\log 3{,}1416 = 0{,}49715$$

pour 3141		49707	D = 14
pour	.6	8	

On en déduit : $\text{colog } 3{,}1416 = \bar{1}{,}50285.$

et $\log x = \frac{1}{3}(1{,}90309 + \bar{1}{,}50285) = \frac{1{,}40594}{3} = 0{,}46865.$

Calculons x :

$$0{,}46865 = \log 2{,}9421$$

pour	46864	2942	D = 15
pour	1	.06	

Réponse : Diamètre de base = hauteur = 2 dm., 94.

III. *Calculer le nombre x défini par* $x = \frac{3{,}141^3 \sqrt[3]{0{,}38159}}{1{,}4431^4}.$

On a :

$$\log x = 3 \log 3{,}141 + \frac{1}{3} \log 0{,}38159 + 4 \text{ colog } 1{,}4431.$$

CALCUL DE L'INCONNUE

$$\log x = 1,29867$$
$$3 \log 3,141 = 1,49121$$
$$\frac{1}{3} \log 0,38159 = \bar{1},86056$$
$$4 \text{ colog } 1,4431 = \bar{1},94690$$

$1,29867 = \log 19,892$

pour	29863	1989	D = 22
pour	4	.2	

Réponse : $x = 19,892$.

CALCULS AUXILIAIRES

Calcul de 3 log 3,141.

$$\log 3,141 = 0,49707$$
$$3 \log 3,141 = 1,49121$$

Calcul de $\frac{1}{3}$ log 0,38159.

$\log 0,38159 = \bar{1},58168$

pour	3815	58149	D = 12
pour	9	10.8	

$$\frac{1}{3} \log 0,38159 = \bar{1},86056$$

Calcul de 4 colog 1,4431.

$\log 1,4431 = ,015930$

pour	1443	15927	D = 30
pour	1	3	

$$\text{colog } 1,4431 = \bar{1},84070$$
$$\frac{1}{3} \text{colog } 1,4431 = \bar{1},94690$$

Intérêts composés.

317. Définition. On dit qu'un capital est placé à intérêts composés lorsque, périodiquement, l'intérêt produit est capitalisé, c'est-à-dire réuni au capital pour produire lui-même intérêt.

La période au bout de laquelle l'intérêt est capitalisé est généralement une année.

Ainsi, supposons qu'un capital de 100 francs soit placé à 5 p. 100 à intérêts composés. Au bout d'un an, il deviendra 105 fr. et ce capital de 105 fr. sera supposé placé à 5 p. 100 pendant l'année suivante et ainsi de suite.

318. *Formules des intérêts composés.* Supposons qu'un capital a soit placé à intérêts composés, à un taux r pour un franc, pendant un nombre entier n d'années; proposons-nous de calculer ce que le capital est devenu au bout de ce temps.

1 fr. devient au bout d'un an $1 + r$,
a fr. deviennent au bout d'un an $a(1 + r)$.

Si un capital a est placé au commencement d'une année, il devient donc, à la fin de l'année, $a(1 + r)$.

Le capital placé au début de la seconde année est $a(1 + r)$. Ce capital devient à la fin de la seconde année : $a(1+r)(1+r) = a(1+r)^2$.

Ce capital, placé au début de la troisième année, devient à la fin de cette même année : $a(1+r)^2(1+r) = a(1+r)^3$.

A la fin de la $n^{ième}$ année, le capital sera évidemment $a(1+r)^n$, si nous l'appelons A, nous aurons :

$$A = a(1+r)^n. \qquad (1)$$

C'est la formule des intérêts composés dans le cas où la durée du placement est un nombre entier d'années.

— Supposons maintenant que le capital reste placé pendant un nombre entier n d'années et une fraction d'année $\frac{p}{q}$.

A la fin des n premières années, le capital a est devenu $a(1+r)^n$; reste à voir ce que ce capital devient au bout du temps $\frac{p}{q}$ année.

1 franc en un an rapporte r; pendant la fraction d'année $\frac{p}{q}$, il rapporte $\frac{pr}{q}$ et, par suite, devient $1+\frac{pr}{q}$.

$a(1+r)^n$ deviennent donc $a(1+r)^n\left(1+\frac{pr}{q}\right)$.

On a, dans ce cas, la formule :

$$A = a(1+r)^n\left(1+\frac{pr}{q}\right). \qquad (2)$$

C'est la formule générale des intérêts composés.

319. Remarque. Dans la formule des intérêts composés entrent quatre grandeurs : le capital placé, le taux, la durée du placement, le capital réuni aux intérêts. Lorsque trois de ces grandeurs sont connues, l'une ou l'autre des formules établies permettra de calculer la quatrième. Les calculs s'effectuent généralement en utilisant les logarithmes.

320. Applications I. *Un capital de 2,400 fr. a été placé à 5 fr. 5 pendant 12 ans 8 mois à intérêts composés. Qu'est-il devenu?*

Solution. Appliquons la formule $A = a(1+r)^n\left(1+\frac{pr}{q}\right)$.

On a :

$$\log A = \log a + n \log(1+r) + \log\left(1+\frac{pr}{q}\right).$$

Remarquons que $1+\frac{pr}{q} = 1+\frac{2\times 0{,}055}{3} = \frac{3{,}110}{3} = 1{,}0366$.

La formule nous donne :

$$\log A = \log 2400 + 12 \log 1{,}055 + \log 1{,}0366.$$

CALCUL DE A

$\log A = 3{,}67482$
$\log 2400 = \overline{3{,}38021}$
$12 \log 1{,}055 = 0{,}279$
$\log 1{,}0366 = 0{,}01561$

$3{,}67482 = \log 4729{,}6$

pour	67467	4729	D = 9
pour	5	6	

Réponse : Le capital placé est devenu 4729 fr. 60.

CALCULS AUXILIAIRES

$\log 1{,}055 = 0{,}02325$
$12 \log 1{,}055 = 0{,}279$

Calcul de log 1,0366.

$\log 1{,}0366 = 0{,}01561$

pour	1,036	01536	D = 42
pour	6	25	

321. II. *Quel est le capital qui placé à intérêts composés pendant 5 ans et 7 mois à 4 fr. 50 p. 100 est devenu, au bout de ce temps, 15 432 fr.*

Solution. Appliquons la formule des intérêts composés :

$$A = a(1+r)^n\left(1+\frac{pr}{q}\right).$$

On a :

$$\log A = \log a + n \log(1+r) + \log\left(1+\frac{pr}{q}\right);$$

d'où l'on tire : $\log a = \log A + n \operatorname{colog}(1+r) + \operatorname{colog}\left(1+\frac{pr}{q}\right)$.

En remplaçant les lettres par leurs valeurs, il vient :

$$\log a = \log 15432 + 5 \operatorname{colog} 1{,}045 + \operatorname{colog}\left(1+\frac{7\times 0{,}045}{12}\right).$$

Remarquons que $1+\dfrac{7\times 0{,}045}{12} = 1{,}0263$ par excès.

$$\log a = \log 15432 + 5 \operatorname{colog} 1{,}045 + \operatorname{colog} 1{,}0263.$$

CALCUL DE a

$\log a = 4{,}08155$
$\log 15432 = \overline{4{,}18843}$
$5 \operatorname{colog} 1{,}045 = \bar{1}{,}90440$
$\operatorname{colog} 1{,}0263 = \bar{1}{,}98872$

$4{,}08155 = \log 12066$

pour	08135	1206	D = 36
pour	18	.5	
pour	.2	..5	

Réponse : Le capital cherché est donc 12066 fr.

CALCULS AUXILIAIRES

Calcul de log 15432.

$15432 = 4{,}18843$

pour	1543	18837	D = 28
pour	.2	5,6	

$\log 1{,}045 = 0{,}01912$
$\operatorname{colog} 1{,}045 = \bar{1}{,}98088$

Calcul de log 1,0263.

$1{,}0263 = 0{,}01128$

pour	1026	01115	D = 42
pour	.3	12,6	

322. REMARQUE. Si le temps est l'inconnue, il faudra évidemment partir de la formule $A = a(1+r)^n \left(1+\frac{pr}{q}\right)$ les calculs sont un peu plus longs que pour les exercices précédents, nous n'insisterons pas.

Enfin, si le taux est inconnu, la solution de l'équation est encore plus complexe.

Problèmes.

326. Ecrire les deux progressions servant à définir les logarithmes dans le système de base 4. Quel serait dans ce système les logarithmes des nombres 4096, 16384, 10240, 0,015 625 ?

327. Calculer :

1°	log 2;	5°	log 34157;
2°	log 241,7;	6°	log 0,79695;
3°	log 0,0013;	7°	log 0,800427;
4°	log 1,416;	8°	log 24,736.

328. Calculer les nombres admettant pour logarithmes :

1°	3,82937;	4°	1,34815;
2°	$\bar{1}$,44185;	5°	0,41812;
3°	$\bar{3}$,00417;	6°	2,34721

329. Calculer $\sqrt[3]{324,72}$.

330. Calculer $0,21715^3 \sqrt[4]{412,75}$.

331. Calculer $\sqrt[3]{\frac{3,1416}{4,721}}$.

332. Calculer $\frac{34,21^3}{\sqrt[2]{8721,5}}$.

333. Calculer $\frac{\sqrt[3]{0,72835} \times 4,145^4}{\sqrt{0,8327}}$.

334. Calculer $\log \pi$, $\log \frac{1}{\pi}$, $\log \sqrt{\pi}$, $\log \sqrt[3]{\pi}$ en prenant pour valeur de π le nombre 3.1416.

335. Résoudre l'équation

$$\log x^2 + \log (x-1)^2 = 2.$$

336. Résoudre l'équation $\log x - \log (x-1) = 2$.

337. Calculer les dimensions du litre en étain.

338. Calculer le rayon d'une sphère qui a pour volume 1 dm^3.

339. Résoudre le système :

$$\begin{cases} x + y = 6. \\ \log x + \log y = 0,90309. \end{cases}$$

340. Un champ a la forme d'un triangle ayant pour côtés $a = 208^m,40$, $b = 458^m,70$, $c = 382^m,80$; calculer son aire. (On sait que

$$S = \sqrt{p(p-a)(p-b)(p-c)},$$

p étant le demi-périmètre du triangle).

341. Un capital de 7882 fr. 50 est placé à intérêts composés au taux de 5 p. 100 pendant 5 ans 3 mois. Quel intérêt a-t-il produit ?

342. Un capital placé à intérêts composés pendant 12 ans et 4 mois est devenu au bout de ce temps 10463 fr. Quel était le capital primitif, le taux étant de 4,5 p. 100 ?

343. La population d'un pays est de 40 352 000 habitants ; elle s'accroît chaque année de $\frac{1}{150}$ de ce qu'elle est au début de l'année. Quelle sera la population du pays dans 20 ans ?

344. Pour amortir une dette, une personne doit verser pendant 15 années consécutives la somme de 2540 fr. Quelle est la dette à amortir ? L'intérêt étant de 5 p. 100.

Usage des tables donnant les logarithmes des lignes trigonométriques.

323. Il existe des tables donnant les valeurs des lignes trigonométriques des angles aigus, on les appelle *tables des valeurs des lignes trigonométriques naturelles*. Dans les calculs, on préfère opérer avec les logarithmes et on utilise à cet effet des tables donnant les logarithmes des lignes trigonométriques.

— On sait qu'il existe plusieurs systèmes de mesures pour les angles ou les arcs, nous allons décrire ci-dessous les tables correspondant au système sexagésimal et au système centésimal.

Tables sexagésimales.

324. *Disposition des tables.* — Elles donnent, par simple lecture, les logarithmes des lignes trigonométriques d'angles se succédant, de minute en minute, de 0° à 90°. Nous reproduisons ci-après une des pages des *Tables de logarithmes du Service géographique de l'armée ;* on y trouvera les exemples donnés dans le cours qui suit.

Les tables ont été disposées de façon à condenser le plus possible les indications qu'elles fournissent.

Supposons que l'angle donné soit évalué en degrés et en minutes.

1° *L'angle est inférieur à 45°.* Dans ce cas, le nombre des degrés est inscrit en haut de la page, hors du cadre, et le nombre des minutes dans la première colonne, à gauche, intitulée ('). En

25 deg.

′	L. sin.	D.	L. cosèc.	L. tang.	D.	L. cot.	L. séc.	D.	L. cos.	′
0	1̄·62595	27	0·37405	1̄·66867	33	0·33133	0·04272	6	1̄·95728	60
1	622	27	378	900	33	100	278	6	722	59
2	649	27	351	933	33	067	284	6	716	58
3	676	27	324	966	33	034	290	6	710	57
4	1̄·62703	27	0·37297	1̄·66999	33	0·33001	0·04296	6	1̄·95704	56
5	1̄·62730	27	0·37270	1̄·67032	33	0·32968	0·04302	6	1̄·95698	55
6	757	27	243	065	33	935	308	6	692	54
7	784	27	216	098	33	902	314	6	686	53
8	811	27	189	131	32	869	320	6	680	52
9	1̄·62838	27	0·37162	1̄·67163	33	0·32837	0·04326	6	1̄·95674	51
10	1̄·62865	27	0·37135	1̄·67196	33	0·32804	0·04332	5	1̄·95668	50
11	892	26	108	229	33	771	337	6	663	49
12	918	27	082	262	33	738	343	6	657	48
13	945	27	055	295	32	705	349	6	651	47
14	1̄·62972	27	0·37028	1̄·67327	33	0·32673	0·04355	6	1̄·95645	46
15	1̄·62999	27	0·37001	1̄·67360	33	0·32640	0·04361	6	1̄·95639	45
16	63026	26	36974	393	33	607	367	6	633	44
17	052	27	948	426	32	574	373	6	627	43
18	079	27	921	458	33	542	379	6	621	42
19	1̄·63106	27	0·36894	1̄·67491	33	0·32509	0·04385	6	1̄·95615	41
20	1̄·63133	26	0·36867	1̄·67524	32	0·32476	0·04391	6	1̄·95609	40
21	159	27	841	556	33	444	397	6	603	39
22	186	27	814	589	33	411	403	6	597	38
23	213	26	787	622	32	378	409	6	591	37
24	1̄·63239	27	0·36761	1̄·67654	33	0·32346	0·04415	6	1̄·95585	36
25	1̄·63266	26	0·36734	1̄·67687	32	0·32313	0·04421	6	1̄·95579	35
26	292	27	708	719	33	281	427	6	573	34
27	319	26	681	752	33	248	433	6	567	33
28	345	27	655	785	32	215	439	6	561	32
29	1̄·63372	26	0·36628	1̄·67817	33	0·32183	0·04445	6	1̄·95555	31
30	1̄·63398	27	0·36602	1̄·67850	32	0·32150	0·04451	6	1̄·95549	30
31	425	26	575	882	33	118	457	6	543	29
32	451	27	549	915	32	085	463	6	537	28
33	478	26	522	947	33	053	469	6	531	27
34	1̄·63504	27	0·36496	1̄·67980	32	0·32020	0·04475	6	1̄·95525	26
35	1̄·63531	26	0·36469	1̄·68012	32	0·31988	0·04481	6	1̄·95519	25
36	557	26	443	044	33	956	487	6	513	24
37	583	27	417	077	32	923	493	7	507	23
38	610	26	390	109	33	891	500	6	500	22
39	1̄·63636	26	0·36364	1̄·68142	32	0·31858	0·04506	6	1̄·95494	21
40	1̄·63662	27	0·36338	1̄·68174	32	0·31826	0·04512	6	1̄·95488	20
41	689	26	311	206	33	794	518	6	482	19
42	715	26	285	239	32	761	524	6	476	18
43	741	26	259	271	32	729	530	6	470	17
44	1̄·63767	27	0·36233	1̄·68303	33	0·31697	0·04536	6	1̄·95464	16
45	1̄·63794	26	0·36206	1̄·68336	32	0·31664	0·04542	6	1̄·95458	15
46	820	26	180	368	32	632	548	6	452	14
47	846	26	154	400	32	600	554	6	446	13
48	872	26	128	432	33	568	560	6	440	12
49	1̄·63898	26	0·36102	1̄·68465	32	0·31535	0·04566	7	1̄·95434	11
50	1̄·63924	26	0·36076	1̄·68497	32	0·31503	0·04573	6	1̄·95427	10
51	950	26	050	529	32	471	679	6	421	9
52	63976	26	36024	561	32	439	585	6	415	8
53	64002	26	35998	593	33	407	591	6	409	7
54	1̄·64028	26	0·35972	1̄·68626	32	0·31374	0·04597	6	1̄·95403	6
55	1̄·64054	26	0·35946	1̄·68658	32	0·31342	0·04603	6	1̄·95397	5
56	080	26	920	690	32	310	609	7	391	4
57	106	26	894	722	32	278	616	6	384	3
58	132	26	868	754	32	246	622	6	378	2
59	1̄·64158	26	0·35842	1̄·68786	32	0·31214	0·04628	6	1̄·95372	1
60	1̄·64184		0·35816	1̄·68818		0·31182	0·04634		1̄·95366	0
′	L. cos.	D.	L. séc.	L. cot.	D.	L. tang.	L. cosèc.	D.	L. sin.	′

P. P.

″	33	32
6	3·3	3·2
7	3·9	3·7
8	4·4	4·3
9	5·0	4·8
10	5·5	5·3
20	11·0	10·7
30	16·5	16·0
40	22·0	21·3
50	27·5	26·7

″	28	27
6	2·8	2·7
7	3·3	3·2
8	3·7	3·6
9	4·2	4·1
10	4·7	4·5
20	9·3	9·0
30	14·0	13·5
40	18·7	18·0
50	23·3	22·5

″	26
6	2·6
7	3·0
8	3·5
9	3·9
10	4·3
20	8·7
30	13·0
40	17·3
50	21·7

P. P.

64 deg.

face du nombre des minutes, sur la ligne horizontale correspondante, se trouve, dans chacune des colonnes intitulées *en haut*, L. sin, L. coséc, etc.; les logarithmes correspondant aux différentes lignes trigonométriques de l'angle considéré.

Chaque logarithme a une partie entière positive, négative ou nulle et une partie décimale qui est positive et comprend 5 chiffres décimaux. Pour plus de simplicité, on n'a pas répété partout la partie commune à un groupe de logarithmes. On trouve la partie qui manque en se reportant, dans la même colonne, au plus voisin logarithme complet inférieur au logarithme cherché.

Ainsi, $\log \sin 25^\circ 42' = \overline{1},63715.$

$\log \cos 25^\circ 59' = \overline{1},95372.$

2° *L'angle est supérieur à 45°*. On sait que le sinus d'un angle est égal au cosinus de son complément, ainsi :

$$\log \sin 25^\circ 34' = \log \cos 64^\circ 26'.$$

De même la tangente d'un angle égale la cotangente de son complément, etc. On a profité de ces relations pour réduire la longueur des tables.

Pour les angles supérieurs à 45°, le nombre des degrés est inscrit au bas de la page et le nombre des minutes dans la première colonne de droite. En face du nombre des minutes, dans la même colonne horizontale, on trouve dans chacune des colonnes intitulées *en bas* L. cos., L. sec., etc., les logarithmes des différentes lignes trigonométriques de l'angle considéré.

Avec cette disposition, si nous prenons, par exemple, dans la colonne des sinus-cosinus, le nombre $\overline{1},62945$, c'est à la fois le logarithme de sin 25° 13' et celui de cos 64° 47', ce qui doit être, puisque les deux angles 25° 13' et 64° 47' sont complémentaires.

325. *Différence tabulaire.* — On appelle *différence tabulaire*, la différence entre deux logarithmes consécutifs. Elle est indiquée dans des colonnes spéciales intitulées D. La même colonne donne à la fois les différences pour les sinus et les cosécantes, une seule sert également pour les tangentes et les cotangentes, une seule pour les sécantes et cosinus; cela tient à ce que le produit de ces lignes trigonométriques prises deux à deux est égal à 1. Ainsi, par exemple :

$$\operatorname{tg} x \operatorname{cotg} x = 1.$$

On en déduit : $\log \operatorname{tg} x + \log \operatorname{cotg} x = 0$

ou $\log \operatorname{tg} x = -\log \operatorname{cotg} x.$

De sorte que si a et b sont deux angles consécutifs indiqués dans les tables, on a :

$$\log \operatorname{tg} a - \log \operatorname{tg} b = -\log \operatorname{cotg} a + \log \operatorname{cotg} b$$

relation qui établit la propriété énoncée.

326. *Emploi des tables.* — Elles permettent :

1° De trouver le logarithme d'une ligne trigonométrique quelconque d'un angle compris entre 0° et 90°.

2° De trouver l'angle compris entre 0° et 90°, lorsqu'on connaît le logarithme d'une de ses lignes trigonométriques.

327. Problème I. — **Calcul d'une ligne trigonométrique d'un angle compris entre 0° et 90°.**

Si l'angle donné ne comprend que des degrés et des minutes, une simple lecture, nous l'avons vu, permet d'écrire immédiatement le logarithme cherché.

Ainsi :

$$\log \sin 64° 42' = \bar{1},95621 ; \quad \log \operatorname{tg} 25° 3' = \bar{1},66966 ;$$

$$\log \operatorname{cotg} 25° 51' = 0,31471 ; \quad \log \cos 64° 11' = \bar{1},63898.$$

Supposons maintenant que l'angle comprenne des secondes, nous distinguerons deux cas.

328. 1° *Logarithme d'un sinus, d'une tangente ou d'une sécante.*

Soit à calculer log sin 25° 42′ 34″.

La table donne immédiatement $\log \sin 25° 42' = \bar{1},63715$.

D'autre part la différence tabulaire est 26, c'est-à-dire que si l'arc croît d'une minute, le logarithme correspondant augmente de 26. On admet que *l'accroissement du logarithme est proportionnel à l'accroissement de l'angle*, de sorte qu'une règle de trois simple permettra de calculer l'accroissement correspondant à 34″.

Pour 60″ le logarithme croît de 26,

pour 1″ — — $\dfrac{26}{60}$,

pour 34″ — — $\dfrac{26}{60} \times 34 = 15$ par excès.

Dans la pratique, on écrit :

$$\log \sin 25° 42' 34'' = \bar{1},63730$$

pour	25° 42′	$\bar{1}$,63715	D = 26.
pour	34″	15	

329. *Usage des petites tables.* — Les calculs résultant de ces règles de trois ont été faits à l'avance et se trouvent indiqués dans des petites tables intitulées PP. (parties proportionnelles). Ainsi, considérons la petite table marquée 26 (différence tabulaire trouvée).

Dans la première colonne sont indiquées les secondes, dans l'autre, en regard des nombres 6, 7, 8,... les produits $\frac{26}{60} \times 6$, $\frac{26}{60} \times 7$, $\frac{26}{60} \times 8$... etc.. qui correspondent à ce qu'il faut ajouter au logarithme quand l'angle augmente de 6, 7, 8... secondes. Ainsi dans l'exemple précédent, on augmente l'angle de 34″; on prendra l'accroissement correspondant, d'abord pour 30″, puis pour 4″, on obtiendra ce dernier en divisant par 10 l'accroissement correspondant à 40″, on écrira :

$$\log \sin 25^\circ 42' 34'' = \bar{1},63730$$

pour	25° 42′	$\bar{1}$,63715	D = 26.
pour	30″	13	
pour	4″	1.73	

EXERCICE.

$$\log \text{tg } 64^\circ 39' 52'' = 0,32472$$

pour	64° 39′	0,32444	D = 32.
pour	50″	26.7	
	2″	1.07	

330. 2° *Logarithme d'un cosinus, d'une cotangente ou d'une cosécante.*

Soit à calculer log cos 25° 12′ 49″.

Le cosinus d'un angle, de même que sa cotangente et sa cosécante diminuent quand l'angle augmente, de sorte que si nous opérions comme précédemment, pour l'accroissement d'angle de 49″ il faudrait retrancher du logarithme déjà trouvé ce qui correspond à cet accroissement; pour éviter cette soustraction, on opère de la façon suivante :

On prend le logarithme pour 25° 13′, l'angle devant être diminué de 11″, il faudra augmenter le logarithme de la quantité correspondante. On a :

$$\log \cos 25^\circ 12' 49'' = \bar{1},95652$$

pour	25° 13′	$\bar{1}$,95651	D = 6.
pour	— 10″	1	
pour	— 1″	0.1	

Il n'y a pas de petites tables pour une différence inférieure à 10, on fait le calcul directement.

331. Exercice.

$$\log \operatorname{cotg} 64^\circ 17' 12'' = \overline{1},68261$$

pour	64° 18'	$\overline{1}$,68239	D = 32.
pour	— 40″	21.3	
pour	— 8″	.43	

332. Problème II. — **Calcul d'un angle connaissant le logarithme d'une de ses lignes trigonométriques.**

C'est le problème inverse du précédent. Si le logarithme se trouve dans la table, on obtiendra l'angle par une simple lecture. Dans le cas contraire, on distingue deux cas.

333. 1° *On connaît le logarithme d'un sinus, d'une tangente, d'une sécante.*

Soit à calculer l'angle x correspondant à :

$$\log \sin x = \overline{1},63674.$$

Nous chercherons dans les logarithmes sinus celui qui se rapproche le plus par défaut de $\overline{1}$,63674, nous trouvons $\overline{1}$,63662 qui correspond à 25° 40′ puis, la différence tabulaire étant 27, nous chercherons, par une règle de trois, le nombre de secondes qu'il faut ajouter à l'angle, quand le logarithme augmente de 12 ; nous écrirons :

$$\overline{1},63674 = \log \sin 25^\circ 40' 26''$$

pour	$\overline{1}$,62662	25° 40′	D = 27.
pour	12	26″	

— En utilisant la petite table 27, nous avons :

$$\overline{1},63674 = \log \sin 25^\circ 40' 26''$$

pour	$\overline{1}$,63662	25° 40′	D = 27.
pour	9	20″	
pour	3	6″	

334. Exemple. — *Calculer l'angle x défini par $\log \operatorname{tg} x = 0,31417$.*

$$0,31417 = \log \operatorname{tg} 64^\circ 7' 19''$$

pour	0,31407	64° 7′	D = 32.
pour	5.3	10″	
pour	4.3	8″	
pour	.4	.6	

335. 2° *On connaît le logarithme d'un cosinus, d'une cotangente ou d'une cosécante de l'angle.*

Calculons x défini par $\log\cos x = \bar{1},63641$.

Il faudra prendre ici le logarithme immédiatement supérieur (V. n° 330). On a :

	$\bar{1},63641 = \log\cos 64°20'48''$	
pour $\bar{1},63662$	$64°20'$	$D = 26$.
pour -17.3	$40''$	
pour $-\ 3.7$	$8''$	

336. Exercice. — *Calculer x défini par $\log \operatorname{cotg} x = \bar{1},68480$.*

	$\bar{1},68480 = \log \operatorname{cotg} 64°10'32''$	
pour $\bar{1},68497$	$64°10'$	
pour -16	$30''$	$D = 32$.
pour $-\ 0.53$	$1''$	
pour $-\ 0.47$	$.8$	

337. Remarque. — Quand on se propose de calculer un angle, connaissant le logarithme d'une de ses lignes trigonométriques, il est nécessaire de savoir de suite s'il y a lieu de consulter les titres du haut des pages ou les titres du bas, il suffira de se rappeler que :

$\log\sin 45° = \bar{1},84949$,	$\log\cos 45° = \bar{1},84949$,
$\log \operatorname{tg} 45° = 0$,	$\log \operatorname{cotg} 45° = 0$,
$\log\sec 45° = 0,15051$,	$\log \operatorname{cosec} 45° = 0,15051$.

Il en résulte que si on a

un log sin plus grand ou un log cos plus petit que $\bar{1},84949$,
un log tg positif ou un log cotg négatif,
un log sec plus grand ou un log cosec plus petit que 0,15051,

il faudra consulter les titres du bas des pages; dans le cas contraire, les titres du haut.

Tables centésimales.

338. La disposition des tables centésimales est exactement la même que celle des tables sexagésimales. Si l'angle est inférieur à 50 grades on consultera les titres du haut des pages;

42c

'	Sin.	D.	Coséc.	Tang.	D.	Cot.	Séc.	Cosin.	'
50	1̄·79176		0·20824	1̄·89671		0·10329	0·10496	1̄·89504	50
51	184	8	816	685	14	315	501	499	49
52	193	9	807	699	14	301	506	494	48
53	202	9	798	713	14	287	512	488	47
54	1̄·79210	8	0·20790	1̄·89727	14	0·10273	0·10517	1̄·89483	46
55	1̄·79219	9	0·20781	1̄·89741	14	0·10259	0·10522	1̄·89478	45
56	228	9	772	755	14	245	528	472	44
57	236	8	764	769	14	231	533	467	43
58	245	9	755	783	14	217	539	461	42
59	1̄·79253	8	0·20747	1̄·89797	14	0·10203	0·10544	1̄·89456	41
60	1̄·79262	9	0·20738	1̄·89811	14	0·10189	0·10549	1̄·89451	40
61	271	9	729	825	14	175	555	445	39
62	279	8	721	839	14	161	560	440	38
63	288	9	712	853	14	147	566	434	37
64	1̄·79297	9	0·20703	1̄·89867	14	0·10133	0·10571	1̄·89429	36
65	1̄·79305	8	0·20695	1̄·89882	15	0·10118	0·10576	1̄·89424	35
66	314	9	686	896	14	104	582	418	34
67	322	8	678	910	14	090	587	413	33
68	331	9	669	924	14	076	593	407	32
69	1̄·79340	9	0·20660	1̄·89938	14	0·10062	0·10598	1̄·89402	31
70	1̄·79348	8	0·20652	1̄·89952	14	0·10048	0·10603	1̄·89397	30
71	357	9	643	966	14	034	609	391	29
72	365	8	635	980	14	020	614	386	28
73	374	9	626	89994	14	10006	620	380	27
74	1̄·79383	9	0·20617	1̄·90008	14	0·09992	0·10625	1̄·89375	26
75	1̄·79391	8	0·20609	1̄·90022	14	0·09978	0·10630	1̄·89370	25
76	400	9	600	036	14	964	636	364	24
77	408	8	592	050	14	950	641	359	23
78	417	9	583	064	14	936	647	353	22
79	1̄·79425	8	0·20575	1̄·90078	14	0·09922	0·10652	1̄·89348	21
80	1̄·79434	9	0·20566	1̄·90092	14	0·09908	0·10658	1̄·89342	20
81	443	9	557	106	14	894	663	337	19
82	451	8	549	120	14	880	668	332	18
83	460	9	540	134	14	866	674	326	17
84	1̄·79468	8	0·20532	1̄·90148	14	0·09852	0·10679	1̄·89321	16
85	1̄·79477	9	0·20523	1̄·90162	14	0·09838	0·10685	1̄·89315	15
86	485	8	515	176	14	824	690	310	14
87	494	9	506	190	14	810	696	304	13
88	502	8	498	204	14	796	701	299	12
89	1̄·79511	9	0·20489	1̄·90218	14	0·09782	0·10707	1̄·89293	11
90	1̄·79520	9	0·20480	1̄·90232	14	0·09768	0·10712	1̄·89288	10
91	528	8	472	246	14	754	717	283	09
92	537	9	463	260	14	740	723	277	08
93	545	8	455	274	14	726	728	272	07
94	1̄·79554	9	0·20446	1̄·90288	14	0·09712	0·10734	1̄·89266	06
95	1̄·79562	8	0·20438	1̄·90302	14	0·09698	0·10739	1̄·89261	05
96	571	9	429	316	14	684	745	255	04
97	579	8	421	329	13	671	750	250	03
98	588	9	412	343	14	657	756	244	02
99	1̄·79596	8	0·20404	1̄·90357	14	0·09643	0·10761	1̄·89239	01
100	1̄·79605	9	0·20395	1̄·90371	14	0·09629	0·10767	1̄·89233	00
'	Cosin.	D.	Séc.	Cot.	D.	Tang.	Coséc.	Sin.	'

P. P.

"	15	14
10	1·5	1·4
20	3·0	2·8
30	4·5	4·2
40	6·0	5·6
50	7·5	7·0
60	9·0	8·4
70	10·5	9·8
80	12·0	11·2
90	13·5	12·6

"	13
10	1·3
20	2·6
30	3·9
40	5·2
50	6·5
60	7·8
70	9·1
80	10·4
90	11·7

57c

dans le cas contraire, les titres du bas. Nous nous contenterons de donner quelques exemples :

339. Problème I. — Exemples :

$\log \sin 42^{gr},5283 = \bar{1},79201$

pour	$42^{gr},52$	$\bar{1},79193$	D = 9.
pour	83	7.47	

$\log \operatorname{tg} 57^{gr},4071 = 0,10199$

pour	$57^{gr},40$	0,10189	14.
pour	70	9.8	
pour	1	.14	

$\log \cos 57^{gr},1341 = \bar{1},79490$

pour	$57^{gr},14$	$\bar{1},79485$	D = 9.
pour	—59	5.3	

340. Problème II. — Exemples :

$\bar{1},89475 = \log \sin 57^{gr},4450$

pour	$\bar{1},89472$	$57^{gr},44$	D = 6.
pour	3	50	

$\bar{1},79312 = \log \cos 57^{gr},3422$

pour	$\bar{1},79314$	$57^{gr},34$	D = 9.
pour	—2	22	

Exercices.

345. Trouver le logarithme de sin 5°, cos 38°, sin 72°, tg 82°.

346. Trouver le logarithme de sin 8 gr, sin 69 gr. cos 82 gr. tg 43 gr.

347. Trouver le logarithme de sin 34° 28′, cos 61° 52′, tg 18° 35′.

348. Trouver le logarithme de sin 15 gr. 28, cos 62 gr. 75, tg 58 gr. 62.

349. Trouver le logarithme de :

sin 41° 54′ 37″,	sin 72 gr. 2341,
cos 62° 28′ 19″,	cos 18 gr. 7824,
tg 38° 57′ 43″,	tg 51 gr. 4527.

350. Trouver les angles compris entre 0° et 90° ou entre 0 gr. et 100 gr. tels que l'on ait :

$\log \sin x = \bar{1},38570$, $\log \cos x = \bar{1},40778$,
$\log \operatorname{tg} x = 0,39724$, $\log \operatorname{cotg} x = \bar{1},45463$,
$\log \sin x = \bar{1},42471$, $\log \cos x = \bar{1},49964$,
$\log \operatorname{tg} x = 0,44138$, $\log \operatorname{cotg} x = \bar{1},64531$,

351. Calculer les angles x définis par

1° $\sin x = 0,25$, 4° $\sin x = \frac{2834}{4531}$,
2° $\operatorname{tg} x = 2$, 5° $\cos x = 0,27835$,
3° $\cos x = \frac{1}{3}$, 6° $\operatorname{tg} x = 3,24738$,

352. Calculer les angles x définis par

1° $\sin x = \sqrt{2}$, 3° $\operatorname{tg} x = \frac{\sqrt{2}}{2,4134}$,
2° $\cos x = \frac{\sqrt{2}}{3}$, 4° $\operatorname{cotg} x = \frac{\sqrt{3}}{\sqrt{\;}}$.

353. Déterminer les angles x tels que l'on ait :

$\sin x = \frac{2}{3}$, $\cos x = \frac{1}{5}$, $\operatorname{tg} x = 3,4167$.

354. Déterminer les angles x tels que l'on ait :

$\sin x = \frac{1}{3} \sin 24 \text{ gr.}$, $\cos x = \frac{3}{4} \cos 21°$, $\operatorname{tg} x = \frac{\sqrt{3}}{2}$.

355. Calculer les angles x tels que l'on ait :

$\sin x = \frac{\sqrt{2}}{\sqrt{3}}$, $\cos x = \sqrt{\frac{3}{5}}$, $\operatorname{tg} x = 2,4758$.

356. Calculer les angles x tels que l'on ait :

$\sin^2 x = 0,72$, $\cos^2 x = \frac{1}{3}$, $\operatorname{tg}^2 x = 5$.

357. On sait que $\sin 30° = \frac{1}{2}$, calculer à l'aide de cette relation $\log \sin 30°$.

358. On sait que $\cos 30° = \frac{\sqrt{3}}{2}$, calculer à l'aide de cette relation $\log \cos 30°$.

359. Calculer les angles x définis par

1° $\operatorname{tg} x = \sqrt[3]{\frac{2}{3}}$, 3° $\operatorname{tg} x = \sqrt{2} \operatorname{tg} 35° 28' 41''$,
2° $\operatorname{cotg} x = \sqrt{231}$, 4° $\sin x = \frac{1}{5} \sin 73° 42' 25''$.

Exercices et problèmes de revision.

Calcul algébrique.

360. Trouver la valeur numérique de l'expression :

$$\frac{x^2-6x+1}{x^2-1}, \text{ pour } x=+\sqrt{8}.$$

361. Trouver la valeur numérique de l'expression :

$$\frac{2x-\frac{1}{x-1}+\frac{3}{x-2}}{\frac{x-3}{x-4}-\frac{2x}{x+3}}, \text{ pour } x=4.$$

362. Trouver la valeur numérique de l'expression :

$$x^2+px+q, \text{ pour } x=-\frac{p}{2}+\sqrt{\frac{p^2}{4}-q}.$$

363. Trouver la valeur numérique de l'expression :

$$\frac{2\sqrt{a}+\sqrt{b}+\sqrt{c}+4\sqrt{d}}{3\sqrt{a}-2\sqrt{b}}+\frac{4\sqrt{c}-\sqrt{d}}{\sqrt{b}}$$

pour $a=25$, $b=4$, $c=9$, $d=1$.

364. Additionner les polynômes suivants :

$$3\,a^2-0{,}5\,ab+2{,}8\,b^2,$$
$$4{,}5\,a^2-3{,}2\,ab-4{,}9\,b^2,$$
$$a^2-5{,}1\,ab+2{,}3\,b^2.$$

365. Simplifier l'expression : $a^2-[-a-(3\,a-a^2)-2\,a]$.

366. Simplifier l'expression : $3\,x-[\,x+2-(2x+3)]$.

367. Effectuer le calcul suivant :

$$(x-2)^3-(x+2)^3-(3x-1)\,(x-3)^2.$$

368. Effectuer le calcul suivant :

$$(2x-3)^2\,(2x+3)^2-(3x^2-4x+1)\,(3x^2-4x-1)+(x-1)^2\,(x^2-2)$$

369. Effectuer le calcul suivant :

$$(x+y)^3+3\,(x+y)^2\,(x-y)+3\,(x-y)^2\,(x+y)+(x-y)^3.$$

370. Calculer les produits :

$$(x+1)\,(x+2)\,(x+3)\,(x+4);$$
$$(x-1)\,(x-2)\,(x-3)\,(x-4).$$

Faire la somme et la différence de ces deux produits.

371. $4x^2+4ax$ sont les deux premiers termes du développement du carré d'une somme; quelle est cette somme ?

372. Même question pour $9x^2 + 6x$; pour $\frac{x^2}{4} + x$; pour $\frac{9x^2}{4} + 15x$; pour $a^2x^2 + 2abx$; pour $\frac{x^2}{a^2} + 2x$.

373. $9x^2 - 6x$ sont les deux premiers termes du carré d'une différence; quelle est cette différence?

374. Même question pour $\frac{x^2}{4} - 3x$; pour $\frac{x^4}{a^4} - \frac{2x^2}{a^2}$; pour $3x^2 - 2x\sqrt{3}$.

375. Étant donnée l'expression $8a^2x^3 - 24a^3x^2 - 32a^4x$ mettre en facteur le terme de plus haut degré et de plus grand coefficient.

376. Décomposer en produit de facteurs les expressions suivantes :

1°	$3ax^3 - 3a^3x$;	4°	$x^2 + 2x - y^2 + 1$;
2°	$9a^2x^2 - 1$;	5°	$xy + x + y + 1$;
3°	$(2x + a)^2 - (3x + 2a)^2$;	6°	$a^2b^2 - a^2 - b^2 + 1$.

377. Décomposer en produit de facteurs du premier degré :

1° $(2x - 1)^2 - (x + 4)^2$; 2° $(x - y + z)^2 - (x + 2y - z)^2$.

378. Décomposer en produit de facteurs du premier degré les expressions suivantes :

1°	$(2x + a)^2 - (x - a)^2$;	3°	$(1 + xy)^2 - (x + y)^2$;
2°	$x^2 + 2xy + y^2 - a^2$;	4°	$ab(x^2 + y^2) + xy(a^2 + b^2)$.

379. Effectuer $(x - a)(x - b)(x - c)$ et ordonner le produit obtenu.

380. Développer les expressions suivantes :

1°	$(2x - a)^3$;	4°	$(2x^2 - 3x + 4)^2$;
2°	$\left(\frac{x}{a} - \frac{y}{b}\right)^3$;	5°	$(a - b - c + d)^2$;
3°	$(3a^2 - a - 1)^2$;	6°	$(a + b + c)^3$.

381. Vérifier l'identité suivante :

$$(a + b + c)^3 = a^3 + b^3 + c^3 + 3(a + b)(b + c)(c + a);$$

En déduire les développements de $(a + b - c)^3$, $(a - b - c)^3$.

382. Vérifier l'identité $\left(\frac{a + b}{2}\right)^2 - \left(\frac{a - b}{2}\right)^2 = ab$.

383. Effectuer $\frac{4a^2 - 4b^2}{2a + b} : \frac{2a - 2b}{2a^2 + ab}$.

384. Vérifier l'identité $(1 + x\sqrt{2} + x^2)(1 - x\sqrt{2} + x^2) = 1 + x^4$.

385. Vérifier l'identité $(1 + x\sqrt{3})(1 + x^2)(1 - x\sqrt{3} + x^2) = 1 + x^6$.

386. Calculer l'expression :

$$[(x + a)^2 - y^2](x - a) - [(x - a)^2 - y^2](x + a).$$

387. Vérifier l'identité :

$$(ax + by)^2 + (ay + bx)^2 - 4\,ab\,xy = (a^2 + b^2)(x^2 + y^2).$$

388. Vérifier l'identité

$$(a^2+b^2+c^2)(x^2+y^2+z^2)-(ax+by+cz)^2=(ay-bx^2)+(bz-cy)^2 + (cx-az)^2.$$

389. Simplifier la fraction $\dfrac{12+3x+4y+4xy}{4+x}$.

390. Vérifier l'identité $\dfrac{1}{(x-a)(x-b)}=\dfrac{1}{b-a}\left(\dfrac{1}{x-b}-\dfrac{1}{x-a}\right)$.

391. Simplifier les fractions suivantes :

1° $\dfrac{7ax-14a^2}{4bx-8ab}$;

2° $\dfrac{4ax}{(1+a)^2-(1-a)^2}$;

3° $\dfrac{x^2-1}{(1+xy)^2-(x+y)^2}$;

4° $\dfrac{ab(x^2+y^2)+xy(a^2+b^2)}{ab(x^2-y^2)+xy(a^2-b^2)}$.

392. Simplifier les expressions suivantes :

1° $\sqrt{3}\times\sqrt{12}$;

2° $\sqrt{48}\times\sqrt{\dfrac{1}{3}}$;

3° $\sqrt{45}\times\sqrt{20}$;

4° $\dfrac{\sqrt{2}(2-\sqrt{2})}{2}$.

393. Simplifier les expressions suivantes :

1° $(3+2\sqrt{2})(3-2\sqrt{2})$;

2° $\sqrt{a^2x+a^2y}$;

3° $\dfrac{a^2-b}{a-\sqrt{b}}$;

4° $\dfrac{x^4-y^2}{x-\sqrt{y}}$.

394. Rendre rationnels les dénominateurs des fractions suivantes :

1° $\dfrac{2}{\sqrt{5}}$;

2° $\dfrac{4}{\sqrt{2}-1}$;

3° $\dfrac{2}{\sqrt{2}+1}$;

4° $\dfrac{\sqrt{3}-\sqrt{2}}{\sqrt{3}+\sqrt{2}}$;

5 $\dfrac{3a}{\sqrt{9a}}$;

6° $\dfrac{x+\sqrt{y}}{x-\sqrt{y}}$.

395. Additionner $\dfrac{1}{1+a}+\dfrac{1}{1-a}-\dfrac{2}{1-a^2}$.

396. Additionner $\dfrac{a-b}{ab}+\dfrac{b-c}{bc}+\dfrac{c-a}{ca}$.

397. Additionner les fractions suivantes :

$$\frac{2a-b}{ab-a^2},\quad -\frac{3a+b}{ab+a^2},\quad +\frac{a-2b}{a^2-b^2}.$$

398. Additionner les fractions suivantes :

$$\frac{1}{x},\quad +\frac{2x-1}{x^2-x},\quad -\frac{1}{x-1}.$$

399. Additionner les fractions suivantes :

$$\frac{3x-6}{9x^2-4}, \quad +\frac{1}{3x-2}, \quad +\frac{2}{3x+2}.$$

400. Additionner les fractions suivantes :

$$\frac{3x+1}{x^2-1}, \quad -\frac{1}{x+1}, \quad -\frac{4}{1-x}.$$

401. Additionner les fractions suivantes :

$$\frac{2}{2x^2-4x+2}, \quad -\frac{4}{2x^2+4x+2}, \quad +\frac{3}{x^2-1}.$$

402. Simplifier l'expression :

$$\left(1+\frac{2b}{a}+\frac{b^2}{a^2}\right) : \left(\frac{a}{b}-\frac{b}{a}\right).$$

403. Simplifier l'expression :

$$\left(\frac{1}{1+\frac{1}{x}}-\frac{1}{1-\frac{1}{x}}\right) : \left(\frac{1}{1+\frac{1}{x}}+\frac{1}{1-\frac{1}{x}}\right).$$

404. Calculer l'expression :

$$\left(1+\frac{a-x}{a+x}\right)\left(2a-\frac{a^2-ax}{a-x}\right) : \frac{a-2x}{a+x}.$$

Équations du premier degré à une inconnue.

405. Résoudre les équations suivantes ;

1° $\frac{x}{2}+\frac{x}{3}+\frac{x}{4}=\frac{6}{5};$

2° $3x+2-\frac{3x-1}{4}=\frac{2x-3}{6}+2x-2$

3° $2x-1-\frac{3x-2}{12}-\frac{4x+1}{16}=\frac{x}{18}-3;$

4° $\frac{2x-3}{72}-2x+1=\frac{4x+1}{36}-\frac{2x-5}{48}.$

406. Résoudre les équations suivantes :

1° $\frac{1}{x}+\frac{2}{x}+\frac{3}{x}+\frac{4}{x}=5;$

2° $(3x-1)(x-4)=3x^2-5(x-2);$

3° $(x-a)(x+b)-a\left(\frac{x^2}{a}-b\right)+b^2=a^2;$

4° $\frac{2x-1}{x^2-4}-\frac{2}{x+2}-\frac{1}{x-2}=0.$

407. Résoudre les équations suivantes :

1° $\frac{x-1}{3}=x+\frac{3x-8}{6}$;

2° $\frac{3x-7}{5}=\frac{x+1}{10}+\frac{x-3}{2}$;

3° $\frac{4x-1}{12}=\frac{5x-4}{15}$.

408. Résoudre les équations suivantes :

1° $\frac{3x-2}{4x^2-9}-\frac{1}{2x+3}=\frac{2}{3-2x}$;

2° $\left(1+\frac{x+1}{x-1}\right):\left(\frac{x+1}{x-1}-\frac{x-1}{x+1}\right)=1$;

3° $\frac{3x-2}{x-1}=\frac{2x+3}{x-2}+1$;

4° $\frac{2x+5}{x}+3=\frac{3x-2}{x-1}+2$.

409. Résoudre les équations suivantes :

1° $b^2+ax=bx+a^2$; | 2° $\frac{x}{a}+b^2=\frac{x}{b}+a^2$.

410. Résoudre les équations suivantes :

1° $\frac{x-a}{b}-\frac{x-b}{a}=a-b$;

2° $(x+a)(x+b)-a\left(\frac{x^2}{a}+b\right)+b^2=a^2$.

Systèmes d'équations du premier degré.

411. Résoudre les systèmes :

1° $\begin{cases} 3x-4y=5, \\ 5x+2y=1. \end{cases}$

2° $\begin{cases} 2x-5y=4, \\ 6x+3y=1. \end{cases}$

3° $\begin{cases} \frac{3x-4}{5-2y}=\frac{1}{2}, \\ \frac{2x-5}{4+3y}=\frac{4}{5}. \end{cases}$

412. Résoudre le système :

$$\begin{cases} \frac{x}{15}-\frac{y}{12}+x=11-2y, \\ \frac{x-4}{20}+1=\frac{y-2}{15}+x+5. \end{cases}$$

413. Résoudre le système :

$$\left\{\begin{array}{l}\frac{x-1}{12}-\frac{y}{8}=2+3x-\frac{2y}{4},\\ \frac{2x-3}{10}-\frac{1}{15}=\frac{x}{12}-\frac{1}{5}+x.\end{array}\right.$$

414. Résoudre les systèmes :

1° $\left\{\begin{array}{l}\frac{3}{x}-\frac{2}{y}=\frac{1}{xy},\\ \frac{5}{x}-\frac{3}{y}=\frac{1}{xy}.\end{array}\right.$

2° $\left\{\begin{array}{l}\left(\frac{x+y}{x-y}-\frac{x-y}{x+y}\right):\frac{5y}{x+y}=1;\\ 2x-3y=5.\end{array}\right.$

415. Résoudre les systèmes :

1° $\left\{\begin{array}{l}2x-y+3z=1,\\ x-2y+z=4,\\ 3x+y-z=5.\end{array}\right.$

2° $\left\{\begin{array}{l}x+y=11,\\ y+z=13,\\ z+x=12.\end{array}\right.$

3° $\left\{\begin{array}{l}\frac{x}{3}+\frac{y}{5}+\frac{2z}{7}=58,\\ \frac{5x}{4}+\frac{y}{6}+\frac{z}{3}=76,\\ \frac{x}{2}-\frac{y}{5}+\frac{z}{40}=0.\end{array}\right.$

416. Étant donné le système $\left\{\begin{array}{l}6x+ay=1;\\ 3x+y=b;\end{array}\right.$ quelles valeurs faut-il donner à a et à b pour que le système soit indéterminé? 2° pour qu'il soit impossible?

417. Étant donné le système $\left\{\begin{array}{l}2x-5y=3,\\ 3x+4y=10,\\ ax-y=2,\end{array}\right.$ quelles valeurs faut-il donner à a pour que les équations soient compatibles, c'est-à-dire admettent le même système de solution?

418. Résoudre les systèmes :

1° $\left\{\begin{array}{l}\frac{x}{a}+\frac{y}{b}=1,\\ \frac{x}{y}=\frac{a}{b}.\end{array}\right.$

2° $\left\{\begin{array}{l}\frac{x-y}{a}+\frac{x+y}{b}=1,\\ \frac{x-y}{x+y}=\frac{a}{b}.\end{array}\right.$

Systèmes se ramenant à des équations du premier degré.

419. Résoudre les systèmes :

1° $\left\{\begin{array}{l}\frac{1}{x}+\frac{1}{y}=12,\\ \frac{1}{x}-\frac{1}{y}=17.\end{array}\right.$

2° $\left\{\begin{array}{l}\frac{1}{x}+\frac{1}{y}=a,\\ \frac{1}{y}+\frac{1}{z}=b,\\ \frac{1}{z}+\frac{1}{x}=c.\end{array}\right.$

420. Résoudre les systèmes :

1° $\begin{cases} x^2 - y^2 = 65, \\ x - y = 5. \end{cases}$ | 2° $\begin{cases} 2x^2 - 2y^2 = 110, \\ 5x - 5y = 25. \end{cases}$

421. Résoudre le système :

$$\begin{cases} \dfrac{2}{x-1} + \dfrac{3y}{y-2} = 11, \\ \dfrac{3}{x-1} - \dfrac{5y}{y-2} = 7. \end{cases}$$

(On prendra comme inconnues auxiliaires $\dfrac{1}{x-1}$ et $\dfrac{y}{y-2}$).

Problèmes se résolvant à l'aide d'une équation du premier degré.

422. Trouver deux nombres ayant pour somme 48, sachant que l'un d'eux est le quintuple de l'autre.

423. Deux voyageurs partent à midi de deux villes distantes de 59 kilomètres. Ils vont à la rencontre l'un de l'autre. Le premier parcourt 5 kilomètres à l'heure et se repose une heure pendant le trajet ; le second parcourt 4 kilomètres à l'heure et se repose deux heures pendant le trajet. A quelle heure se rencontreront-ils ?

424. On partage un nombre en deux parties qui sont entre elles dans le rapport de 4 à 3 ; quel est le nombre, sachant que l'excès des $\frac{3}{4}$ du nombre sur 25 est égal à la plus grande des deux parties ?

425. La différence des carrés de deux nombres entiers consécutifs est 41. Quels sont ces nombres ?

426. Partager 30 en deux parties telles que la plus petite soit inférieure de 3 unités à la moitié de la plus grande.

427. Dans 7 ans, mon âge sera quadruple de ce qu'il était il y a 32 ans ; quel est mon âge ?

428. Si je dépensais les $\frac{3}{5}$ de mon avoir, il me resterait une certaine somme ; si je ne dépensais que le quart, il me resterait 73 fr. 50 de plus. Quel est mon avoir ?

429. Un nombre est composé de deux chiffres dont la somme est égale à 5 ; d'autre part, en renversant l'ordre des chiffres, on obtient un nombre inférieur de 9 unités au nombre considéré. Quel est ce nombre ?

430. Deux billets, dont l'un est payable au bout de 60 jours et l'autre au bout de 45 jours, sont escomptés ensemble au taux de 6 pour 100. Le montant des deux billets est de 17 000 francs et la somme des

escomptes est de 157 fr. 50. Quel est le montant de chaque billet? (*Bourses d'ens. pr. sup.*).

431. Pour donner 5 francs à chacun de ses ouvriers, il manque à un patron 4 francs; mais s'il ne leur donne que 3 francs, il lui restera 12 francs. Combien a-t-il d'ouvriers et quelle somme possède-t-il?

432. Un particulier a placé 21 000 francs, partie à 5 pour 100, partie à 4 1/2 pour 100. Il retire annuellement 1 010 francs de ce placement. Quelles sont les deux parties de la somme placée ?

433. Une personne possède 78 000 francs. Elle en emploie une partie à acheter une maison, place le tiers de ce qui lui reste à 4 pour 100 et les deux autres tiers à 5 pour 100. Elle retire de ces deux placements un revenu annuel de 2 870 francs. Quel est le prix de la maison? (*Bourses d'ens. pr. sup.*).

434. Un particulier place les $\frac{2}{5}$ de sa fortune en achat de terres qui lui rapportent 3 3/4 pour 100, les $\frac{2}{7}$ sur hypothèques au taux 5 p. 100 et le reste en rentes 3 pour 100, au cours de 75 francs. Il se fait ainsi un revenu de 3 516 francs. Quel est son capital?

435. Un marchand a acheté une certaine quantité de café à raison de 6 fr. 50 le kilogr. Il en a revendu le $\frac{1}{4}$ à 7 fr. 20 le kilogr., le $\frac{1}{3}$ à 8 fr. 25 et le reste à 9 francs. Il fait ainsi un bénéfice de 108 francs. Combien avait-il acheté de kilogrammes de café ?

436. On a acheté 25 mètres de toile pour une certaine somme ; si le mètre avait coûté 2 francs de moins, on aurait pu acheter 8 mètres de plus. Quel est le prix du mètre de toile ?

437. Je remets 6 francs à mon facteur en le priant de me donner un même nombre de timbres à 0 fr. 25, de timbres à 0 fr. 10 et de timbres à 0 fr. 05. Combien m'apportera-t-il de timbres de chaque espèce ?

438. Un cycliste part de Paris à 4 h. 30 du matin se dirigeant vers Orléans, avec une vitesse de 15 kilomètres à l'heure. A 8 heures du matin, on envoie à sa poursuite un autre cycliste faisant 24 kilomètres à l'heure. A quelle distance d'Orléans le rejoindra-t-il, sachant que la distance de Paris à Orléans est de 120 kilomètres ?

439. Un commerçant présente chez un banquier trois billets : l'un de 500 francs payable à 15 jours, l'autre de 500 francs payable à 30 jours, le troisième de 800 francs payable à 46 jours. Il reçoit 1 793 fr. 50. Quel est le taux de l'escompte ?

440. Un maître promet à son domestique 1 200 francs par an et un habit; il le renvoie au bout de huit mois et lui donne 750 francs et l'habit. Quelle est la valeur de celui-ci ?

441. Au dénominateur de la fraction $\frac{21}{33}$ on ajoute 11. Quel nombre faut-il ajouter au numérateur pour que la fraction ne change pas de valeur ?

442. Trouver une fraction dont la somme des termes égale 12 et telle que si on ajoute 3 au numérateur et 5 au dénominateur, on obtient une nouvelle fraction équivalente à $\frac{2}{3}$.

443. Partager 7 650 francs entre 3 personnes, de manière que la deuxième ait $\frac{1}{4}$ de plus que la première et la troisième $\frac{3}{5}$ de plus que la seconde.

444. Un lingot d'or au titre de 0,850 pèse 500 grammes. Combien faut-il ajouter d'or pur au lingot pour avoir un alliage au titre monétaire ?

445. Une personne place à intérêts simples un premier capital au taux de 4,5 pour 100, un deuxième au taux de 4 pour 100 et un troisième au taux de 3,5 pour 100. Le deuxième capital est les $\frac{5}{8}$ du premier et le troisième le double de la différence des deux autres. Au bout de 2 ans, elle retire les trois capitaux et leurs intérêts, ce qui fait un total de 4108 francs. Calculer chacun des trois capitaux. (*Éc. nat. d'agriculture de Tunis*).

446. La distance de Paris à Orléans est de 120 kilomètres. Un train se rendant à Tours, passant par Orléans, part de Paris avec une vitesse de 33 km. 500 à l'heure. Deux heures plus tard un second train part de Paris suivant la même direction avec une vitesse de 48 km. 500 à l'heure. A quelle distance d'Orléans le second train aura-t-il rejoint le premier ?

447. Un élève a obtenu 45 points dans un concours où il a dû faire 3 compositions. Dans la deuxième, il a obtenu les $\frac{2}{3}$ des points qu'il a eus dans la première ; dans la dernière, il a obtenu la moyenne arithmétique des points qu'il a obtenus dans les deux premières. Combien a-t-il obtenu de points dans chaque composition ?

448. Une personne a placé 2 capitaux ; le second est inférieur de 4 000 francs au premier. Les taux sont égaux au millième du capital respectif et l'intérêt du premier est les $\frac{25}{9}$ de l'intérêt du second. Quels sont les deux capitaux ?

449. Une personne dispose de 5 heures pour faire une promenade. Jusqu'à quelle distance pourra-t-elle se rendre, sachant que la voiture fait 12 kilomètres à l'heure à l'aller et 8 kilomètres au retour ?

450. Deux récipients contiennent, le premier 50 litres de vin blanc, le second 150 litres de vin rouge. Quel volume égal de ces deux liquides faut-il transporter simultanément de chaque vase dans l'autre pour que les deux mélanges obtenus soient identiques ?

451. On a fait une collecte dans une réunion de 59 personnes comprenant des hommes et des femmes. Chaque homme donne 5 francs, chaque femme 2 francs ; la collecte a produit 208 francs. Combien la réunion comprenait-elle d'hommes et combien de femmes?

452. Une fermière désire vendre ses œufs 0 fr. 12 la pièce; or elle en casse 9 et calcule qu'en vendant chacun de ceux qui lui restent 0 fr. 15, elle retirera le même bénéfice. Combien avait-elle d'œufs?

453. Une personne achète un objet d'art. On lui fait payer pour l'emballage 1 fr. 50 0/0 du prix de l'objet; de plus, elle dépense 4 francs pour le transport. Elle débourse en tout 856 fr. 60. Quel est le prix de l'objet?

454. Un rôtisseur a acheté des poulets 20 francs pièce. S'il les avait achetés 15 francs, il en aurait eu 2 de plus pour la même somme. Combien a-t-il acheté de poulets ?

455. Calculer deux nombres, sachant que leur différence est 3 332, que leur quotient est 8 et le reste de leur division 392.

456. Une montre a trois aiguilles. On demande à quelle heure, après 6 heures, l'aiguille des secondes sera la bissectrice de l'angle formé par les deux autres.

457. Deux personnes ont le même revenu annuel. La première dépense les $\frac{3}{4}$ de ce revenu, l'autre 1 050 francs de plus que la première. Au bout de 5 ans, la seconde personne a 2 250 francs de dettes. Quel est leur revenu ?

458. Une personne a fait 3 parts de son capital. La première part vaut les $\frac{2}{7}$ de ce capital et la deuxième part les $\frac{3}{11}$. Elle place la première part à un certain taux et la deuxième à un taux qui surpasse le premier de $\frac{4}{21}$ de franc. Chacune des deux premières parts rapporte ainsi le même intérêt annuel.

1° Calculer le taux de placement de la première partie ;

2° Dire à quel taux il faudrait placer la troisième partie pour qu'elle rapporte annuellement, à elle seule, le total des intérêts des deux autres placées à leurs taux respectifs. (*Éc. nat. d'agriculture.*)

459. Une personne, en plaçant les $\frac{3}{4}$ de son capital à 3 0/0 et le reste à 5 0/0, possède un certain revenu annuel.

Son capital se trouvant diminué de 3 600 francs, elle place ce qui lui reste à 4 0/0 et son revenu annuel se trouve augmenté de 25 fr. Quel était le capital primitif? (*B. S., aspirantes, Lille.*)

460. Un architecte fait le devis de travaux qui doivent s'élever à 32 860 francs. Or, les travaux sont prévus pour une somme de 30 400 francs. De plus, les honoraires de l'architecte sont de 6 p. 100 sur tous les travaux prévus ou imprévus. Quelle somme l'architecte doit-il inscrire sur le devis pour le montant des travaux imprévus ?

461. Partager 1 620 francs entre 12 hommes, 15 femmes et 20 enfants, de telle sorte que la part de chaque femme soit les $\frac{2}{5}$ de celle de chaque homme et que la part d'un enfant soit la moitié de celle d'une femme.

462. Un père, pour encourager son fils, lui promet 5 centimes pour chaque jour d'école où ce dernier aura un bon point; mais, en revanche, le fils devra donner 7 centimes à son père pour chaque jour d'école où il n'aura pas gagné de bon point. Au bout de 17 jours, le fils possède 25 centimes. Combien a-t-il eu de bons points ?

463. Un négociant prélève tous les ans, sur son avoir commercial, une somme de 12 000 francs pour les dépenses de son ménage. Cependant, chaque année, son avoir augmente du $\frac{1}{3}$ de ce qui reste après le prélèvement fait. Au bout de 3 ans, son avoir a doublé. Quel était cet avoir au début ?

464. Un marchand achète du drap qu'il revend avec un bénéfice de 7 0/0 sur le prix d'achat. S'il avait gagné 7 0/0 sur le prix de vente, il aurait eu 343 francs de plus. A quel prix le marchand a-t-il acheté le drap ? (*B. S., aspirantes, Aix.*)

465. Une personne doit 6 020 francs; elle paye immédiatement une partie de sa dette, puis le reste 3 ans après avec les intérêts simples à 5 pour 100. Combien a-t-elle dû payer la première fois pour que les deux versements effectués soient égaux?

466. Deux trains A et B partent d'un même point; A part à 7 heures du matin et marche à la vitesse constante de 32 kilomètres à l'heure. B part à midi; il marche à la vitesse de 40 kilomètres pendant 3 heures, puis à la vitesse de 50 kilomètres. A quelle heure B arrivera-t-il à 18 kilomètres de A sans avoir encore rejoint celui-ci?

467. Une fermière porte des œufs à la ville; elle en vend d'abord la moitié de ce qu'elle a moins 2 œufs, puis le $\frac{1}{4}$ de ce qui lui reste plus 4 œufs, enfin elle vend le $\frac{1}{5}$ de ce qui lui reste plus 5 œufs, et il lui reste en définitive 11 œufs. Combien en avait-elle?

468. Un père, interrogé sur l'âge de son fils, répond : « Du double de l'âge qu'il a aujourd'hui, retranchez 4 fois l'âge qu'il avait il y a 6 ans, et vous aurez son âge actuel ». Quel est l'âge du fils?

469. Un commerçant achète un lot de vin aux conditions suivantes : $\frac{1}{3}$ à raison de 10 francs les 4 bouteilles, $\frac{1}{4}$ à raison de 10 francs les 3 bouteilles, le reste à raison de 10 francs les 5 bouteilles. 50 bouteilles ont été cassées et les autres sont vendues 3 francs l'une. Le bénéfice de l'opération a été de 19 pour 100 du prix d'achat. Combien le commerçant a-t-il acheté de bouteilles? (*Conc. de la Banque de France.*)

470. Deux dépôts de houille A et B sont distants de 300 kilomètres. La tonne de charbon coûte 120 francs en A et 144 francs en B. On sait d'autre part que le transport coûte 2 fr. 25 par kilomètre et par 10 000 kilogr. pour le charbon venant de A et 2 fr. 10 pour le charbon venant de B. On sait de plus qu'en un point C situé entre les deux dépôts, le charbon revient au même prix et qu'il s'y trouve trois usines auxquelles il faut distribuer 9400 tonnes par semaine, de manière que les parts soient inversement proportionnelles aux nombres 3, 4 et 5. Trouver :

1° la distance du point C à chacun des deux dépôts de houille;

2° la part de chaque usine sur les 9 400 tonnes à répartir;

3° la somme à payer, par semaine, pour chaque usine.

471. Un rectangle ABCD a pour dimensions AB = 28 m. et AD = 12 m. Mener par A une droite qui rencontre le coté CD en un point E tel que l'on ait :

$$\text{Aire triangle ADE} = \frac{1}{3} \text{ aire trapèze ABCE.}$$

(Prendre DE pour inconnue et écrire que l'aire du triangle ADE est égale au quart de l'aire du rectangle.)

472. Un trapèze ABCD a pour bases AB = 40 m., DC = 18 m. Déterminer sur le côté AB un point E tel que si l'on joint DE, on ait :

$$\text{Aire triangle ADE} = \text{aire trapèze EDCB.}$$

(Désigner par H la hauteur du trapèze, elle n'intervient pas dans le résultat.)

Problèmes conduisant à des systèmes d'équations du premier degré.

473. Un propriétaire vend deux qualités de blé à des prix différents. Il vend d'abord 3 hectol. $\frac{1}{2}$ de la première qualité et 24 doubles décalitres de la deuxième pour le prix total de 618 fr. 60. Il touche ensuite 805 fr. 20 en vendant les $\frac{7}{10}$ d'un mètre cube de la première qualité

et 360 dm³ de la seconde. Calculer le prix d'un litre de chaque qualité. (*Éc. norm. institutrices*, Niort.)

474. Dans un premier marché, 7 kilos de café ont coûté 49 fr. 60 de plus que 12 kilos de sucre; dans un second, 4 kilos de café et 8 kilos de sucre ont coûté ensemble 64 fr. Quel est le prix du kilogramme de chaque marchandise? (*Éc. norm. aspirantes*, Manche.)

475. Un patron a 75 ouvriers. Les uns gagnent 18 fr. 50 par jour, les autres 24 fr. Sachant que ce patron débourse 9 150 francs par semaine, dire combien il y a d'ouvriers de chaque catégorie. (La semaine de travail est de six jours.)

476. Deux villes, A et B, situées sur un même fleuve, sont à 36 kilomètres l'une de l'autre; A est en aval de B. Un bateau est allé de A en B en 6 heures et revenu de B en A en 4 heures. Déterminer la vitesse propre du bateau et celle du courant.

477. Un enfant a des billes dans ses deux mains; s'il en passait une de la main droite dans la main gauche, celle-ci en contiendrait le double de l'autre, mais s'il en passait une de la gauche dans la droite, il en aurait autant dans les deux mains. Combien l'enfant a-t-il de billes dans chaque main?

478. On veut faire, avec 47 000 francs, trois placements, l'un à 3 pour 100, l'autre à 4 pour 100, le troisième à 5 pour 100, de manière que chacun produise le même revenu. Quels sont ces placements?

479. Quelle est la composition d'un alliage d'or et d'argent qui pèse 6 kilogr. 500 dans l'air et 6 kilogr. 050 dans l'eau? La densité de l'or est 19,6, celle de l'argent 10,5.

480. Une personne possède un certain capital qu'elle a placé dans deux entreprises; la première rapporte 4 pour 100, l'autre 8 pour 100. Elle retire de la première un bénéfice annuel inférieur de 3 600 francs à celui que lui fournit la deuxième. Elle calcule, d'autre part, que si elle avait mis dans la première entreprise ce qu'elle a mis dans la seconde et inversement, elle aurait retiré le même bénéfice des deux placements. Quel est le capital placé?

481. Un propriétaire vend un pré, une vigne et un champ. La vigne contient 23 ares de moins que le pré, mais l'are de vigne est vendu 9 francs de plus que l'are de pré; de la sorte, la vigne est vendue 674 francs de moins que le pré. Le champ contient 138 dam² de plus que la vigne et l'are de ce champ coûte 29 francs de moins que l'are de vigne; le champ est ainsi vendu 2 159 francs de plus que la vigne.

1° Trouver, en ares, la contenance x du pré; 2° déterminer le prix y de l'are de ce pré.

482. Deux robinets complètement ouverts coulent dans un même récipient. Le premier fournit 50 litres de purin à la minute et le second donne 30 litres d'eau dans le même temps. Après les avoir fait couler ensemble pendant 14 minutes, on ferme partiellement le

second robinet, de manière à ne lui laisser fournir que la moitié du débit précédent; le premier reste complètement ouvert.

1° Combien de minutes faut-il encore les laisser couler pour que le mélange contenu dans le récipient contienne le tiers de son volume d'eau?

2° On répand ensuite ce mélange total, à raison de 75 litres par are, dans un champ rectangulaire dont la largeur est les $\frac{3}{7}$ de la longueur. Calculer les dimensions de ce champ. (*Éc. nat. d'agriculture.*)

483. Un marchand de vin remplit une pièce de 240 litres avec un mélange de vins de trois qualités valant respectivement 60 francs, 52 francs et 40 francs l'hectolitre. La pièce lui revient à 120 francs. Combien a-t-il pris de litres de chaque qualité, sachant qu'il a pris pour l'ensemble des deux premières qualités deux fois plus de litres que pour la troisième?

484. Trouver un nombre de trois chiffres sachant que la somme de ses chiffres est égale à 12, que le chiffre des unités est double du chiffre des centaines et que si on renverse l'ordre des chiffres, on augmente le nombre de 198.

485. Une personne répond à une autre qui l'interroge sur son âge : « La différence de nos deux âges est égale à l'âge que vous aviez il y a 10 ans. De plus, quand vous aurez mon âge, nous aurons à nous deux 100 ans. » Quels sont les âges des deux personnes?

486. Trois joueurs, A, B, C, conviennent que celui qui perdra doublera l'avoir de chacun des deux autres. Ils jouent trois parties : A perd la première, B la deuxième, C la troisième et, à la fin de cette troisième partie, A possède 12 francs, B possède 78 francs et C 43 francs. Combien possédait chacune des personnes en se mettant au jeu?

487. Un mulet et un âne portent des charges de quelques quintaux. L'âne se plaint de la sienne et dit au mulet : « Il ne me manque de porter encore un quintal de ta charge pour être plus chargé que toi du double. » Le mulet répond : « Oui, mais si tu me donnais un quintal de la tienne, je serais trois fois plus chargé que toi. » On demande combien de quintaux ils portent chacun.

488. Une personne répond à une autre qui l'interroge : « J'ai trois fois l'âge que vous aviez quand j'avais l'âge que vous avez, et quand vous aurez l'âge que j'ai, nous aurons ensemble 98 ans. Quel est mon âge? »

489. Deux marchands de vin entrent dans une ville l'un avec 64 barriques, l'autre avec 20 barriques du même prix. N'ayant pas assez d'argent pour payer l'octroi, le premier paye avec 5 barriques et ajoute 40 francs; le second paye avec 2 barriques et on lui rend 40 francs. Quels sont les prix de la barrique et du droit d'entrée de chacune

d'elles? (Les barriques laissées en payement à l'octroi ne payent pas de droit d'entrée.) [*Éc. nat. d'agriculture.*]

490. Deux mobiles animés de mouvements uniformes sont à une distance de 80 kilomètres l'un de l'autre. S'ils vont à la rencontre l'un de l'autre, ils mettront 5 heures pour se rencontrer; s'ils se déplacent au contraire dans le même sens, celui qui a la plus grande vitesse mettra 20 heures pour atteindre l'autre. Quelles sont les vitesses des deux mobiles?

491. Une somme d'argent qui vaut 70 francs est composée de 29 pièces : les unes de 5 francs, d'autres de 2 francs et d'autres enfin de 1 franc. Le nombre des pièces de 1 franc est inférieur de 5 unités à la somme des nombres des pièces de 5 francs et de 2 francs. Combien y a-t-il de pièces de chaque espèce?

492. Trouver 3 nombres, sachant que la somme des deux premiers est 34, la somme du premier et du troisième 42, la somme du deuxième et du troisième 40.

493. Trouver 3 nombres, sachant que le deuxième est la demi-somme des deux autres, que la différence entre le plus grand et le plus petit est les $\frac{2}{7}$ du nombre intermédiaire; enfin que la somme des trois nombres est 126.

494. Trois frères ont acheté un cheval de 1 200 francs. Le plus jeune pourrait le payer seul si le second lui donnait la moitié de son argent; le deuxième pourrait le payer seul si l'aîné lui donnait les $\frac{3}{4}$ de son argent; enfin l'aîné pourrait le payer seul si le plus jeune lui donnait les $\frac{4}{9}$ de son argent. Combien possède chacun des trois frères?

495. On place un capital inconnu à un taux inconnu. Ce capital, retiré au bout d'un an, augmenté de 1 000 francs et placé à 1 pour 100 de plus, a produit un revenu annuel supérieur de 80 francs au revenu précédent. Un an après, on retire de nouveau le capital, on y joint 500 francs, et on replace le tout à 1 pour 100 de plus que la deuxième année; le revenu annuel augmente encore de 70 francs. Trouver le capital primitif, le premier taux, les revenus annuels successifs. (*B. S., aspirantes,* Chambéry.)

496. Un particulier emprunte une certaine somme au taux de 4 pour 100 par an; 4 mois plus tard il en emprunte une autre au taux de 5 pour 100 et 5 mois après le deuxième emprunt il rembourse pour le capital et les intérêts une somme totale de 1 800 francs. Les intérêts des deux capitaux étant égaux, trouver les capitaux. (*É. N. aspirantes,* Paris.)

497. Deux personnes ont placé leurs capitaux, l'une au taux de 4 1/2 pour 100, l'autre au taux de 3 3/4 pour 100. La première reçoit 3 564 fr. d'intérêt de plus que la deuxième; mais si les taux de

placement étaient intervertis, la première recevrait 1 286 fr. de moins que la deuxième. Quels sont les capitaux? (*É. N. aspirantes*, Privas.)

498. On avait deux capitaux formant ensemble une somme de 27 740 fr. On a placé le premier à 4,5 pour 100 pendant 6 mois et le second à 3 pour 100 pendant 10 mois. Les intérêts produits par le premier ont été inférieurs de 17 fr. 10 aux intérêts rapportés par le second. Trouver la valeur primitive de chaque capital. (*B. S. aspirantes*, Poitiers.)

499. La couronne de Hiéron pesait 20 livres. Archimède trouva que, pesée dans l'eau, elle éprouvait une perte de poids de 1 livre $\frac{1}{4}$. En la supposant exclusivement formée d'or et d'argent, on demande quel poids de chacun de ces métaux était contenu dans la couronne. Les densités de l'or et de l'argent sont respectivement 19 et 10,5.

500. Deux vases renfermant, l'un 60 litres de vin d'une première qualité, l'autre 40 litres de vin d'une seconde qualité; calculer le même nombre de litres de vin qu'il faut tirer de chaque vase, de façon qu'en versant dans chacun d'eux le liquide extrait de l'autre, les mélanges soient identiques.

Généraliser le problème en supposant que les vases renferment, l'un v litres, l'autre v' litres de vin.

501. Trouver la vitesse et la longueur d'un train, sachant qu'il a mis 7 secondes à passer devant un observateur et 27 secondes pour traverser une gare de 378 mètres de longueur. (*B. S. aspirants*, Caen.)

502. Un patron veut distribuer par jour 432 fr. entre deux compagnies d'ouvriers. S'il donne 2 fr. 40 à chacun des ouvriers de la première compagnie, il ne pourra donner que 2 fr. à chacun des ouvriers de la seconde. S'il donne 2 fr. 40 à chaque ouvrier de la seconde compagnie, il ne pourra donner que 1 fr. 80 à chaque ouvrier de la première.

Trouver le nombre d'ouvriers de chaque compagnie. (*B. S. aspirantes*, Grenoble.)

503. Un magasin vend certains objets : les uns de première qualité à 5 fr. pièce, les autres de deuxième qualité à 3 fr. pièce. Un client commande pour 984 fr. de ces objets, mais oublie de spécifier combien il désire d'objets de chaque qualité.

Dire comment le vendeur peut faire la répartition :

1° pour qu'il y ait autant d'objets de chaque qualité;

2° pour qu'il y ait le plus possible d'objets de 1re qualité;

3° pour qu'il y ait le plus possible d'objets de 2e qualité;

4° pour qu'il y ait un nombre exact de douzaines d'objets de chaque qualité. (*B. S.*, Alger.)

504. Une personne a engagé sa fortune dans deux entreprises dont l'une rapporte 6 pour 100, l'autre 12 pour 100. Elle retire de la première un bénéfice annuel inférieur de 6 450 francs à celui que lui donne la deuxième et calcule que si elle eût mis dans la première entreprise

ce qu'elle a mis dans la seconde et inversement, les deux lui eussent donné le même bénéfice. Combien a-t-elle placé dans chacune?

505. Une fermière vend un lot de 10 pigeons à raison d'un certain prix la pièce, et un autre jour un lot de 5 pigeons à raison de 0 fr. 50 de moins par tête. Elle reçoit dans les deux cas un nombre de francs entier et composé de deux chiffres. Trouver le prix de chaque pigeon sachant que le produit de la seconde vente est exprimé par les mêmes chiffres que le produit de la première, mais placés en ordre inverse. (*Conc. de la Banque de France.*) (On ramènera le problème à la résolution en nombres entiers d'une équation de premier degré).

506. Un marchand vend trois lots de barriques de vin aux prix respectifs de 63 fr. 50, 60 fr. et 75 fr. l'hectolitre. Le prix total du 2e lot est égal au prix total du 3e et les trois lots ont produit ensemble 4 473 fr. 36. On demande le nombre de barriques de chaque lot, sachant que le 1er contient à lui seul les $\frac{2}{5}$ du nombre total des barriques. La contenance d'une barrique est de 228 litres. (*B. S., aspir.*, Bordeaux.)

507. Une certaine somme a été partagée en trois parties qui ont été placées de la manière suivante : la première à 3 pour 100, la deuxième à 4,5 pour 100, la troisième à 6 pour 100. Le revenu total a été de 792 francs. Si la somme entière avait été placée à 5 pour 100, le revenu total aurait été augmenté de 168 francs. On sait que la troisième partie est les $\frac{3}{10}$ de la seconde. On demande de calculer les trois parties. (*B. S. aspirantes*, Paris.)

508. Dans un premier achat, 55 m. de drap et 28 m. de soie ont coûté 4 140 francs; dans un deuxième achat, 25 m. de drap et 10 m. de soie ont coûté 1 722 francs. Sachant que dans le deuxième achat on a fait 5 pour 100 de remise sur la soie et 1 pour 100 sur le drap, on demande de déterminer la valeur réelle du mètre de drap et celle du mètre de soie. (*B. S., aspirantes*, Paris.)

509. Un libraire a vendu, pour une somme totale de 1 368 francs, 450 volumes de deux prix différents, 3 fr. 50 et 2 fr. 75, en donnant 25 volumes pour 24. Combien a-t-il vendu de volumes de chaque prix? (*B. É., aspirantes*, Paris.)

Représentation graphique. — Fonction linéaire.

510. La production totale en houille, anthracite et lignite exprimée en tonnes a été, en France :

En 1913 de 41 millions,	En 1917 de 28 millions,
— 1914 — 27 —	— 1918 — 26 —
— 1915 — 19 —	— 1919 — 22 —
— 1916 — 21 —	— 1920 — 25 —

Faire le graphique de cette variation.

511. Le commerce total, importations et exportations, en millions de francs a été, en France :

En 1913 de 15 300	En 1917 de 33 500
— 1914 — 11 200	— 1918 — 27 000
— 1915 — 14 900	— 1919 — 47 000
— 1916 — 26 800	— 1920 — 57 000

Faire le graphique de cette variation.

512. Construire le graphique de la variation de la vitesse entre 0 et 5 secondes d'un mouvement uniformément accéléré donnée par la formule $v = 1 + gt$. On prendra comme unité de temps la seconde, comme unité d'espace 5 m. et pour unité de longueur sur les axes le centimètre.

513. Deux bicyclistes partent de deux villes A et B distantes de 36 km. et vont à la rencontre l'un de l'autre. Le premier, partant de A fait 12 km. à l'heure. Après avoir fait 10 km., il s'arrête pendant une demi-heure puis reprend avec la même vitesse. Le second part de B, une heure après le premier, et fait 16 km. à l'heure; après une demi-heure de marche, il prend l'allure de 20 km. à l'heure. Déterminer graphiquement l'heure de leur rencontre ainsi que la distance du point de rencontre aux points A et B.

514. En désignant par A la valeur nominale d'un billet, x par le nombre de jours à courir avant l'échéance, par i le taux, on sait que la valeur actuelle a est donnée par la formule

$$a = A - \frac{Aix}{36\,000}.$$

Construire le graphique donnant la variation de a pour $i = 5$ et $A = 4\,000$. Utiliser le graphique pour déterminer a si $x = 90$ jours, et x si $a = 3\,980$.

515. Une droite coupe l'axe des x en un point dont l'abscisse est 3; l'axe des y en un point dont l'abscisse est 4. Quelle est l'équation de la droite?

516. Une droite coupe l'axe des x en un point dont l'abscisse est $-\frac{4}{3}$ et l'axe des y en un point dont l'abscisse est $-\frac{5}{8}$. Quelle est l'équation de la droite?

517. Trouver l'équation de la droite qui passe par les points

$$\begin{cases} x = 2, \\ y = 1; \end{cases} \quad \begin{cases} x = 0, \\ y = 4, \end{cases}$$

518. Trouver l'équation de la droite qui passe par le point $\begin{cases} x = 3 \\ y = -1 \end{cases}$ et qui est parallèle à la droite $y = 2x$.

519. Equation d'une droite telle que pour chacun de ses points, la somme des coordonnées soit égale à 4. Quelle est sa situation par rapport aux axes?

520. Equation d'une droite passant par l'origine et par le point ayant pour coordonnées $\begin{cases} x = 3, \\ y = 2. \end{cases}$

521. Etant donné un triangle rectangle ABC, dont les côtés de l'angle droit ont pour mesures 3 cm. et 4 cm., trouver graphiquement, sur l'hypoténuse BC, un point M dont la somme des distances aux côtés de l'angle droit soit égale à 3cm,2.

522. Etant donnés un cercle ayant 3 cm. de rayon et deux axes rectangulaires passant par son centre, trouver graphiquement les points du cercle tels que pour chacun d'eux,

1° L'abscisse soit le double de l'ordonnée;

2° L'ordonnée soit le double de l'abscisse.

Équations du deuxième degré.

523. Résoudre les équations :

1° $3x^2 - 4x = 1.$

2° $x^2 - 10x + 25 = 0.$

3° $x^2 + x + 2 = 0.$

4° $4x^2 - 5x = 0.$

5° $4x^2 - 25 = 0.$

6° $9x^2 - 5 = 0.$

524. Résoudre les équations :

1° $2x^2 - \frac{5x}{6} = 278.$

2° $x^2 - 15x + 54 = 0.$

3° $x^2 - 8x + 16 = 0.$

4° $10x^2 - 19x - 15 = 0.$

5° $x^2 + x + 1 = 0.$

6° $(3x - 2)(2x + 3) = 169.$

525. Résoudre les équations :

1° $\frac{3x + 15}{5} - \frac{1}{x} = \frac{2x - 15}{10} + \frac{29}{5}.$

2° $x^2 - (a + b)x + ab = 0.$

3° $x^2 - \frac{a + b}{ab}x + \frac{1}{ab} = 0.$

4° $\frac{5}{x} - \frac{4}{x - 1} + \frac{3x - 1}{x(x - 1)} = 1.$

5° $\frac{1}{x - 1} + \frac{1}{x - 2} - \frac{7}{x + 7} = 0.$

6° $x^2 - 2ax + a^2 - b^2 = 0.$

526. Résoudre l'équation : $\frac{1}{x^2} - \frac{3}{x} + \frac{5}{4} = 0.$

527. Déterminer a de façon que l'équation :

$$x^2 - ax + 9 = 0$$

ait une racine double.

528. Déterminer a de façon que l'équation :

$$ax^2 + (a - 1)x + a - 2 = 0$$

ait une racine double.

529. Étant donnée l'équation

$$3a^2x^2 - 2ax + a - 42 = 0,$$

déterminer a de façon que l'équation admette la racine $x = 2$.

530. Étant donnée l'équation

$$3x^2 - 5x + a = 0,$$

quelles valeurs faut-il attribuer à a : 1° Pour que l'équation ait une racine nulle ? 2° Pour que l'équation ait une racine double ? 3° Pour que l'équation n'ait pas de racines ? 4° Pour que l'équation admette pour racine 3 ?

531. Étant donnée l'équation

$$4x^2 + x - a = 0,$$

étudier les signes des racines en supposant que a puisse prendre successivement toutes les valeurs de $-\infty$ à $+\infty$.

532. Former l'équation qui admet pour racines 0 et -1.

533. Former l'équation qui admet pour racines -4 et $+\frac{1}{5}$.

534. Former l'équation du 3e degré, admettant pour racines 0, 1 et 2.

535. Étant donnée l'équation

$$3x^2 - x - 1 = 0,$$

calculer, sans résoudre, l'expression $\frac{1}{x'} + \frac{1}{x''}$, x' et x'' étant les racines de l'équation.

536. L'équation $2x^2 + 7x + 5 = 0$ admet comme racine -1 (le vérifier). Donner immédiatement la valeur de la seconde racine.

537. Résoudre $\sqrt{x} = \frac{x}{2}$.

538. Résoudre $x - \sqrt{x-3} = 2x - 15$.

539. Résoudre $\sqrt{x^2 - \sqrt{x^2 - 3x - 2}} = x - 1$.

540. Résoudre $2\sqrt{x} + \frac{6}{\sqrt{x}} = 8$.

541. Résoudre $\sqrt{2x+1} - \sqrt{x-3} = \sqrt{x}$.

542. Former une équation du second degré dont la somme des racines égale 8 et la somme de leurs carrés égale 34.

543. Un jardin a la forme d'un triangle ABC, rectangle en A. L'hypoténuse BC a 52 m. de long et l'on sait que le côté AC surpasse de 4 m. le côté AB. Calculer à 1 m. près la superficie du jardin. (*B. S. aspirants, Toulouse.*)

544. Trouver deux nombres qui diffèrent de 8 unités et dont le produit soit 713.

545. Trouver deux nombres dont la somme soit 20 et la somme des carrés 208.

546 Trouver deux nombres dont la différence soit 5 et la différence des carrés 125.

547. Trouver deux nombres dont la somme des carrés soit 170 et la différence des carrés 72.

548. Trouver deux nombres entiers consécutifs sachant que la différence de leurs cubes égale 7.

549. Partager le nombre 100 en deux parties telles que leur produit soit égal à 1 824.

550. Partager le nombre 12 en deux parties telles que la plus grande soit moyenne proportionnelle entre le nombre 12 et la plus petite.

551. Trouver deux nombres impairs consécutifs dont le produit soit égal à 255.

552. Trouver les côtés d'un rectangle qui a 18 mètres de périmètre et une surface de 20 m².

553. Deux ouvriers mettent 12 heures pour faucher une luzerne; or, s'ils avaient travaillé séparément, le premier aurait mis 10 heures de moins que le second. Quel serait le temps nécessaire à chacun d'eux pour faucher la luzerne?

554. On doit partager 840 francs entre un certain nombre de personnes; 4 d'entre elles se retirant, la part de chacune de celles qui restent se trouve augmentée de 7 francs. Calculer le nombre des personnes qui participent au partage.

555. Un mercier a acheté une fourrure qu'il revend 75 francs en gagnant ainsi autant pour 100 que la fourrure lui a coûté. Combien l'avait-il payée?

556. Deux villes, A et B, sont situées sur un même fleuve, à une distance de 48 kilomètres. Un bateau est allé de A en B, puis revenu en A en 10 heures. Calculer la vitesse du courant, sachant que celle du bateau est de 10 kilomètres à l'heure.

557. Deux cyclistes partent en même temps de Paris pour Orléans. Le premier, faisant à l'heure 8 kilomètres de plus que le second, arrive 2 h. 1/2 avant lui. Quelle est la vitesse de chacun d'eux, sachant que la distance des deux villes est de 120 kilomètres?

558. Un rentier a un capital de 30 000 francs; il en fait deux parts qu'il place à des taux différents. La première part rapporte par an 650 francs, la seconde 375 francs. Déterminer chacune d'elles, sachant que le taux de la seconde surpasse de 0 fr. 50 celui de la première.

559. Calculer les côtés d'un triangle rectangle dont le périmètre mesure 24 m. 32 et la surface 24 m². 80.

560. La surface d'un trapèze est de 3 200 m². L'une des bases est de 90 mètres et la hauteur est les $\frac{3}{5}$ de l'autre base. Calculer cette base et la hauteur.

561. Calculer deux nombres, sachant que l'un est le double de l'autre et que la somme de leurs carrés est 307 520.

562. Deux personnes retirent d'une même association 4 000 francs, mises et gains réunis. La première avait un gain de 800 francs et la deuxième une mise de 600 francs. Quelle est la mise de la première et le gain de la seconde ?

563. Un batelier descend une rivière ayant un parcours de 180 kilomètres. En la remontant, il fait 3 kilomètres de moins par jour et il lui faut, dans ces conditions, 3 jours de plus. Combien a-t-il mis de jours pour descendre la rivière ?

564. Deux personnes partent de deux points, A et B, et vont à la rencontre l'une de l'autre ; la distance AB est de 1 152 mètres. La première part une minute après l'autre, mais elle parcourt 8 mètres de plus que l'autre par minute. Sachant que la rencontre se fait au milieu de AB, combien chaque personne parcourt-elle par minute ?

565. Dans un banquet où se trouvent 10 invités, il a été dépensé 540 francs. La cotisation de chaque convive payant a été augmentée de 1 fr. 80 par la présence de ces invités. Quel est le nombre des convives et le prix de la cotisation ?

566. On achète un certain nombre d'exemplaires d'un ouvrage pour 100 francs. Si le prix avait été de 1 franc de moins par exemplaire, on aurait eu 5 exemplaires de plus. Combien a-t-on acheté d'exemplaires et quel est le prix de chacun d'eux ?

567. Une salle de réunion est évacuée en 3 minutes $\frac{3}{4}$ lorsque ses deux portes sont ouvertes. Lorsque la sortie s'effectue par la plus grande porte seule, elle dure 4 minutes de moins que par l'autre seule. Combien de temps faut-il pour évacuer la salle par chaque porte séparément ? (*Conc. de la Banque de France.*)

568. Trouver un nombre tel que sa racine carrée soit égale à la moitié du nombre lui-même.

569. Trouver deux nombres ayant pour somme 960 et pour produit 228 096. On suppose que ces deux nombres représentent deux capitaux placés à intérêts simples, le plus grand au taux de 4 p. 100 par an, le plus petit au taux de 5 p. 100. A quel taux unique faudrait-il placer la somme des deux capitaux pour obtenir le même intérêt qu'en les plaçant séparément ? (*Éc. nat. d'agriculture.*)

570. Un polygone a 180 diagonales. Combien a-t-il de côtés ? (On établira d'abord qu'un polygone de n côtés possède $\frac{n(n-3)}{2}$ diagonales.)

571. Deux courriers partent de deux points A et B en même temps et se dirigent l'un vers l'autre d'un mouvement uniforme. Ils se rencontrent, puis poursuivent leur route. Celui qui est parti de A arrive en B quatre heures après avoir rencontré l'autre ; celui qui est parti de B arrive en A, neuf heures après leur rencontre. Au bout de combien

de temps se sont-ils rencontrés ? (On sait que la distance A B = 100 kilomètres.)

572. Deux capitaux qui diffèrent entre eux de 34 500 francs ont été placés à 5 p. 100. Le plus petit est resté placé 4 mois de plus que l'autre et a donné 5 680 fr. d'intérêt, le plus grand a donné 5 985 fr. d'intérêt. Quels sont les capitaux et pendant combien de temps ont-ils été placés ?

573. Un bicycliste va d'une ville A à une ville B distante de 84 km. avec une certaine vitesse. Il repart de B vers A avec la même vitesse; mais au bout d'une heure, il s'arrête 40 minutes. Il repart alors en augmentant sa vitesse de 1 km 5 à l'heure. Quelle était sa vitesse primitive sachant qu'il a mis le même temps à l'aller et au retour ?

574. Deux bureaux de bienfaisance ont distribué chacun 1 134 francs à leurs pauvres; le premier bureau a secouru 36 pauvres de moins que le second; aussi chaque pauvre du premier bureau a-t-il reçu 2 francs de plus que chacun des pauvres du second. Quel est le nombre des pauvres secourus par chaque bureau ?

575. Dans un trapèze, la grande base mesure 42 m., la petite base et la hauteur sont égales et la surface mesure 464 m². Calculer la petite base.

576. Trouver deux nombres dont la différence est 6 et la différence de leurs cubes 5 886.

577. Trouver deux nombres dont la somme est égale à 5, et tels que la somme de leurs cubes, de leurs carrés et des nombres eux-mêmes soit égale à 87.

578. Quelle est la base du système de numération dans lequel le nombre 412 s'écrit 634 ?

579. Un examinateur doit corriger 690 compositions en un certain nombre de jours et il se propose d'en corriger le même nombre tous les jours, de façon à terminer sa tâche dans le délai fixé. Or, il en corrige 7 de moins par jour, ce qui lui occasionne 7 jours de retard. Quel est le nombre de copies qu'il aurait dû corriger par jour et le nombre de jours fixé pour la correction?

580. Trouver deux nombres tels que leur somme, leur différence et leur produit soient respectivement proportionnels à 6, 4 et 5.

581. Dans un triangle rectangle, l'hypoténuse égale 20 m. et la hauteur qui lui est relative égale 9m,6. Calculer les côtés de l'angle droit. (On prendra pour inconnues les deux côtés de l'angle droit, on mettra le problème en équation en écrivant la relation de Pythagore, puis en remarquant que le produit de l'hypoténuse par la hauteur correspondante égale le produit des côtés de l'angle droit. Le système d'équations du second degré obtenu peut être ramené à la résolution d'un système du premier degré.)

582. Résoudre l'équation $x^4 - \frac{25}{36}x^2 + \frac{4}{36} = 0.$

583. Résoudre l'équation $x^4 - 8x^2 - 9 = 0.$

584. Dans un triangle ABC, on connaît AB = 5 m., AC = 4 m. Du sommet A on abaisse la perpendiculaire AD sur la base BC et on sait que le produit des segments BD et DC est égal à $\frac{135}{16}$ m². Calculer la longueur de BC.

Etude de quelques fonctions.

585. Etudier les variations des fonctions suivantes :

$1^{\circ}\ y = 3 + x^2$; $2^{\circ}\ y = 5 - x^2$; $3^{\circ}\ y = 4 - 3x^2$

et construire les courbes correspondantes.

586. On considère la parabole $y = x^2$ et la droite $2x + y = 1$, calculer algébriquement les coordonnées des points d'intersection.

587. Etant données les paraboles $y = x^2$, $y = 4x^2$, comment faut-il choisir les unités relativement aux abscisses et aux ordonnées pour que les représentations graphiques soient les mêmes ?

588. Démontrer que l'hyperbole équilatère $y = \frac{5}{2x}$ a deux axes de symétrie.

589. Démontrer que l'hyperbole équilatère $y = -\frac{2}{3x}$ admet l'origine comme centre.

590. Construire l'hyperbole $y = -\frac{3}{x}$ et la droite $y = -x + 2$ en prenant comme unité le centimètre; mesurer les coordonnées des points d'intersection et vérifier que les valeurs trouvées constituent les solutions du système formé par les équations données.

591. Construire l'hyperbole $y = \frac{2\,000}{x}$ en prenant comme unité de longueur le dixième de millimètre.

592. Calculer les coordonnées des points d'intersection de la droite $y = -x - 1$ et de l'hyperbole $y = -\frac{6}{x}$.

593. Construire la courbe $y = 1 + \frac{1}{x}$; montrer comment on peut la déduire graphiquement de $y = \frac{1}{x}$.

594. Dans un corps de pompe se trouve enfermé à 0° et sous la pression de 760 mm. un volume de 5 litres d'air. Par pression sur le

piston, on augmente la pression jusqu'à 6 atmosphères, montrer graphiquement la variation successive du volume de la masse d'air.

595. Etudier la variation de la fonction $y = (x - 1)(x - 3)$ et construire la courbe correspondante.

596. Etudier la variation de la fonction $y = \frac{x-2}{x-4}$ et construire le graphique correspondant. [Remarquer que le signe de $\frac{x-2}{x-4}$ est le même que celui de $(x-2)(x-4)$].

Progressions arithmétiques.

597. Insérer 4 moyens arithmétiques entre 2 et 124.

598. Former une progression géométrique ayant pour premier terme 4, pour dernier terme $\frac{1}{8}$ et comprenant en tout 6 termes.

599. Dans une progression arithmétique, le dernier terme est 14, la raison $\frac{2}{5}$, le nombre de termes 16. Quel est le premier terme ?

600. Une progression arithmétique a pour premier terme 5, pour raison 4 et possède 25 termes, calculer la somme des termes.

601. Dans une progression arithmétique, le premier terme est 8, le dernier 44 et la somme des termes est 260. Quelle est la raison ?

602. Calculer 5 nombres en progression arithmétique sachant que leur somme est 25 et la somme de leurs carrés 165.

603. Dans un triangle rectangle, le plus grand des côtés de l'angle droit a pour mesure $4^m,8$; d'autre part, les trois côtés du triangle sont en progression arithmétique. Calculer ces côtés.

604. Les trois côtés d'un triangle rectangle ont leurs mesures qui forment trois nombres en progression arithmétique. Calculer ces trois côtés connaissant la mesure b du plus grand des côtés de l'angle droit. On montrera ensuite que tous les triangles que l'on obtient en attribuant des valeurs différentes à b sont semblables.

605. Les carrés des expressions $x^2 + 2x$, $x^2 + 1$, $x^2 - 2x - 1$ sont en progression arithmétique.

606. Trouver 10 nombres impairs consécutifs sachant que leur somme est 10^3.

607. On considère la suite des nombres impairs que l'on partage en groupes de façon que le premier renferme un nombre, le second deux nombres et ainsi de suite :

$$1 \mid 3, 5 \mid 7, 9, 11 \mid \ldots$$

Calculer la somme des termes du n^e groupe.

608. Déterminer une progression arithmétique sachant que la somme des n premiers termes est égale à $n+1$ fois la moitié du terme auquel on s'arrête.

609. Calculer 5 nombres en progression arithmétique sachant que leur somme est 15 et leur produit 120.

610. n étant un nombre entier positif supérieur à 1, calculer la somme : $\frac{n-1}{n}+\frac{n-2}{n}+\frac{n-3}{n}+\dots+\frac{1}{n}$.

Progressions géométriques.

611. Calculer la somme : $1-\frac{2}{3}+\frac{4}{9}-\frac{8}{27}+\frac{16}{81}\dots\dots$ dont le nombre des termes est illimité.

612. Dans un triangle rectangle, les trois côtés exprimés en mètres sont en progression arithmétique. Démontrer : 1° que les trois côtés sont égaux respectivement à $3a$, $4a$, $5a$; a étant un nombre entier quelconque. 2° Que le rayon du cercle inscrit est égal à la raison a de la progression. 3° Déterminer les côtés du triangle sachant que si l'on diminue chaque côté de l'angle droit de 2 m. et l'hypoténuse de 1 m., on obtient trois nombres en progression géométrique (B. E. P. S.).

613. Calculer : $\dfrac{2+2^2+2^3+2^4}{\frac{1}{2}+\frac{1}{2^2}+\frac{1}{2^3}+\frac{1}{2^4}}$.

614. Dans une progression géométrique ayant un nombre impair de termes, le terme du milieu est la racine carrée du produit des termes extrêmes.

615. Dans une progression géométrique, le premier terme est 4, la raison $\frac{1}{3}$, le nombre de termes 6 ; calculer le produit des termes.

616. Dans une progression géométrique, la raison est $\frac{1}{4}$, le nombre de termes 4 et le produit des termes $\frac{625}{4\,096}$. Calculer le premier terme.

617. Trouver trois nombres x, y et z dont on connaît la somme 30, sachant que dans l'ordre x, y, z ils sont en progression arithmétique et dans l'ordre x, z, y en progression géométrique. (*B. S., asp., Alger.*)

618. Quel est le nombre de chiffres nécessaires pour écrire tous les nombres depuis 1 jusqu'à 10^n exclusivement.

$$\left(\text{On trouvera } N=\frac{(9n-1)\,10^n+1}{9}\right).$$

Logarithmes et intérêts composés.

619. Calculer 1° $\sqrt[5]{0,782}$. 2° $\sqrt[8]{42,732}$.

620. Calculer le rayon d'une sphère qui a pour volume 1 m³. On prendra $\pi = 3,14$.

621. Calculer $x = \dfrac{3,1416^2 \sqrt[3]{1,732}}{4,531^3}$.

622. Une chaudière est formée d'un cylindre terminé par deux hémisphères de même rayon que le cylindre. Le rapport de la longueur du cylindre à ce rayon est 4. Déterminer la longueur intérieure totale de cette chaudière, qui doit avoir une capacité de 15 hectolitres. (Faire usage des tables de logarithmes.) (*B. S., aspirants, Caen.*)

623. Calculer $x = \dfrac{3,1416^2 \sqrt[3]{21,72}}{\sqrt[4]{7821,7}}$.

624. Calculer les dimensions du demi-litre en étain.

625. Résoudre l'équation $\log (x - 1)^2 + \log (2x - 1)^2 = 2$.

626. Résoudre le système

$$\left\{ \begin{array}{r} \log x + \operatorname{colog} y = 0,47712, \\ x + y = 20. \end{array} \right.$$

627. Un capital de 8 432 fr. 50 est placé à intérêts composés au taux de 5 p. 100 pendant 3 ans 5 mois. Quelle somme en a-t-on retiré ?

628. Un capital placé à intérêts composés pendant 12 ans 3 mois est devenu au bout de ce temps 42 835 fr. Le taux étant de 5,5 p. 100, quel était le capital placé ?

629. Une personne a souscrit deux billets, l'un de 1 200 fr. payable dans 18 mois, l'autre de 2 000 fr. payable dans 6 ans. Elle propose de les remplacer par un billet unique payable dans 4 ans. Quel devrait être son montant, les intérêts composés étant calculés à 5 p. 100?

630. La population d'un pays est A, elle s'accroît chaque année de la fraction $\dfrac{1}{a}$ de ce qu'elle était au début de l'année, quelle sera la population du pays dans n années ?

631. Une personne doit 40 000 fr. et propose de se libérer en 8 ans par versements annuels égaux. Quelle annuité doit-elle verser ? On tiendra compte des intérêts composés à 5 p. 100 par an.

632. Une personne place chaque année et cela pendant 20 ans, un capital de 1 000 fr. Quelle somme possédera-t-elle au bout de ce temps ? On tiendra compte des intérêts composés. Le taux étant 5 p. 100.

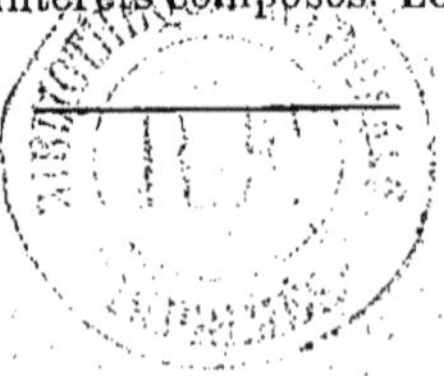

Table des matières

Paris. — Imp. LAROUSSE, 17, rue Montparnasse.

La Géométrie à l'École primaire supér^re et au Cours complémentaire

Par G. BOUCHENY et A. GUÉRINET

Un volume (13,5×20), 1 190 exercices et problèmes, 542 figures. Cartonné. *Livre de l'élève*. . . . . 7 fr. 50
Livre du maître. . . . . (*sous presse*).

La Comptabilité au Cours complémentaire

Par G. BOUCHENY et A. GUÉRINET

Tenue des livres en partie simple et en partie double, effets de commerce, etc. 300 exercices et problèmes. *Liv. de l'élève*. 3 fr. 80
Livre du maître. . . . . 4 fr. 70

Cours expérimental de Physique

à l'usage des candidats au Brevet et aux Écoles normales

Par M. et Mme H. GRANDMONTAGNE, professeurs aux Écoles normales de Blois, et A. ROUDIL, inspecteur d'enseig^t primaire

Un volume in-8°, illustré de 540 gravures. Cartonné. . . . 8 francs

Cours expérimental de Chimie

à l'usage des candidats au Brevet et aux Écoles normales

Par M. et Mme H. GRANDMONTAGNE et A. ROUDIL.

Un volume in-8°, illustré de 317 gravures. Cartonné . . 8 francs

Sciences naturelles

(Brevet élémentaire et Cours Complémentaire)

Par F. FAIDEAU, Professeur à l'École J.-B.-Say, et Aug. ROBIN, Correspondant du Muséum.

Un volume in-4°, illustré de 390 gravures, dont un grand nombre de photographies d'après nature, et de 4 planches en couleurs. Cartonné . . . . . 7 francs

Majoration temporaire de 25 % sur les prix ci-dessus.

Paris. — Imp. LAROUSSE, 17, rue Montparnasse.

Prix : 5 francs